建筑工程项目管理与施工技术创新研究

肖航　徐森　曹丹◎著

天津出版传媒集团
天津科学技术出版社

图书在版编目（CIP）数据

建筑工程项目管理与施工技术创新研究 / 肖航，徐森，曹丹著. -- 天津 ：天津科学技术出版社，2023.8

ISBN 978-7-5742-1517-7

Ⅰ. ①建… Ⅱ. ①肖… ②徐… ③曹… Ⅲ. ①建筑工程－工程项目管理－研究②建筑施工－工程技术－研究 Ⅳ. ①TU712.1②TU74

中国国家版本馆CIP数据核字(2023)第151263号

建筑工程项目管理与施工技术创新研究

JIANZHUGONGCHENGXIANGMUGUANLIYUSHIGONGJISHUCHANGXINYANJIU

责任编辑：吴文博

责任印制：兰　毅

出　　版：天津出版传媒集团 / 天津科学技术出版社

地　　址：天津市西康路 35 号

邮　　编：300051

电　　话：（022）23332377

网　　址：www.tjkjcbs.com.cn

发　　行：新华书店经销

印　　刷：天津市宏博盛达印刷有限公司

开本 787×1092 1/16 印张 14.75 字数 335 000

2023 年 8 月第 1 版第 1 次印刷

定价：98.00 元

内容简介

本书结合我国建筑工程施工的实际内容，以新颁布的相关施工和质量验收规范及规程为编写依据，围绕建筑工程项目管理和基本的施工技术进行全面的概述和说明，以建筑产业现代化概论为基础，介绍了建筑工程项目资源与成本管理、进度管理、质量控制、安全与风险管理以及BIM技术在建筑施工项目管理中的应用研究，施工实践方面讨论了现代建筑工程施工技术、智能建筑施工技术、绿色建筑施工研究以及现代建筑智能技术实践应用研究等内容。在写作构思中力求全面系统，通俗易懂，突出实用性、针对性和可操作性。在编写过程中，力求理论联系实际，突出针对性和实用性，注重培养学生综合运用建筑施工技术理论知识分析和解决工程实际问题的能力。由于本书的针对性和实用性较强，既可作为各层次高等院校土建类专业的教材，也可供相关工程技术人员学习参考用书。

PREFACE 前言

建筑行业在我国经济发展中具有非常重要的作用，特别是对国家整体经济发展和人民大众的生活质量改善具有非常重要的意义，关系也十分密切。目前，随着时代和科技的进步，建筑行业发展迅速，竞争激烈，企业想要在市场竞争中不被淘汰，在行业中有一席之地就必须提高工程质量，提升市场竞争力。管理在任何行业都是至关重要的，建筑行业也不例外，施工管理的水平会直接影响到一个工程的质量和安全。

在现代高科技迅速发展的建筑行业市场中，建筑工程也正在向设计形式的多样化趋势发展。施工技术要求的高难度化、施工的复杂化，导致现代工程建筑出现了工期延迟、工程质量存在隐患等问题。所以有必要对现代工程建设上的项目管理和施工技术创新改进以及必要性进行探讨。

目前我国施工技术资源还得不到有效、充分的应用。特别是高能力技术人员资源的有限性，在施工技术的设计上，编制人员按部就班的现象严重，对具体工程的设计没有针对性的规划和见解，没有从根本上起到指导作用。设计编制缺乏新技术、新思路，设计缺少创意，没有突破设计人员的自身知识水平和经验是当务之急。

本书以国家现行法律、法规、规程、规范为依据，同时本着“理论为先，实用为主”的原则，全面系统地对建筑工程施工与项目管理的相关理论进行分析，着重突出实用性、实践性，旨在提高建筑施工管理人员的实践能力。本书以建筑项目管理的发展背景为论述基础，主要研究了建筑工程项目资源与成本管理、建筑工程项目进度管理、建筑工程项目质量控制、建筑工程项目安全与风险管理、BIM 技术在建筑施工中的应用研究、绿色施工的综合技术与应用以及现代智能建筑施工技术等内容。

在全书的撰写过程中，作者参考和借鉴了大量国内外相关专著、论文等理论研究成果，在此，向其作者致以诚挚的谢意。同时由于时间仓促、作者能力有限等原因而导致本书出现的疏漏之处，也恳请专家、读者批评指正。

前言 PREFACE

CONTENTS

目　录

第一章 建筑工程项目管理概论

第一节 建筑项目管理的发展背景

一、项目管理的来源

古代埃及建筑的金字塔、古代中国开凿的大运河和修筑的万里长城等许多建筑工程都可以被认为是人类祖先完成的优质项目。有项目就必然会存在项目管理问题。古代对项目管理主要是凭借优秀建筑师个人的经验、智慧，依靠个人的才能和天赋进行的，还谈不上应用科学的、标准化的管理方法。

近代项目管理是随着管理科学的发展而发展起来的。1917 年，亨利·甘特发明了著名的甘特图。甘特图被用于车间日常工作安排，经理们按日历徒手画出要做的任务图表。20 世纪 50 年代后期，美国杜邦公司路易斯维化工厂创造了关键路径法（critical path method，CPM）。使用关键路径法进行研究和开发、生产控制和计划编排，大大缩短了完成预定任务的时间，并节约了 10% 左右的投资，取得了显著的经济效益。同一时期，美国海军在研究开发北极星（Polaris）号潜水舰艇所采用的远程导弹 F.B.M 的项目中开发出计划评审技术（program evaluation and review technique，PERT）。计划评审技术的应用使美国海军部门顺利解决了组织、协调参加这项工程的遍及美国 48 个州的 200 多个主要承包商和 11 000 多个企业的复杂问题，节约了投资，缩短了约两年工期，缩短工期近 25%。其后，随着网络计划技术的广泛应用，该项技术可节约投资 10%~15%，缩短工期 15%~20%，而编制网络计划所需要的费用仅为总费用的 0.1%。

20 世纪 80 年代，信息化在世界范围内蓬勃发展，全球性的生产能力开始形成，现代项目管理逐步发展起来。项目管理快速发展的原因主要有以下几方面。

（1）当前，世界经济正在进行全球范围的结构调整，竞争和兼并激烈，使得各个企业需要重新考虑如何进行业务的开展，如何赢得市场、赢得消费者。抓住经济全球化、信息化的发展机遇最重要的就是创新。为了具有竞争能力，各个企业不断地降低成本，加速新产品的开发速度。为了缩短产品的开发周期，缩短从概念到产品推向市场的时间，提高产品质量，降低成本，必须围绕产品重新组织人员，将从事产品创新活动、计划、工程、财务、制造、销售等的人员组织到一起，从产品开发到市场销售全过程，形成一个项目团队。

（2）适应现代复杂项目的管理。项目管理的吸引力在于，它使企业能处理需要跨领域解决方案的复杂问题，并能实现更高的运营效率。可以根据需要把一个企业的若干人员组成一个项目团队，这些人员可以来自不同的职能部门。与传统的管理模式不同，项目不是通过行政命令体系来实施的，而是通过所谓的“扁平化”的结构来实施的，其最终的目的是使企业或机构能够按时在预算范围内实现其目标。

（3）适应以用户满意为核心的服务理念。传统项目管理的三大要素分别是时间、成本和质量指标。评价项目成功与否的标准也就是这三个条件满足与否。除此之外，现在最能体现项目成功的标志是客户和用户的认可与满意。使客户和用户满意是现今企业发展的关键要素，这就要求加快决策速度、给职员授权。项目管理中项目经理的角色从活动的指挥者变成了活动的支持者，他们尽全力使项目团队成员尽可能有效地完成工作。

正是在上述背景下，经过工程界和学术界不懈的努力，项目管理已从经验上升为理论，并成为与实际结合的一门现代管理学科。

二、项目管理的发展

作为新兴的学科，项目管理来自工程实践，因此，项目管理既有理论体系，又最终用来指导各行各业的工程实践。在这个反复交替、不断提高的过程中，项目管理作为学科在其应用的过程中，要吸收其他学科的知识和成果。在项目管理的过程中，至少涉及建设方、承建方和监理方三方。要想把项目管好，这三方必须对项目管理有一致的认识，遵循科学的项目管理方法，这就是“三方一法”。只有这样，步调才能一致，避免无谓的纠纷，协力把项目完成。

与任何其他学科的成长和发展一样，项目管理学科的成长和发展需要一个漫长的过程，而且是永无止境的。分析当前国际项目管理的发展现状发现，它有三个特点，即全球化的发展、多元化的发展和专业化的发展。

20 世纪 60 年代由数学家华罗庚引入的 PERT 技术、网络计划与运筹学相关的理论体系，是我国现代项目管理理论第一发展阶段的重要成果。

1984 年的鲁布革水电站项目是利用世界银行贷款的项目，并且是我国第一次聘请外国专家采用国际招标的方法，运用项目管理进行建设的水利工程项目。项目管理的运用，大大缩短了工期，降低了项目造价，取得了明显的经济效益。随后在二滩水电站、三峡水利枢纽工程、小浪底水利枢纽工程和其他大型工程建设中，都相应采用了项目管理这一有效手段，并取得了良好的效果。

1991 年，我国成立了中国项目管理研究委员会，随后出版了刊物《项目管理》、建立了许多项目管理网站，有力地推动了我国项目管理的研究和应用。

我国虽然在项目管理方面取得了一些进展，但是与发达国家相比还有一定的差距。在我国统一的、体系化的项目管理思想还没有得到普及和贯彻，目前，承建方和监理方的项目管理水平有很大的进步，而建设方的项目管理意识和水平还有待提高。

第二节　建筑工程项目管理概述

一、建筑工程项目管理的含义

建筑工程项目管理的内涵是：自项目开始至项目完成，通过项目策划和项目控制，以使项目的费用目标、进度目标和质量目标得以实现。

“自项目开始至项目完成”指的是项目的实施期；“项目策划”指的是目标控制前的一系列筹划和准备工作；“费用目标”对业主而言是投资目标，对施工方而言是成本目标。项目决策期管理工作的主要任务是确定项目的定义，而项目实施期管理工作的主要任务是通过管理使项目的目标得以实现。

项目是一种一次性的工作，它应当在规定的时间内，在明确的目标和可利用资源的约束下，由专门组织起来的人员运用多种学科知识来完成。美国项目管理学会（Project Management Institute，PMI）对项目的定义是：将人力资源和非人力资源结合成一个短期组织以达到一个特殊目的。

项目管理这一概念是第二次世界大战的产物（如美国研制原子弹的曼哈顿计划）。第二次世界大战后，美国海军在研究开发北极星号潜水舰艇的导弹系统时创造出项目时间管理工具——计划评审技术。后来，美国国防部又创造出项目范围管理工具——工作分解结构法，用以处理复杂的大型项目。20 世纪 50—80 年代期间，项目管理主要应用于军事和建筑领域。这一时期，项目管理被看作是致力于预算、规划和达到特定目标的小范围内的活动。项目经理仅是一个执行者，他的工作单纯是完成既定的任务——去执行由其他人（如设计师、工程师和建筑师）制定的方案。

二、建筑工程项目管理的特点

（一）复杂性

工程项目建设时间跨度长，涉及面广，过程复杂，内外部各环节链接运转难度大。项目管理需要各方面人员组成协调的团队，要求全体人员能够综合运用包括专业技术和经济、法律等知识，步调一致地进行工作，随时解决工程项目建设过程中出现的问题。

（二）一次性

工程项目具有一次性的特点，没有完全相同的两个工程项目。即使是十分相似的项目，在时间、地点、材料、设备、人员、自然条件以及其他外部环境等方面，也都存在差异。项目管理者在项目决策和实施过程中，必须从实际出发，结合项目的具体情况，因地制宜地处理和解决工程项目实际问题。因此，项目管理就是将前人总结的建设知识和经验，创造性地运用于工程管理实践。

（三）寿命周期性

项目的一次性决定项目有明确的结束点，即任何项目都有其产生、发展和结束的时间，也就是项目具有寿命周期。在寿命周期内，在不同的阶段都有特定的任务、程序和内容。

（四）专业性

工程项目管理需对资金、人员、材料、设备等多种资源进行优化配置和合理使用，专业技术性强，需要专门机构、专业人才来进行。

三、建筑工程项目的基本建设程序

建筑工程项目建设程序是指工程项目从策划、评估、决策、设计、施工到竣工验收、投入生产或交付使用的整个建设过程中，各项工作必须遵循的工作次序。

工程建筑是人类改造自然的活动，建设工作涉及的面很广，完成一项建筑工程需要很多方面的密切协作和配合，工程项目建筑程序是工程建设过程客观规律的反映，是建设工程项目科学决策和顺利进行的重要保证。工程项目建设程序是人们长期在工程项目建设实践中得出来的经验总结，其中有些工作内容是前后衔接的，有些工作内容是互相交叉的，有些工作内容则是同步进行的。所有这些工作都必须纳入统一的轨道，遵照统一的步调和次序来进行，这样才能有条不紊地按预订计划完成建设任务，并迅速形成生产能力，取得使用效益。建设程序包括以下阶段和内容。

（一）策划决策阶段

策划决策阶段又称为建设前期工作阶段，主要包括编报项目建议书和可行性研究报告两项工作内容。

1. 项目建议书

对于政府投资项目，编报项目建议书是项目建设最初阶段的工作。编报项目建议书的主要作用是推荐建设工程项目，以便在一个确定的地区或部门内，以自然资源和市场预测为基础，选择建设工程项目。

项目建议书经批准后，可进行可行性研究工作，但并不表明项目非上不可，项目建议书不是项目的最终决策。

2. 可行性研究

可行性研究是在项目建议书被批准后．对项目在技术上和经济上是否可行所进行的科学分析和论证。

根据《国务院关于投资体制改革的决定》（国发〔2004〕20号），对于政府投资项目，需审批项目建议书和可行性研究报告。

《国务院关于投资体制改革的决定》指出，对于企业不使用政府资金投资建设的项目，一律不再实行审批制，区别不同情况实行核准制和登记备案制。

对于《政府核准的投资项目目录》以外的企业投资项目实行登记备案制。

3. 可行性研究报告

完成可行性研究后，应编报可行性研究报告。

（二）勘察设计阶段

勘察过程：复杂工程分为初勘和详勘两个阶段，为设计提供实际依据。

设计过程：一般划分为两个阶段，即初步设计阶段和施工图设计阶段；对于大型复杂项目，可根据不同行业的特点和需要，在初步设计阶段之后增加技术设计阶段。

初步设计是设计的第一步，当初步设计提出的总概算超过可行性研究报告投资估算的10%以上或其他主要指标需要变动时，要重新报批可行性研究报告。

初步设计经主管部门审批后，建设工程项目被列入国家固定资产投资计划方可进行下一步的施工图设计。

施工图一经审查批准，不得擅自进行修改，必须重新报请原审批部门，由原审批部门委托审查机构审查后再批准实施。

（三）建筑准备阶段

建筑准备阶段主要内容包括：组建项目法人，征地，拆迁，“三通一平”乃至“七通一平”；组织材料、设备订货；办理建设工程质量监督手续；委托工程监理；准备必要的施工图纸；组织施工招投标，择优选定施工单位；办理施工许可证等。按规定做好施工准备，具备开工条件后，建设单位申请开工，进入施工阶段。

（四）施工阶段

建筑工程具备了开工条件并取得施工许可证后方可开工。项目新开工时间按设计文件中规定的任何一项永久性工程第一次正式破土开槽时间而定。不需要开槽的项目以正式打桩作为开工时间。铁路、公路、水库等以开始进行土石方工程作为正式开工时间。

（五）生产准备阶段

对于生产性建筑工程项目，在其竣工投产前，建设单位应适时地组织专门班子或机构，有计划地做好生产准备工作，主要包括：招收、培训生产人员；组织有关人员参加设备安装、调试、工程验收；落实原材料供应；组建生产管理机构，健全生产规章制度等。生产准备是由施工阶段转入经营的一项重要工作。

（六）竣工验收阶段

工程竣工验收是全面考核建设成果、检验设计和施工质量的重要步骤，也是建设工程项目转入生产和使用的标志。验收合格后，建设单位编制竣工决算，项目正式投入使用。

（七）考核评价阶段

建筑工程项目评价是工程项目竣工投产、生产运营一段时间后，在对项目的立项决策、设计施工、竣工投产、生产运营等全过程进行系统评价的一种技术活动，是固定资产管理的一项重要内容，也是固定资产投资管理的最后一个环节。

第三节　建筑工程项目管理的基本内容

建筑工程项目管理的基本内容包括以下几个方面。

（一）合同管理

建筑工程项目合同是业主和参与项目实施各主体之间明确责任、权利和义务关系的具有法律效力的协议文件，也是运用市场经济体制、组织项目实施的基本手段。从某种意义上讲，项目的实施过程就是建设工程项目合同订立和履行的过程。一切合同所赋予的责任、权利履行到位之日，也就是建设工程项目实施完成之时。

建筑工程项目合同管理，主要是指对各类合同的依法订立过程和履行过程的管理，包括合同文本的选择，合同条件的协商、谈判，合同书的签署；合同的履行、检查、变更和违约、纠纷的处理；索赔事宜的处理工作；总结评价等内容。

（二）组织协调

组织协调是工程项目管理的职能之一，是实现项目目标必不可少的方法和手段。在项目实施过程中，项目的参与单位需要处理和调整众多复杂的业务组织关系。组织协调的主要内容如下。

（1）外部环境协调：与政府管理部门之间的协调，如与规划部门、城建部门、市政部门、消防部门、人防部门、环保部门、城管部门的协调；资源供应方面的协调，如供水、供电、供热、电信、通信、运输和排水等方面的协调；生产要素方面的协调，如图纸、材料、设备、劳动力和资金方面的协调；社区环境方面的协调等。

（2）项目参与单位之间的协调：项目参与单位主要有业主、监理单位、设计单位、施工单位、供货单位、加工单位等。

（3）项目参与单位内部的协调：项目参与单位内部各部门、各层次之间及个人之间的协调。

（三）进度控制

进度控制包括方案的科学决策、计划的优化编制和实施有效控制三个方面的任务。方案的科学决策是实现进度控制的先决条件，它包括方案的可行性论证、综合评估和优化决策。只有决策出优化的方案，才能编制出优化的计划。计划的优化编制，包括科学确定项目的工序及其衔接关系、持续时间以及编制优化的网络计划和实施措施，是实现进度控制的重要基础。实施有效控制包括同步跟踪、信息反馈、动态调整和优化控制，是实现进度控制的根本保证。

（四）投资（费用）控制

投资控制包括编制投资计划、审核投资支出、分析投资变化情况、研究投资减少途径和采取投资控制措施五项任务。前两项是对投资的静态控制，后三项是对投资的动态控制。

（五）质量控制

质量控制包括制定各项工作的质量要求及质量事故预防措施、制定各个方面的质量监督和验收制度，以及制定各个阶段的质量事故处理和控制措施三个方面的任务。制定的质量要求要具有科学性，质量事故预防措施要具备有效性。质量监督和验收包含对设计质量、施工质量及材料设备质量的监督和验收，要严格检查制度和加强分析。质量事故处理与控制要对每一个阶段均严格管理和控制，采取细致而有效的质量事故预防和处理措施，以确保质量目标的实现。

（六）风险管理

随着工程项目规模的大型化和工艺技术的复杂化，项目管理者所面临的风险越来越多。工程建设的客观现实告诉人们，要保证建设工程项目的投资效益，就必须对项目风险进行科学管理。

风险管理是一个确定和度量项目风险，以及制定、选择和管理风险处理方案的过程。其目的是通过风险分析减少项目决策的不确定性，以使决策更加科学，以及在项目实施阶段，保证目标控制的顺利进行，更好地实现项目的质量目标、进度目标和投资目标。

（七）信息管理

信息管理是工程项目管理的基础工作，是实现项目目标控制的保证。只有不断提高信息管理水平，才能更好地承担起项目管理的任务。

工程项目的信息管理主要是指对有关工程项目的各类信息的收集、储存、加工整理、传递与使用等一系列工作的总称。信息管理的主要任务是及时、准确地向项目管理各级领导、各参加单位及各类人员提供所需的综合程度不同的信息，以便在项目进展的全过程中动态地进行项目规划，迅速正确地进行各种决策，并及时检查决策执行结果，反映工程实施中暴露的各类问题，为项目总目标服务。

信息管理工作的好坏将直接影响项目管理的成败。在我国工程建设的长期实践中，缺乏信息，难以及时取得信息，所得到的信息不准确或信息的综合程度不满足项目管理的要求，信息存储分散等原因，造成项目决策、控制、执行和检查困难，以致影响项目总目标实现的情况屡见不鲜，这应该引起广大项目管理人员的重视。

（八）环境保护

工程建设可以改造环境、为人类造福，优秀的设计作品还可以增添社会景观，给人们带来观赏价值，但一个工程项目的实施过程和结果也存在着影响甚至恶化环境的种种因素。因此，应在工程建设中强化环保意识，切实有效地把环境保护和避免损害自然环境、破坏生态平衡、污染空气和水质、扰动周围建筑物和地下管网等现象的发生，作为项目管理的重要任务之一。项目管理者必须充分研究和掌握国家和地区的有关环保法规和规定，对于环保方面有要求的建设工程项目，在项目可行性研究和决策阶段，必须提出环境影响报告及其对策措施，并评估其措施的可行性和有效性，严格按建设程序向环保管理部门报批。在项目实施阶段，做到主体工程与环保措施工程同步设计、同步施工、同步投入运行。在工程施工承发包中，必须把依法做好环保工作列为重要的合同条件加以落实，并在施工方案的审查和施工过程中，始终把落实环保措施、克服建设公害作为重要的内容予以密切注视。

第四节　建筑工程项目管理主体与任务

一个建筑工程项目往往由许多参与单位承担不同的建设任务和管理任务（如勘察、土建设计、工艺设计、工程施工、设备安装、工程监理、建设物资供应、业主方管理、政府主管部门的管理和监督等），各参与单位的工作性质、工作任务和利益不尽相同，因此，就形成了代表不同利益方的项目管理。由于业主方既是建筑工程项目实施过程（生产过程）的总集成者（人力资源、物质资源和知识的集成），也是建筑工程项目生产过程的总组织者，因此，对于一个建设工程项目而言，业主方的项目管理往往是该项目的项目管理的核心。

按建筑工程项目不同主体的工作性质和组织特征划分，项目管理有以下几种类型。

（1）业主方的项目管理，如投资方和开发方的项目管理，或由工程管理咨询公司提供的代表业主方利益的项目管理服务。

（2）设计方的项目管理。

（3）施工方的项目管理（施工总承包方、施工总承包管理方和分包方的项目管理）。

（4）建设物资供货方的项目管理（材料和设备供应方的项目管理）。

（5）建筑项目总承包（或称建设项目工程总承包、工程总承包）方的项目管理，如设计和施工任务综合的承包，或设计、采购和施工任务综合的承包（简称 EPC 承包）的项目管理等。

一、业主方的项目管理

业主方的项目管理服务于业主的利益。业主方项目管理的目标包括项目的投资目标、进度目标和质量目标。投资目标指的是项目的总投资目标。进度目标指的是项目动用的时间目标，也即项目交付使用的时间目标，如工厂建成可以投入生产、道路建成可以通车、办公楼可以启用、旅馆可以开业的时间目标等。质量目标不仅涉及施工的质量，还包括设计质量、材料质量、设备质量和影响项目运行或运营的环境质量等。质量目标包括满足相应的技术规范和技术标准的规定，以及满足业主方相应的质量要求。

项目的投资目标、进度目标和质量目标之间既有矛盾的一面，也有统一的一面，它们之间的关系是对立的统一关系：要加快进度往往需要增加投资，要提高质量往往也需要增加投资，过度地缩短进度会影响质量目标的实现。这都表现了目标之间关系矛盾的一面，但通过有效的管理，在不增加投资的前提下，也可缩短工期和提高工程质量，这反映了目标之间关系统一的一面。

业主方的项目管理工作涉及项目实施阶段的全过程，即在设计前的准备阶段、设计阶段、施工阶段、动用前准备阶段和保修期分别进行以下工作。

（1）安全管理。

（2）投资控制。

（3）进度控制。

（4）质量控制。

（5）合同管理。

（6）信息管理。

（7）组织协调。

其中安全管理是项目管理中最重要的任务，因为安全管理关系到人身的健康与安全，而投资控制、进度控制、质量控制和合同管理等则主要涉及物质的利益。

二、设计方的项目管理

作为项目建设的一个参与方，设计方的项目管理主要服务于项目的整体利益和设计方本身的利益。由于项目的投资目标能否得以实现与设计工作密切相关，因此，设计方项目管理的目标包括设计的成本目标、设计的进度目标和设计的质量目标以及项目的投资目标。

设计方的项目管理工作主要在设计阶段进行，但也涉及设计前的准备阶段、施工阶段、动用前准备阶段和保修期。设计方项目管理的任务包括以下几项。

（1）与设计工作有关的安全管理。

（2）设计成本控制和与设计工作有关的工程造价控制。

（3）设计进度控制。

（4）设计质量控制。

（5）设计合同管理。

（6）设计信息管理。

（7）与设计工作有关的组织和协调。

三、施工方的项目管理

（一）施工方项目管理的目标

由于施工方是受业主方的委托承担工程建设任务，施工方必须树立服务观念，为项目建设服务，为业主提供建设服务，另外，合同也规定了施工方的任务和义务，因此，作为项目建设的一个重要参与方，施工方的项目管理不仅应服务于施工方本身的利益，也必须服务于项目的整体利益。项目的整体利益和施工方本身的利益是对立的统一关系，两者有其统一的一面，也有其矛盾的一面。

施工方项目管理的目标应符合合同的要求，包括以下几项。

（1）施工的安全管理目标。

（2）施工的成本目标。

（3）施工的进度目标。

（4）施工的质量目标。

如果采用工程施工总承包模式或工程施工总承包管理模式，施工总承包方或施工总承包管理方必须按工程合同规定的工期目标和质量目标完成建设任务，而施工总承包方或施工总承包管理方的成本目标是由施工企业根据其生产和经营的情况自行确定的。分包方必须按工程分包合同规定的工期目标和质量目标完成建设任务。分包方的成本目标是该施工企业内部自行定的。

按国际工程的惯例，当指定分包商时，由于指定分包商合同在签约前必须得到施工总承包方或施工总承包管理方的认可，因此，施工总承包方或施工总承包管理方应对合同规定的工期目标和质量目标负责。

（二）施工方项目管理的任务

施工方项目管理的任务包括以下内容。

（1）施工安全管理。

（2）施工成本控制。

（3）施工进度控制。

（4）施工质量控制。

（5）施工合同管理。

（6）施工信息管理。

（7）与施工有关的组织与协调等。

施工方的项目管理工作主要在施工阶段进行，但由于设计阶段和施工阶段在时间上往往是交叉的，因此，施工方的项目管理工作也会涉及设计阶段。在动用前准备阶段和保修期施工合同尚未终止期间，还有可能出现涉及工程安全、费用、质量、合同和信息等方面的问题，因此，施工方的项目管理也涉及动用前准备阶段和保修期。

从 20 世纪 80 年代末和 90 年代初开始，我国的大中型建设工程项目引进了为业主方服务（或称代表业主利益）的工程项目管理咨询服务，这属于业主方项目管理的范畴。在国际上，工程项目管理咨询公司不仅为业主提供服务，而且向施工方、设计方和建设物资供应方提供服务。因此，不能认为施工方的项目管理只是施工企业对项目的管理。施工企业委托工程项目管理咨询公司对项目管理的某个方面提供的咨询服务也属于施工方项目管理的范畴。

作为项目建设的一个参与方，建设物资供货方的项目管理主要服务于项目的整体利益和建设物资供货方本身的利益。建设物资供货方项目管理的目标包括建设物资供货方的成本目标、供货的进度目标和供货的质量目标。

建设物资供货方的项目管理是指对材料和设备供应方的项目管理，工作主要在施工阶段进行，但它也涉及设计准备阶段、设计阶段、动用前准备阶段和保修期。建设物资供货方项目管理的主要任务如下。

（1）供货的安全管理。

（2）建设物资供货方的成本控制。

（3）供货的进度控制。

（4）供货的质量控制。

（5）供货合同管理。

（6）供货信息管理。

（7）与供货有关的组织与协调。

四、建筑项目总承包方的项目管理

（一）建筑项目总承包方项目管理的目标

由于建筑项目总承包方是受业主方的委托而承担工程建设任务，项目总承包方必须树立服务观念，为项目建设服务，为业主提供建设服务。另外，合同也规定了建筑项目总承包方的任务和义务，因此，作为项目建设的一个重要参与方，建筑项目总承包方的项目管理主要服务于项目的整体利益和建设项目总承包方本身的利益。建筑项目总承包方项目管理的目标应符合合同的要求，包括以下几项。

（1）工程建设的安全管理目标。

（2）项目的总投资目标和建设项目总承包方的成本目标（前者是业主方的总投资目标，后者是项目总承包方本身的成本目标）。

（3）建设项目总承包方的进度目标。

（4）建设项目总承包方的质量目标。

建筑项目总承包方项目管理工作涉及项目实施阶段的全过程，即设计前的准备阶段、设计阶段、施工阶段、动用前准备阶段和保修期。

（二）建筑项目总承包方项目管理的任务

建筑项目总承包方项目管理的主要任务如下。

（1）安全管理。

（2）项目的总投资控制和建设项目总承包方的成本控制。

（3）进度控制。

（4）质量控制。

（5）合同管理。

（6）信息管理。

（7）与建设项目总承包方有关的组织和协调等。

在《建设项目工程总承包管理规范》（GB/T50358—2017）中对项目总承包管理的内容做了以下的规定。

（1）工程总承包管理应包括项目经理部的项目管理活动和工程总承包企业职能部门参与的项目管理活动。

（2）工程总承包项目管理的范围应由合同约定。根据合同变更程序提出并经批准的变更范围也应列入项目管理范围。

（3）工程总承包项目管理的主要内容如下。

①任命项目经理，组建项目经理部，进行项目策划并编制项目计划。

②实施设计管理、采购管理、施工管理、试运行管理。

③进行项目范围管理，进度管理，费用管理，设备材料管理，资金管理，质量管理，安全、职业健康和环境管理，人力资源管理，风险管理，沟通与信息管理，合同管理，现场管理，项目收尾等。

第二章 建筑工程项目资源与成本管理

第一节 建筑工程项目资源管理概述

一、项目资源管理

（一）项目资源概念

项目资源是对项目实施中使用的人力资源、材料、机械设备、技术、资金和基础设施等的总称。资源是人们创造出产品（即形成生产力）所需要的各种要素，也被称为生产要素。

项目资源管理的目的是在保证施工质量和工期的前提下，通过合理配置和调控，充分利用有限资源，节约使用资源，降低工程成本。

（二）项目资源管理概念

项目资源管理是对项目所需的各种资源进行的计划、组织、指挥、协调和控制等系统活动。项目资源管理的复杂性主要表现为如下几项。

（1）工程实施所需资源的种类多、需求量大。

（2）建设过程对资源的消耗极不均衡。

（3）资源供应受外界影响很大，具有一定的复杂性和不确定性，且资源经常需要在多个项目间进行调配。

（4）资源对项目成本的影响最大。加强项目管理，必须对投入项目的资源进行市场调查与研究，做到合理配置，并在生产中强化管理，以尽量少的消耗获得产出，达到节约劳动和减少支出的目的。

（三）项目资源管理的主要原则

在项目施工过程中，对资源的管理应该着重坚持以下四项原则。

1. 编制管理计划的原则

编制项目资源管理计划的目的，是对效法投入量、投入时间和投入步骤，做出一个合理的安排，以满足施工项目实施的需要，对施工过程中所涉及的资源，都必须按照施工准备计划、施工进度总计划和主要分项进度计划，根据工程的工作量，编制出详尽的需用计划表。

2. 资源供应的原则

按照编制的各种资源计划，进行优化组合，并实施到项目中去，保证项目施工的需要。

3. 节约使用的原则

这是资源管理中最为重要的一环，其根本意义在于节约活劳动及物化劳动，根据每种资源的特性，制订出科学的措施，进行动态配置和组合，不断地纠正偏差，以尽可能少的资源，满足项目的使用。

4. 使用核算的原则

进行资源投入、使用与产生的核算，是资源管理的一个重要环节，完成了这个程序，便可以使管理者心中有数。通过对资源使用效果的分析，一方面是对管理效果的总结，另一方面又为管理提供储备与反馈信息，以指导以后的管理工作。

（四）项目资源管理的过程和程序

1. 项目资源管理的过程

项目资源管理的全过程应包括资源的计划、配置、控制和处置。

2. 项目资源管理应遵循下列程序

（1）按合同或根据施工生产要求，编制资源配置计划，确定投入资源的数量与时间。

（2）根据资源配置计划，做好各种资源的供应工作。

（3）根据各种资源的特性，采取科学的措施，进行有效组合，合理投入，动态管理。

（4）对资源的投入和使用情况进行定期分析，找出问题，总结经验持续改进。

3. 项目资源管理应注意以下几个方面：

（1）要将资源优化配置，适时、适量、按比例配置资源投入生产，满足需求。

（2）投入项目的各种资源在施工项目中搭配适当、协调，能够充分发挥作用，更有效地形成生产力。

（3）在整个项目运行过程中，对资源进行动态管理，以适应项目建设需要，并合理规避风险。项目实施是一个变化的过程，对资源的需求也在不断发生变化，必须适时调整，有效地计划组织各种资源，合理流动，在动态中求得平衡。

（4）在项目实施中，应建立节约机制，有利于节约使用资源。

（五）资源配置与资源均衡

在资源配置时，必须考虑如何进行资源配置及资源分配是否均衡。在项目资源十分有限的情况下，合理的资源配置和实现资源均衡是提高项目资源配置管理能力的有效途径。

1. 资源配置

资源配置是将项目资源根据项目活动及进度需求，将资源分配到项目的各项活动中去，以保证项目按计划执行。有限资源的合理分配也被称为约束型资源的均衡。在编制约束型资源计划时，必须考虑其他项目对于可共享类资源的竞争需求。在进行型号项目资源分配时，必须考虑所需资源的范围、种类、数量及特点。

资源配置方法属于系统工程技术的范畴。项目资源的配置结果，不但应保证项目各子任务得到合适的资源，也要力求达到项目资源使用均衡。此外，还应保证让项目的所有活动都可及时获得所需资源，使项目的资源能够被充分利用，力求使项目的资源消耗总量最少。

2. 资源均衡

资源均衡是一种特殊的资源配置问题，是对资源配置结果进行优化的有效手段。资源均衡的目的是努力将项目资源消耗控制在可接受的范围内。在进行资源均衡时，必须考虑资源的类型及其效用，以确保资源均衡的有效性。

二、项目资源管理计划

项目资源是工程项目实施的基本要素，项目资源管理计划是对工程项目资源管理的规划或安排，一般涉及决定选用什么样的资源，将多少资源用于项目的每一项工作的执行过程中（即资源的分配）以及将项目实施所需要的资源按争取的时间、正确地数量供应到正确地地点，并尽可能地降低资源成本的消耗，如采购费用、仓库保管费用等。

（一）项目资源管理计划的基本要求

（1）资源管理计划应包括建立资源管理制度，编制资源使用计划、供应计划和处置计划，规定控制程序和责任体系。

（2）资源管理计划应依据资源供应、现场条件和项目管理实施规划编制。

（3）资源管理计划必须纳入进度管理中。由于资源作为网络的限制条件，在安排逻辑关系和各工程活动时就要考虑到资源的限制和资源的供应过程对工期的影响。通常在工期计划前，人们已假设可用资源的投入量。因此，如果网络编制时不顾及资源供应条件的限制，则网络计划是不可执行的。

（4）资源管理计划必须纳入项目成本管理中，以作为降低成本的重要措施。

（5）在制订实施方案以及技术管理和质量控制中必须包括资源管理的内容。

（二）项目资源管理计划的内容

1. 资源管理制度

资源管理制度包括人力资源管理制度、材料管理制度、技术管理制度、资金管理制度。

2. 资源使用计划

资源使用计划包括人力资源使用计划、技术计划、资金使用计划。

3. 资源供应计划

资源供应计划包括人力资源供应计划、资金供应计划。

4. 资源处置计划

资源处置计划包括人力资源处置计划、技术处置计划、资金处置计划。

（三）项目资源管理计划编制的依据

1. 项目目标分析

通过对项目目标的分析，把项目的总体目标分解为各个具体的子目标，以便于了解项目所需资源的总体情况。

2. 工作分解结构

工作分解结构确定了完成项目目标所必须进行的各项具体活动，根据工作分解结构的结果可以估算出完成各项活动所需资源的数量、质量和具体要求等信息。

3. 项目进度计划

项目进度计划提供了项目的各项活动何时需要相应的资源以及占用这些资源的时间，据此，可以合理地配置项目所需的资源。

4. 制约因素

在进行资源计划时，应充分考虑各类制约因素，如项目的组织结构、资源供应条件等。

5. 历史资料

资源计划可以借鉴类似项目的成功经验，以便于项目资源计划的顺利完成，既可节约时间又可降低风险。

（四）项目资源管理计划编制的过程

项目资源管理计划是施工组织设计的一项重要内容，应纳入工程项目的整体计划和组织系统中。通常，项目资源计划应包括如下过程。

1. 确定资源的种类、质量和用量

根据工程技术设计和施工方案，初步确定资源的种类、质量和需用量，然后再逐步汇总，最终得到整个项目各种资源的总用量表。

2. 调查市场上资源的供应情况

在确定资源的种类、质量和用量后，即可着手调查市场上这些资源的供应情况。其调查内容主要包括各种资源的单价，据此进而确定各种资源所需的费用；调查如何得到这些资源，从何处得到这些资源，这些资源供应商的供应能力怎样、供应的质量如何、供应的稳定性及其可能的变化；对各种资源供应状况进行对比分析等。

3. 资源的使用情况

主要是确定各种资源使用的约束条件，包括总量限制、单位时间用量限制、供应条件和过程的限制等。对于某些外国进 1 ∶ 3 的材料或设备，在使用时还应考虑资源的安全性、可用性、对周围环境的影响、国家的法规和政策以及国际关系等因素。

在安排网络时，不仅要在网络分析和优化时加以考虑，在具体安排时更需注意，这些约束性条件多是由项目的环境条件，或企业的资源总量和资源的分配政策决定的。

4. 确定资源使用计划

通常是在进度计划的基础上确定资源的使用计划的，即确定资源投入量一时间关系直方图（表），确定各资源的使用时间和地点。在做此计划时，可假设它在活动时间上平均分配，从而得到单位时间的投入量（强度）。进度计划的制订和资源计划的制订，往往需要结合在一起共同考虑。

5. 确定具体资源供应方案

在编制的资源计划中，应明确各种资源的供应方案、供应环节及具体时间安排等，如人力资源的招雇、培训、调遣、解聘计划，材料的采购、运输、仓储、生产、加工计划等。如把这些供应活动组成供应网络，应与工期网络计划相互对应，协调一致。

6. 确定后勤保障体系

在资源计划中，应根据资源使用计划确定项目的后勤保障体系，如确定施工现场的水电管网的位置及其布置情况，确定材料仓储位置、项目办公室、职工宿舍、工棚、运输汽车的数量及平面布置等。这些虽不能直接作用于生产，但对项目的施工具有不可忽视的作用，在资源计划中必须予以考虑。

第二节 建筑工程项目资源管理内容

一、生产要素管理

（一）生产要素概念

生产要素是指形成生产力的各种要素，主要包括人、机器、材料、资金与管理。对建筑工程来说，生产要素是指生产力作用于工程项目的有关要素，也可以说是投入工程要素中的诸多要素。由于建筑产品的一次性、固定性、建设周期长、技术含量高等特殊的特性，可以将建筑工程项目生产要素归纳为：人、材料、机械设备、技术等方面。

（二）建筑工程项目生产要素管理概述

生产要素管理就是对诸要素的配置和使用所进行的管理，其根本目的是节约劳动成本。

1. 建筑工程项目生产要素管理的意义

（1）进行生产要素优化配置，即适时、适量、比例恰当、位置适宜地配备或投入生产要素，以满足施工需要。

（2）进行生产要素的优化组合，即投入工程项目的各种生产要素在施工过程中搭配适当，协调地在项目中发挥作用，有效地形成生产力，适时、合格地完成建筑工程。

（3）在工程项目运转过程中，对生产要素进行动态管理。项目的实施过程是一个不断变化的过程，对生产要素的需求在不断变化，平衡是相对的，不平衡是绝对的。因此生产要素的配置和组合也就需要不断调整，这就需要动态管理。动态管理的目的和前提是优化配置与组合，动态管理是优化配置和组合的手段与保证。动态管理的基本内容就是按照项目的内在规律，有效地计划、组织、协调、控制各生产要素，使之在项目中合理流动，在动态中寻求平衡。

（4）在工程项目运行中，合理地、节约地使用资源，以取得节约资源（资金、材料、设备、劳动力）的目的。

2. 建筑工程项目生产要素管理的内容

生产要素管理的主要内容包括生产要素的优化配置、生产要素的优化组合、生产要素的动态管理三个方面。

（1）生产要素的优化配置。生产要素的优化配置，就是按照优化的原则安排生产要素，按照项目所必需的生产要素配置要求，科学而合理地投入人力、物力、财力，使之在一定资源条件下实现最佳的社会效益和经济效益。

具体来说，对建筑工程项目生产要素的优化配置主要包括对人力资源（即劳动力）的优化配置、对材料的优化配置、对资金的优化配置和对技术的优化配置等几个方面。

（2）生产要素的优化组合。生产要素的优化组合是生产力发展的标志，随着科学技术的进步，现代管理方法和手段的运用，生产要素优化组合将对提高施工企业管理集约化程度起推动作用。

其内容一是指生产要素的自身优化，即各种要素的素质提高的过程。二是优化基础上的结合，各要素有机结合发挥各自优势。

（3）生产要素的动态管理。生产要素的动态管理是指依据项目本身的动态过程而产生的项目施工组织方式。项目动态管理以施工项目为基点来优化和管理企业的人、财、物，以动态的组织形式和一系列动态的控制方法来实现企业生产诸要素按项目要求的最佳组合。

（三）生产要素管理的方法和工具

1. 生产要素优化配置方法

不同的生产要素，其优化配置方法各不相同，可根据生产要素特点确定。常用的方法有网络优化方法、优选方法、界限使用时间法、单位工程量成本法、等值成本法及技术经济比较法。

2. 生产要素动态管理方法

动态管理的常用方法有动态平衡法、日常调度、核算、生产要素管理评价、现场管理与监督、存储理论与价值工程等。

二、人力资源管理

（一）建筑工程项目人力资源管理概述

1. 人力资源管理含义

人力资源管理这一概念主要是指通过掌握的科学管理办法，来对一定范围内的人力资源进行必要的培训，进行科学的组织，以便达到人力资源与物力资源充分利用。在人力资源管理工作中，较为重要的一点就是对工作人员的思想情况、心理特征以及实际行为进行有效的引导，以便充分激发工作人员的工作积极性，让工作人员能够在自己的工作岗位上发光发热，适应企业的发展脚步。

2. 人力资源管理在建筑工程项目管理中的重要性

人力资源管理工作作为企业管理工作中的重要组成部分，其工作质量会对企业的长远发展产生极为重要的影响。而对于建筑企业来说也是如此，这是由于在建筑工程项目管理中充分发挥人力资源管理工作的效用，就能够帮助企业累计人才，并将人才转化为企业的核心竞争力，通过优化配置人力资源来推动建筑企业的可持续发展。

（二）建筑工程项目人力资源管理问题

1. 管理者观念的落后

随着社会的不断发展，各行各业在寻求可持续发展的道路上都应与时俱进地更新管理观念，特别是对于建筑行业来说，就目前而言，大部分建筑企业在人力资源管理工作中所应用的管理观念都较为落后，不仅不能够对企业中的人力资源进行合理配置与培训，不能为企业培养出精兵强将，同时还会因管理观念落后而对人力资源管理工作重要性的发挥严重阻碍，会对企业工作人员岗位培训与调动等产生不良影响。再加上，部分人力资源的管理工作人员缺乏对信息技术的正确认识，不能利用现代化的眼光来对人力资源管理工作理念进行变革，不利于建筑企业的长远发展。

2. 人力资源管理体系的不完善

当前我国部分建筑企业都缺乏对人力资源管理工作的重视，没有建立应有的人力资源管理体系，使得人力资源管理工作的开展无法得到制度保障。在这种不完善的管理体系指导下的人力资源管理工作质量也就不能得到有效保证。还有的建筑企业建立了人力资源管理体系，但是却没有及时对其进行更新与优化，使其不能满足当前人力资源管理工作的需求，也就无法为企业发展提供坚实的人力基础。因此，人力资源管理体系的不健全也是影响建筑企业人力资源管理工作质量的重点。

3. 缺乏完善的激励机制

当前我国建筑企业人力资源管理工作大多还缺乏完善的激励机制，而导致这一问题出现的原因主要在于部分人力资源管理工作人员忽视了奖金对工作人员的激励作用，不会利用奖金来充分调动工作人员的积极性与工作热情，也就无法在建筑企业内部创造一个良好的竞争环境，不利于实现企业的长远发展。与此同时，还包括晋升机制的不完善。

我国大部分建筑企业在对工作人员进行岗位晋升时都不重视对其工作绩效的考察，或是对其工作绩效情况进行了考察，但是并没有起到应有的作用，进而在一定程度上影响了工作人员的积极性，也就无法保证工作人员能够全身心地投入岗位工作中，这对于实现企业经营发展目标是十分不利的。

（三）建筑工程项目人力资源管理优化

1. 管理者观念的转变

建筑工程企业应重视对先进管理理念的学习与应用，摒弃传统落后的管理观念，为提高自身人力资源管理水平奠定理念基础。这就需要企业的人力资源管理者能够对重视对自身专业水平的提升，积极学习新的管理理念，并充分利用互联网信息技术等来进行人力资源管理能力的自我锻炼，以便为提高建筑工程项目人力资源管理水平奠定基础。

2. 健全管理人才培养模式

健全管理人才培养模式，要从提高管理团队的综合素质与专业水平出发，通过这些方面来实现对人力资源管理工作质量的提升。这是由于工作人员是建筑企业开展人力资源管理工作的主体，其素质状况直接影响着人力资源管理工作效果的发挥。

3. 建立完善的激励机制

建筑企业要重视对激励机制的建立与完善，以便能够充分调动工作人员的积极性。要将工作人员的工作绩效与薪资水平挂钩，以激发工作人员的主观能动性。同时，还应对工作态度认真且有突出表现的工作人员给予口头表扬等精神层面的鼓励，进而在企业内部形成一种积极向上、不断提升自己能力的工作氛围。此外，企业还应将工作人员平时的绩效考核情况与其岗位升迁等进行紧密联系，并重视对人才晋升机制的完善与优化，引导工作人员实现自主提升，并逐渐推动企业的健康发展。

三、建筑材料管理

（一）材料供应管理

一般而言，当前材料选择通常指的是在建筑相关工程立项后通过相关施工单位展开自主采购，且在实际采购过程中在严格遵循相关条例的规定的同时，还要满足设计中的材料说明要求。对材料供应商应该具有正规合法的采购合同，而对防水材料、水电材料、装饰材料、保温材料、砌筑材料、碎石、沙子、钢筋、水泥等采取材料备案证明管理，同时实施材料进厂记录。

1. 供应商的选择

供应商的选择是材料供应管理的第一步，在对建筑材料市场上诸多供应商进行选择时，应该注意以下几个方面：首先，采购员应该对各供应商的材料进行比较，认真核查材料的生产厂家，仔细审核供应商的资质，所有的建筑材料必须符合国家标准；其次，在对采购合同进行签订之前，还应该验证现场建筑材料的检测报告、进出厂合格证明文件以及复试报告等；最后，与供应商所直接签订的合同需要在法律保障下才可以发挥其行之有效的作用。

2. 制订采购计划文件

当前在确定好供应商之后，就要开始编制相应的计划文件，这就需要相关的采购员严格依据施工进度方案、施工内容以及设计内容对具体的采购计划通过比较细致的研究从而制订出完善的采购方案。并且，采购员必须对其质量进行科学化的检测，进而确保材料其本身所具备的功能可以达到施工要求，更加有效地进行成本把控。

3. 材料价格控制

建筑工程相应项目中所涉及的材料种类比较，有时需要同时和多家材料供应商合作，因此，在建筑材料采购过程中，采购员应该对所采购的材料完成相应的市场调查工作，多走访几家，对实际的价格做好管控工作。最终购买的材料在保证满足设计和施工要求的同时，尽可能地使价格降到最低，综合材料实际的运费，在最大限度上减少成本投入，进而达到材料资料等方面的有效控制。

4. 进厂检验管理

在建筑材料购买之后，要严格进行材料进场验收，由监理单位和施工企业对进厂材料进行检验，对材料的证明文件、检测报告、复试报告以及出厂合格证进行审核。同时，委托具有相应资质的检测单位对进厂材料按批次取样检验，并做好备案书。检验结果不合格的材料坚决不能进厂使用，只有检验结果合格的材料才能进行使用。

（二）施工材料管理

1. 材料的存放

建设单位要有专人负责掌管材料，将材料分好类别，以免材料之间发生化学反应，影响建筑材料的使用，同时，还要对材料的入库和出库时间、合作的生产厂家、材料之间的报告等做好登记，在项目部门领取材料进行施工时，项目施工人员必须凭小票领取材料，并签字，这样有利于施工后期建筑材料的回收再利用。

在建筑施工接近尾声之际，建设单位的工作人员应该将实际应用的建筑材料和计划用量进行比较，将使用的建筑材料数据记录下来，将剩余的建筑材料回收再利用，将建筑现场清理好，以免造成建筑材料的浪费，同时，还要把剩余的材料做好分类管理，减少施工材料的成本。

2. 材料的使用

在建筑材料的使用过程中，要根据建筑材料的实际用量和计划用量做好建筑材料的使用，避免运输的材料超过计划上限，要严格控制材料的使用情况，做到不过多的损耗、浪费。总之，在施工阶段的建筑材料管理工作中，要合理安排材料的进库和验收工作，同时，还要掌握好施工进程，从而保证施工需要，管理人员要时常对建筑材料进行检查和记录，以防止材料的损失。

3. 材料的维护

工程施工中的一些周转材料，应当按照其规格、型号摆放，并在上次使用后，及时除锈、上油，对于不能继续使用的，应及时更换。

4. 工程收尾材料管理

做好工程的收尾工作，将主要力量、精力，放在新施工项目的转移方面，在工程接近收尾时，材料往往已经使用超过 70%, 需要认真检查现场的存料，估计未完工程实际用料量，在平衡基础上，调整原有的材料计划，消减多余，补充不足，以防止出现剩料情况，从而为清理场地创造优良条件。

四、机械设备管理

（一）建筑机械设备管理与维护的重要性

1. 提高生产效率

建筑机械是建筑生产必不可少的工具，其也是建筑企业投入最多的方面。随着科学技术的日新月异，机械现代化是建筑现代化的标志。机械设备的不断更新要求建筑企业要不断更新技术知识，不断适应新环境的要求。机械设备可极大提高生产效率，降低生产成本，从而使建筑企业具有更高的竞争力，在激烈的市场中赢得先机。

2. 在建筑中发挥重要作用

机械设备现代化是建筑现代化的基本条件，越先进的机械设备越能发挥整体效能，越能提高建筑生产质量，不断更新机械设备是建筑企业提高核心竞争力的关键。一些老旧设备、带病运转、安全措施不到位、产品型号混杂、安装不合理等问题都会影响到建筑企业的发展，所以，适当地对建筑机械设备进行管理与维护，对建筑工程项目的建设具有很重要的意义。

（二）建筑工程项目机械设备管理问题

1. 建筑机械设备自身缺点

施工机械的制造厂商很多，厂商之间的建设基地与生产规模、生产能力等差距很大，因此建筑机械产品质量、产品结构、产品价格也存在很大的差距，为此一些建筑机械制造厂技术水平不高，导致市场建筑机械设备参差不齐，产品质量与产品安全未能保障，大大增加了建筑事故的发生率。如某市为塔机制造大城市，生产的塔机在全国范围内普遍使用，但塔吊倒塌事故时有发生，虽然导致事故的发生因素可能有多种，但是厂家对生产吊塔质量不合格或是不符合标准，也是导致此事故的发生因素之一。

随着有效机制加大，很多再用的机械设备都是租赁的，一部分施工升降机是自购的，一部分小型机械是班组自带的机械设备，不论机械设备是自带还是租赁，由于项目施工现场中的机械设备长期缺乏维护和维修保养，安装随意装置、随意拆卸，再加上设备管理人员工作失控，建筑机械设备损坏的部分未及时修补，对配有皮带的机械设备与木工电锯设备未配置防护罩的现象较为严重。

2. 建筑施工人员素质有待提高

在建筑施工场地，机械设备的操作人员素质不高，多数操作人员文化程度相对较低，对操作功能不熟悉、操作技能不熟练、操作经验不足导致对突发事件的反应能力相对薄弱，更不能预测危险事项带来的后果，建筑招工人员未对员工进行岗前培训，或是岗前培训过于走形式，对施工现场需要注意的事项和技巧未能准确告知，从而导致了事故安全隐患。

3. 建筑机械设备的使用过于频繁

由于施工项目的不确定性，有些建筑施工项目未完工而另一个施工项目急需开工，建筑机械设备几乎两边跑，频繁使用造成设备保养不及时、工程机械磨损大、易发生建筑机械设备“带病”工作，加大了工作中的安全隐患。

（三）建筑机械设备维修与管理措施

1. 设立专职部门

施工单位应该对建筑机械设备维修与管理足够的重视，可以设立一个专门的部门负责机械管理维修，部门中各个成员的职责必须明确规定，一旦出现问题，要立即追责，当然如有维修与管理人员表现良好，也要给予一定的奖励；其次，施工单位应该完善建筑机械管理与维修档案制度，同时做好统计工作，以便能够对机械设备进行统一的管理；最后，工程实践中，施工人员必须安排足够的人员来负责建筑机械设备管理，做到定人、定岗、定机，以保证每个机械设备都能够检查到位，作业时不会出现任何故障。

2. 提高防范意识

施工人员应该意识到机械设备的维修与管理也是自己分内的工作，尤其是专门负责这项工作的施工人员。平时要不断加强自身素质，避免维修管理不当的行为出现。另外，机械设备操作人员操作过程中，要爱惜机械设备，进行合理操作，作业技术之后，应对机械设备进行检查，这既能够保证机械设备性能始终处于优良状态，也能够保证操作人员的自身安全。此外，待到工程竣工之后，施工人员一定要全面进行检查，再将机械设备调到其他工程场地中，以免影响其他工程进度。

3. 做好建筑机械设备的日常保养

建筑机械设备既需要定期保养，也需要做好日常保养，这样才能够最大限度地保证机械设备始终保持良好状态。首先，有关部门要依据现实情况，制订科学合理的保养制度，编写保养说明书，并且依据机械设备种类来制订不同的保养措施，以便机械设备保养更具合理性、针对性；其次，机械设备维修与管理人员与机械设备的操作人员要进行时常沟通，要求操作人员必须依据保养制度中要求进行操作，如果是新型的机械设备，维修与管理人员还需要将操作要点告知操作人员，并且操作人员误操作，损坏机械设备；最后，建立激励制度，将建筑机械设备的技术情况、安全运行、消耗费用和维护保养等纳入奖惩制度中，以调动建筑机械设备管理人员和操作人员的工作积极性。组织开展一些建筑机械设备检查评比的活动，来推动机械设备的管理部门的工作。

五、项目技术管理

（一）项目技术管理的重要性

技术管理研究源于20世纪80年代初，技术管理作为专有词汇也是在该时期出现的。技术管理是一门边缘科学，比技术有更广一层的含义，即使技术贯穿于整个组织体系，使过去仅表现在车间及设备等方面的技术也可应用到财务、市场份额和其他事务中，将技术的竞争优势因素转为可靠的竞争能力，搞好技术管理是企业家或经营者的职责。

各工程项目均为典型项目，在实际工程项目管理中存在技术管理部门和人员。同时，可在很多与工程项目管理相关的期刊、文章中找到关于项目技术管理重要性的论述。技术管理在施工项目管理中是施工项目管理实施成本控制的重要手段、是施工项目质量管理的根本保证措施、是施工项目管理进度控制的有效途径。

（二）项目技术管理的作用

分析项目技术管理的作用，离不开项目目标实现，技术管理的作用包括保证、服务及纠偏作用。利用科学手段方法，制订合理可行的技术路线，起到项目目标实现保证作用；以项目目标为技术管理目标，其所有工作内容均围绕目标并服务于目标在项目实施过程中，依靠检测手段，出现偏差时要通过技术措施纠正偏差。

技术管理在项目中的作用大小会因项目不同而不同，是以科学手段，提供保证项目各项目标实现的方法，是其他管理无法替代的。

（三）建筑工程项目技术管理内容

1. 技术准备阶段的内容

为保证正式施工的进行，在前期的准备工作中，不仅要保证施工中需要的图纸等资料的完善无误，还需对施工方案进行反复确认。准备工作的强调，能有效降低图纸中存在的质量隐患。在对施工方案最终确定之前，应由项目经理以及技术管理的相关负责人对其进行审核，并让设计方案保留一定的调整空间，以便在实际施工中遇到有出入的地方可及时进行协调。在对施工相关资料进行审核中，各个负责人应对关键部分或有争议的部分进行反复讨论，最终确定最为科学性地施工方案。同时，在技术准备阶段，确定施工需要的相关设备与材料等，能为接下来的施工节约一定的材料选择时间，保证施工能顺利完成。

2. 施工阶段的内容

施工阶段的技术管理内容更加复杂，需要调整的空间也较大。在施工期间，工程变更与洽谈、技术问题的解决、材料选择以及规范的贯穿等事项都需要技术管理的参与。具体来讲，技术管理主要对施工工程中的施工技术与施工工艺等进行管理与监督。但是，施工工程是一个整体，技术管理也会涉及其他方面的内容。同时，也只有加强各个方面管理内容的协调与沟通，促使整个施工项目均衡发展，才能使其顺利完工。此外，技术管理还包括对施工工艺的开发与创新，有效解决施工过程中遇到的技术难题，并积极运用新的施工技术与理念，促进施工工艺的现代化及其不断进步。

3. 贯穿于整个施工工程

技术管理是企业在施工工程中所进行的一系列技术组织与控制内容的总称。技术管理是贯穿于整个施工工程的全过程，所以其在施工管理中起着重要的影响作用。技术管理涉及施工方案的制订、施工材料的确定、施工工艺以及现场安全等事项的分配，对整个施工工程的顺利进行有着直接影响。众所周知，一个施工项目包含的内容比较多，涉及的事项也比较复杂。所以，在具体的施工过程中，技术管理包含的事项以及内容也比较多。技术管理的进行，应与施工管理与安全管理等内容同样重要，只有各个方面的管理能够均衡，才能促使施工工程的质量得到保证并顺利完成。

第三节　建筑工程项目资源管理优化

一、项目资源管理的优化

工程项目施工需要大量劳动力、材料、设备、资金和技术，其费用一般占工程总费用 80% 以上。因此，项目资源的优化管理在整个项目的经营管理中，尤其是成本的控制中占有重要的地位。资源管理优化时应遵循以下原则：资源耗用总量最少、资源使用结构合理、资源在施工中均衡投入。

项目资源管理贯穿工程项目施工的整个过程，主要体现在施工实施阶段。承包商在施工方案的制订中要依据工程施工实际需要采购和储存材料，配置劳动力和机械设备，将项目所需的资源按时按需、保质保量的供应到施工地点，并合理的减少项目资源的消耗，降低成本。

（一）利用工序编组优化调整资源均衡计划

大型工程项目中需要的资源种类繁多，数量巨大，资源供应的制约因素多，资源需求也不平衡。因此，资源计划必须包括对所有资源的采购、保管和使用过程建立完备的控制程序和责任体系，确定劳动力、材料和机械设备的供应和使用计划。

资源计划对施工方案的进度、成本指标的实现有重要的作用。施工技术方案决定了资源在某一时间段的需求量，而作为施工总体网络计划中限制条件的资源，对于工程施工的进度有着重要的影响，同时，均衡项目资源的使用，合理的降低资源的消耗也有助于施工方案成本指标的优化。

1. 单资源的均衡优化

对于单项资源的均衡优化，建筑企业可以利用削峰法进行局部的调整，但是对于大型工程项目整体资源的均衡，应采用“方差法”进行均衡优化。“方差法”的原理是通过逐个地对非关键线路上的某一工序的开始和完成时间进行调整，然后在这些调整所产生的许多工序优化组合中找出资源需求量最小的那个组合。然而，对于大型工程项目而言，网络计划上非关键线路上工序的数量很多，资源需求情况也很复杂，调整所产生的工序优化组合会非常的多，往往使优化工作变得耗时或不可行，达不到最佳的优化效果。

实际工程中，可以通过将初始总时差相等且工序之间没有时间间隔的一组非关键线路上的工序并为一个工序链，减少非关键线路上工序的数量，降低工序优化的组合。

2. 多资源的均衡优化

对于施工中的多资源均衡优化，可以利用模糊数学方法，综合资源在各种状况下的相对重要程度并排序，确定优化调整的顺序，然后再对资源进行优化调整。资源的优越性排序后，利用方差法对每一种资源计划进行优化调整。资源调整有冲突时，应根据资源的优越性排序确定调整的优先等级。

（二）推进组织管理中的团队建设与伙伴合作

项目组织作为一种组织资源，对于建筑企业在施工中节约项目管理费用有着重要的作用。建筑企业应在大型工程项目的施工与管理中加强项目管理机构的团队建设，与项目参与各方建立合作伙伴关系。

1. 承包商项目管理团队建设

项目管理团队建设可以提高管理人员的参与度和积极性，增强工作的归属感和满意度，形成团队的共同承诺和目标，改善成员的交流和沟通，进而提升工作效率。项目管理团队建设还可以有效地防范承包商管理的内部风险，节约管理成本。

建筑企业将项目管理团队建设统一在工程项目人力资源管理中。通过制订规范化的组织结构图和工作岗位说明书，建立绩效管理和激励评价机制，来拓展团队成员的工作技能，使团队管理运行流畅，实现团队共同目标。

2. 与项目各方建立合作伙伴关系

大型工程项目需要不同组织的众多人员共同参与，项目的成功取决于项目参与各方的密切合作。各方的关系不应仅仅是用合同语言表述的冷冰冰的工作关系，更需要建立各方更加紧密和高效的合作伙伴关系。

在工程项目的建设中，工程的庞大规模和施工的复杂性决定了项目参与各方建立合作伙伴关系的必要性。建筑企业应在项目施工管理方案中增加与业主、设计院和监理工程师等其他各方建立伙伴合作的内容，以期顺利成功地完成工程项目的施工。

合作伙伴关系对于项目管理的主要目标一进度、质量、安全和成本管理的影响是明显的。成功的伙伴合作关系不仅能缩短项目工期，降低项目成本，提高工程质量，而且能使项目运行更加安全。

3. 优化材料采购和库存管理

材料的采购与库存管理是建筑工程项目资源管理的重要内容。材料采购管理的任务是保证工程施工所需材料的正常供应，在材料性能满足要求的前提下，控制、减少所有与采购相关的成本，包括直接采购成本（材料价格）和间接采购成本（材料运输、储存等费用），建立可靠、优秀的供应配套体系，努力减少浪费。

大型工程项目材料品种、数量多、体积庞大，规格型号复杂。而且施工多为露天作业，易受时间、天气和季节的影响，材料的季节性消耗和阶段性消耗问题突出。同时，施工过程中的许多不确定性因素，如设计变更、业主对施工要求的调整等，也会导致材料需求的变更。采购人员在材料采购时，不仅要保证材料的及时供应，还要考虑市场价格波动对于整个工程成本的影响。

二、建筑工程项目资源优化

（一）建筑工程项目中资源优化的必要性与可行性

当前我国社会化大生产使资源优化的矛盾日益凸显，土地供给紧张，主要原材料纷纷告缺，资源的利用和保护再次成为关注的焦点。建筑工程的建设是一个资源高消耗工程，不但需要消耗大量的钢材、水泥等建筑资源，还要占用土地、植被等自然资源。

建筑工程项目可以从全局上来分配资源，平衡各个项目的需求，达成整体工程项目的目标。这是传统职能型管理的一大优点，因为局部最优并不一定是整体最优。但是职能部门对项目缺少直接地、及时地了解和关注。而“项目”具有实施难度很难准确估测、随时可能有突发事件发生这么一个的特点，这种情况下，职能部门按部就班的工作模式就无法应对项目的各种突发事件，无法及时向有需求的项目组提供资源。

（二）资源优化的程序和方法

可以将建筑资源优化过程划分为：更新策划与资源评价、方案设计与施工设计、工程实施三个阶段来进行。

建筑资源评价是在建筑资源调查的基础上，从合理开发利用和保护建筑资源及取得最大的社会、经济、环境效益的角度出发，选择某些因子，运用科学方法，对一定区域内建筑资源本身的规模、质量、分级及开发前景和施工开发条件进行综合分析和评判鉴定的过程。

资源评价与更新策划的工作是最为重要的环节，这也是现阶段旧建筑资源优化工作的瓶颈所在。从工作内容上来讲，资源评价与概念策划是建筑师职能的拓展，将建筑师的研究领域从传统的仅注重空间尺度、比例、造型，拓展到了对人、社会、环境生态、经济等方面。

通过资源利用的可靠性评价环节可以与规划相互沟通，将可利用资源通过定性与定量的方式表现出来，并通过文字将更新思想程序化、逻辑化表达给投资商、政策管理机构，最后将策划成果直接用于改造设计。在工作中始终保持连续性将有利地保证更新在持续合理状态中进行。比如在建筑设计中，在标准阶段进行优化，要有精细化的设计，要根据每个建筑的不同特性去做精细化的设计，所以一定要强调“优生优育”。选择钢筋时，细而密的钢筋一般会同时具有经济和安全的双重优点：比如，细钢筋用作板和梁的纵筋时，锚固长度可以缩短，裂缝宽度一定会减小；用作箍筋时，弯钩可以缩短，安全度又不会降低。追求性价比的概念不是说性价比最高的那个方案就是开发商应该要的，而是最适合的才是应当被选择被采纳的。

（三）建筑工程项目资源优化的意义

资源是一个工程项目实施的最主要的要素，是支撑整个项目的物质保障，是工程实施必不可少的前提条件。真正做到资源优化管理，将项目实施所需的资源按正确的时间、正确的数量供应到正确的地点，可以降低资源成本消耗，是工程成本节约的主要途径。

只有不断地提高人力资源的开发和管理水平，才能充分开发人的潜能。以全面、缜密的思维和更优化的管理方式，保证项目以更低的投入获得更高的产出，切实保障进度计划的落实、工程质量的优良、经济效益的最佳；只有重视项目计划和资源计划控制的实践性，真正地去完善项目管理行为，才能够根据建筑项目的进度计划，合理地、高效地利用资源；才能实现提高项目管理综合效益，促进整体优化的目的。

三、建筑工程项目资源管理优化内容

（一）施工资源管理环节

在项目施工过程中，对施工资源进行管理；应注意以下几个环节。

1. 编制施工资源计划

编制施工资源计划的目的是对资源投入量、投入时间和投入步骤做出合理安排，以满足施工项目实施的需要，计划是优化配置和组合的手段。

2. 资源的供应

按照编制的计划，从资源来源到投入施工项目上实施，使计划得以实现，施工项目的需要得以保证。

3. 节约使用资源

根据每种资源的特性，制订出科学的措施，进行动态配置和组合，协调投入，合理使用，不断地纠正偏差，以尽可能少的资源满足项目的使用，达到节约的目的。

4. 合理预算

进行资源投入、使用与产出的核算，实现节约使用的目的。

5. 进行资源使用效果的分析

一方面是对管理效果的总结，找出经验和问题，评价管理活动；另一方面为管理提供储备和反馈消息，以指导以后（或下一循环）的管理工作。

（二）建筑项目资源管理的优化

目前国内在建的一些工程项目中，相当一部分施工企业还没有真正地做到科学管理。在项目的计划与控制技术方面，更是缺少科学的手段和方法。要解决好这些问题，应该做到以下几点。

1. 科学合理地安排施工计划，提高施工的连续性和均衡性

安排施工计划时应考虑人工、机械、材料的使用问题。使各工种能够相互协调，密切配合，有次序、不间断地均衡施工。因此，科学合理安排人工、机械、材料在全施工阶段内能够连续均衡发挥效益是必要的，这就需要对工程进行全面规划，编制出与实际相适应的施工资源计划。

2. 做好人力资源的优化

人力资源管理是一种人的经营。一个工程项目是否能够正常发展，关键在于对人力资源的管理。

（1）实行招聘录用制度。对所有岗位进行职务分析，制订每个岗位的技能要求和职务规范。广泛向社会招聘人才，对通过技能考核的人员，遵照少而精、宁缺毋滥原则录用，做到岗位与能力相匹配。

（2）合理分工，开发潜能。对所有的在岗员工进行合理分工，并充分发挥个人特长，给予他们更多的实际工作机会。开发他们的潜能，做到“人尽其才”。

（3）为员工搭建一个公平竞争的平台。只有通过公平竞争才能使人才脱颖而出，才能吸引并留住真正有才能的人。

（4）建立绩效考核体系，明确考核条线，纵横对比。确立考核内容，对技术水平、组织能力等进行考核，不同的考核运用不同的考核方法。

（5）建立晋升、岗位调换制度。以绩效为基础，以技能为主。通过考核把真正有能力、有水平的员工晋升至更重要的岗位，以发挥更大的作用。

（6）建立薪酬分配机制。对有能力、有水平的在岗员工，项目管理者应该着重使高额报酬与高中等的绩效奖励相结合，并给予中等水平的福利待遇，调动在岗员工的积极性，使人人都有一个奋发向上的工作热情，形成一个有技能、创业型的团队。

（7）建立末位淘汰制度。以绩效技能考核为依据，制订并严格遵循“末位淘汰制度”，将不适应工作岗位、不能胜任本职工作的人员淘汰出局，以达到“留住人才，淘汰庸才”的目的。

3. 要做好物质资源的优化

（1）对建筑材料、资金进行优化配置。即适时、适量、比例适当、位置适宜地投入，以满足施工需要。

（2）对机械设备优化组合。即对投入施工项目的机械设备在施工中适当搭配，相互协调地发挥作用。

（3）对设备、材料、资金进行动态管理。动态管理的基本内容就是按照项目的内在规律，有效地计划、组织、协调、控制各种物质资源，使之在项目中合理流动，在动态中寻求平衡。

第四节　建筑工程项目成本管理概述

一、成本管理

（一）成本管理的概念

成本管理，通常在习惯上被称为成本控制。所谓控制，在字典里的定义是命令、指导、检查或限制的意思。它是指系统主体采取某种力所能及的强制性措施，促使系统构成要素的性质数量及其相互间的功能联系按照一定的方式运行，以便达到系统目标的管理过程。而成本管理是企业生产经营过程中各项成本核算、成本分析、成本决策和成本控制等一系列科学管理行为的总称，具体是指在生产经营成本形成的过程中，对各项经营活动进行指导、限制和监督，使之符合有关成本的各项法令、方针、政策、目标、计划和定额的规定，并及时发现偏差予以纠正，使各项具体的和全部的生产耗费被控制在事先规定的范围之内。成本管理一般有成本预测、成本决策、成本计划、成本核算、成本控制、成本分析、成本考核等职能。

1. 狭义的成本管理

成本管理有广义和狭义之分。狭义的成本管理是指日常生产过程中的产品成本管理，是根据事先制订的成本预算，对日常发生的各项生产经营活动按照一定的原则，采用专门方法进行严格的计算、监督、指导和调节，把各项成本控制在一个允许的范围之内。狭义的成本管理又被称为“日常成本管理”或“事中成本管理”。

2. 广义的成本管理

广义的成本管理则强调对企业生产经营的各个方面、各个环节以及各个阶段的所有成本的控制，既包括“日常成本管理”，又包括“事前成本管理”和“事后成本管理”。广义的成本管理贯穿企业生产经营全过程，它与成本预测、成本决策、成本规划、成本考核共同构成了现代成本管理系统。传统的成本管理是适应大工业革命的出现而产生和发展的，其中的标准成本法、变动成本法等方法得到了广泛的应用。

（二）现代的成本管理

随着新经济的发展，人们不仅对产品在使用功能方面提出了更高的要求，还强调在产品中能体现使用者的个性化。在这种背景下，现代的成本管理系统应运而生，无论是在观念还是在所运用的手段方面，其都与传统的成本管理系统有着显著的差异。从现代成本管理的基本理念看，主要表现在下如几项。

1. 成本动因的多样化

成本动因的多样化即成本动因是引起成本发生变化的原因。要对成本进行控制，就必须了解成本为何发生，它与哪些因素有关、有何关系。

2. 时间是一个重要的竞争要素

在价值链的各个阶段中，时间都是一个非常重要的因素，很多行业和各项技术的发展变革速度已经加快，产品的生命周期变得很短。在竞争激烈的市场上，要获得更多的市场份额，企业管理人员必须能够对市场的变化做出快速反应，投入更多的成本用于缩短设计、开发和生产时间，以缩短产品上市的时间。另外，时间的竞争力还表现在顾客对产品服务的满意程度上。

3. 成本管理全员化

成本管理全员化即成本控制不单单是控制部门的一种行为，而是已经变成一种全员行为，是一种由全员参与的控制过程。从成本效能看，以成本支出的使用效果来指导决策，成本管理从单纯地降低成本向以尽可能少的成本支出来获得更大的产品价值转变，这是成本管理的高级形态。同时，成本管理以市场为导向，将成本管理的重点放在面向市场的设计阶段和销售服务阶段。

企业在市场调查的基础上，针对市场需求和本企业的资源状况，对产品和服务的质量、功能、品种及新产品、新项目开发等提出需要，并对销量、价格、收入等进行预测，对成本进行估算，研究成本增减或收益增减的关系，确定有利于提高成本效果的最佳方案。

实行成本领先战略，强调从一切来源中获得规模经济的成本优势或绝对成本优势。重视价值链分析，确定企业的价值链后，通过价值链分析，找出各价值活动所占总成本的比例和增长趋势，以及创造利润的新增长，识别成本的主要成分和那些占有较小比例而增长速度较快、最终可能改变成本结构的价值活动，列出各价值活动的成本驱动因素及相互关系。同时，通过价值链的分析，确定各价值活动间的相互关系，在价值链系统中寻找降低价值活动成本的信息、机会和方法；通过价值链分析，可以获得价值链的整个情况及环与环之间的链的情况，再利用价值流分析各环节的情况，这种基于价值活动的成本分析是控制成本的一种有效方式，能为改善成本提供信息。

二、建筑工程项目成本的分类

根据建筑产品的特点和成本管理的要求，项目成本可按不同的标准和应用范围进行分类。

（一）按成本计价的定额标准分类

按照成本计价的定额标准分类，建筑工程项目成本可以分为预算成本、计划成本和实际成本。

1. 预算成本

预算成本是按建筑安装工程实物量和国家或地区或企业制订的预算定额及取费标准计算的社会平均成本或企业平均成本，是以施工图预算为基础进行分析、预测、归集和计算确定的。预算成本包括直接成本和间接成本，是控制成本支出、衡量和考核项目实际成本节约或超支的重要尺度。

2. 计划成本

计划成本是在预算成本的基础上，根据企业自身的要求，如内部承包合同的规定，结合施工项目的技术特征、自然地理特征、劳动力素质、设备情况等确定的标准成本，亦称目标成本。计划成本是控制施工项目成本支出的标准，也是成本管理的目标。

3. 实际成本

实际成本是工程项目在施工过程中实际发生的可以列入成本支出的各项费用的总和，是工程项目施工活动中劳动耗费的综合反映。

以上各种成本的计算既有联系，又有区别。预算成本反映施工项目的预计支出，实际成本反映施工项目的实际支出。实际成本与预算成本相比较，可以反映对社会平均成本（或企业平均成本）的超支或节约，综合体现了施工项目的经济效益；实际成本与计划成本的差额即是项目的实际成本降低额，实际成本降低额与计划成本的比值称为实际成本降低率；预算成本与计划成本的差额即是项目的计划成本降低额，计划成本降低额与预算成本的比值称为计划成本降低率。通过几种成本的相互比较，可以看出成本计划的执行情况。

（二）按计算项目成本对象的范围分类

施工项目成本可分为建设项目工程成本、单项工程成本、单位工程成本、分部工程成本和分项工程成本。

1. 建设项目工程成本

建设项目工程成本是指在一个总体设计或初步设计范围内，由一个或几个单项工程组成，经济上独立核算，行政上实行统一管理的建设单位，建成后可独立发挥生产能力或效益的各项工程所发生的施工费用的总和，如某个汽车制造厂的工程成本。

2. 单项工程成本

单项工程成本是指具有独立的设计文件，在建成后可独立发挥生产能力或效益的各项工程所发生的施工费用，如某汽车制造厂内某车间的工程成本、某栋办公楼的工程成本等。

3. 单位工程成本

单位工程的成本是指单项工程内具有独立的施工图和独立施工条件的工程施工中所发生的施工费用，如某车间的厂房建筑工程成本、设备安装工程成本等。

4. 分部工程成本

分部工程成本是指单位工程内按结构部位或主要工种部分进行施工所发生的施工费用，如车间基础工程成本、钢筋混凝土框架主体工程成本、屋面工程成本等。

5. 分项工程成本

分项工程成本是指分部工程中划分最小施工过程施工时所发生的施工费用，如基础开挖、砌砖、绑扎钢筋等的工程成本，是组成建设项目成本的最小成本单元。

（三）按工程完成程度的不同分类

施工项目成本分为本期施工成本、本期已完成施工成本、未完成施工成本和竣工施工成本。

1. 本期施工成本

本期施工成本是指施工项目在成本计算期间进行施工所发生的全部施工费用，包括本期完工的工程成本和期末未完工的工程成本。

2. 本期已完成施工成本

本期已完成施工成本是指在成本计算期间已经完成预算定额所规定的全部内容的分部分项工程成本。包括上期未完成由本期完成的分部分项工程成本，但不包括本期期末的未完成分部分项工程成本。

3. 未完成施工成本

未完施工成本是指已投料施工，但未完成预算定额规定的全部工序和内容的分部分项工程所支付的成本。

4. 竣工施工成本

竣工施工成本是指已经竣工的单位工程从开工到竣工整个施工期间所支出的成本。

（四）按生产费用与工程量的关系分类

按照生产费用与工程量的关系分类，可以将建筑工程项目成本分为固定成本和变动成本。

1. 固定成本

固定成本是指在一定期间和一定的工程量范围内，发生的成本额不受工程量增减变动的影响而相对固定的成本，如折旧费、大修理费、管理人员工资、办公费等。所谓固定，是指其总额而言，对于分配到每个项目单位工程量上的固定成本，则与工程量的增减成反比关系。

固定成本通常又分为选择性成本和约束性成本。选择性成本是指广告费、培训费、新技术开发费等，这些费用的支出无疑会带来收入的增加，但支出的数量却并非绝对不可变；约束性成本是通过决策也不能改变其数额的固定成本，如折旧费、管理人员工资等。要降低约束性成本，只有从经济合理地利用生产能力、提高劳动生产率等方面入手。

2. 变动成本

变动成本是指发生总额随着工程量的增减变动而成正比变动的费用，如直接用于工程的材料费、实行计划工资制的人工费等。所谓变动，就其总额而言，对于单位分项工程上的变动成本往往是不变的。

将施工成本划分为固定成本和变动成本，对于成本管理和成本决策具有重要作用，也是成本控制的前提条件。由于固定成本是维持生产能力所必需的费用，要降低单位工程量分担的固定费用，可以通过提高劳动生产率、增加企业总工程量数额以及降低固定成本的绝对值等途径来实现；降低变动成本则只能从降低单位分项工程的消耗定额入手。

三、建筑工程项目成本管理的职能及地位

（一）建筑工程项目成本管理的职能

建筑工程项目成本管理是建筑工程项目管理的一个重要内容。建筑工程项目成本管理是收集、整理有关建筑工程项目的成本信息，并利用成本信息对相关项目进行成

本控制的管理活动。建筑工程项目成本管理包括提供成本信息、利用成本信息进行成本控制两大活动领域。

1. 提供建筑工程项目的成本信息

提供成本信息是施工项目成本管理的首要职能。成本管理为以下两方面的目的提供成本信息。

（1）为财务报告目的提供成本信息。施工企业编制对外财务报告至少在两个方面需要施工项目的成本信息：资产计价和损益计算。施工企业编制对外财务报表，需要对资产进行计价确认，这一工作的相当一部分是由施工项目成本管理来完成的。如库存材料成本、未完工程成本、已完工程成本等，要通过施工项目成本管理的会计核算加以确定。施工企业的损益是收入和相关的成本费用配比以后的计量结果，损益计算所需要的成本资料主要通过施工项目成本管理取得。为财务报告目的提供的成本信息，要遵循财务会计准则和会计制度的要求，按照一般的会计核算原理组织施工项目的成本核算。为此目的所进行的成本核算，具有较强的财务会计特征，属于会计核算体系的内容之一。

（2）为经营管理目的提供成本信息。经营管理需要各种成本信息，这些成本信息，有些可以通过与财务报告目的相同的成本信息得到满足，如材料的采购成本、已完工程的实际成本等。这类成本信息可以通过成本核算来提供。有些成本信息需要根据经营管理所设计的具体问题加以分析计算，如相关成本、责任成本等。这类成本信息要根据经营管理中所关心的特定问题，通过专门的分析计算加以提供。为经营管理提供的成本信息，一部分来源于成本核算提供的成本信息，一部分要通过专门的方法对成本信息进行加工整理。经营管理中所面临的问题不同，所需要的成本信息也有所不同。为了不同的目的，成本管理需要提供不同的成本信息。“不同目的，不同成本”是施工项目成本管理提供成本信息的基本原则。

2. 建筑工程项目成本控制

建筑工程项目成本管理的另一个重要职能就是对工程项目进行成本控制。按照控制的一般原理，成本控制至少要涉及设定成本标准、实际成本的计算和评价管理者业绩三个方面的内容。从建筑工程项目成本管理的角度，这一过程是由确定工程项目标准成本、标准成本与实际成本的差异计算、差异形成原因的分析这三个过程来完成的。

随着建筑工程项目现代化管理的发展，工程项目成本控制的范围已经超过了设定标准、差异计算、差异分析等内容。建筑工程项目成本控制的核心思想是通过改变成本发生的基础条件来降低工程项目的工程成本。为此，就需要预测不同条件下的成本发展趋势，对不同的可行方案进行分析和选择，采取更为广泛的措施控制建筑工程项目成本。

总之，建筑工程项目成本管理的职能体现在提供成本信息和实施成本控制两个方面，可以概括为建筑工程项目的成本核算和成本控制。

（二）建筑工程项目成本管理在建筑工程项目管理中的地位

随着建筑工程项目管理在广大建筑施工企业中逐步推广普及，项目成本管理的重要性也日益为人们所认识。可以说，项目成本管理正在成为建筑工程项目管理向深层次发展的主要标志和不可缺少的内容。

1. 建筑工程项目成本管理体现建筑工程项目管理的本质特征

建筑施工企业作为我国建筑市场中独立的法人实体和竞争主体，之所以要推行项目管理，原因就在于希望通过建筑工程项目管理，彻底突破传统管理模式，以满足业主对建筑产品的需求为目标，以创造企业经济效益为目的。成本管理工作贯彻于建筑工程项目管理的全过程，施工项目管理的一切活动实际也是成本活动，没有成本的发生和运动，施工项目管理的生命周期随时可能中断。

2. 建筑工程项目成本管理反映施工项目管理的核心内容

建筑工程项目管理活动是一个系统工程，包括工程项目的质量、工期、安全、资源、合同等各方面的管理工作，这一切的管理内容，无不与成本的管理息息相关。与此同时，各项专业管理活动的成果又决定着建筑工程项目成本的高低。因此，建筑工程项目成本管理的好坏反映了建筑工程项目管理的水平，成本管理是项目管理的核心内容。建筑工程项目成本若能通过科学、经济的管理达到预期的目的，则能带动建筑工程项目管理乃至整个企业管理水平的提高。

第五节　建筑工程项目成本管理问题

一、建筑工程项目成本管理中存在的问题

当前我国施工企业在工程项目成本管理方面，存在着制度不完善，管理水平不高等问题，造成成本支出大，效益低下的不良局面。

（一）没有形成一套完善的责权利相结合的成本管理体制

任何管理活动，都应建立责权利相结合的管理体制才能取得成效，成本管理也不

例外。成本管理体系中专案经理享有至高无上的权力，在成本管理及专案效益方面对上级领导负责，其他业务部门主管以及各部门管理人员都应有相应的责任、权力及利益分配相配套的管理体制加以约束和激励。而现行的施工专案成本管理体制，没有很好地将责权利三者结合起来。

有些专案经理部简单地将专案成本管理的责任归于成本管理主管，没有形成完善的成本管理体系。例如某工程项目，因质量问题导致返工，造成直接经济损失10多万元，结果因职责分工不明确，找不到直接负责人，最终不了了之，使该工程蒙受了巨大的损失，而真正的责任人却逃脱了应有的惩罚。又如某专案经理部某技术员提出了一个经济可行的施工方案，为专案部节省了10多万元的支出，此种情况下，如果不进行奖励，就会在一定程度上挫伤技术发明人的积极性，不利于专案部更进一步的技术开发，也就不利于工程项目的成本管理与控制。

（二）忽视工程项目“质量成本”的管理和控制

“质量成本”是指为保证和提高工程质量而发生的一切必要费用，以及因未达到质量标准而蒙受的经济损失。“质量成本”分为内部故障成本（如返工、停工等引起的费用）、外部故障成本（如保修、索赔等引起的费用）、质量预防费用和质量检验费用等4类。保证质量往往会引起成本的变化，但不能因此把质量与成本对立起来。长期以来，我国施工企业未能充分认识质量和成本之间的辩证统一关系，习惯强调工程质量，而对工程成本关心不够，造成工程质量虽然有了较大提高，但增加了提高工程质量所付出的质量成本，使经济效益不理想，企业资本积累不足；专案经理部却存在片面追求经济效益，而忽视质量，虽然就单项工程而言，利润指数可能很高，但是因质量上不去，可能会增加因未达到质量标准而付出的额外质量成本，既增加了成本支出，又对企业信誉造成很坏的不良影响。

（三）忽视工程项目“工期成本”的管理和控制

“工期成本”是指为实现工期目标或合同工期而采取相应措施所发生的一切费用。工期目标是工程项目管理三大主要目标之一，施工企业能否实现合同工期是取得信誉的重要条件。工程项目都有其特定的工期要求，保证工期往往会引起成本的变化。我国施工企业对工期成本的重视也不够，特别是专案经理部虽然对工期有明确的要求，但对工期与成本的关系很少进行深入研究，有时会盲目地赶工期要进度，造成工程成本的额外增加。

（四）专案管理人员经济观念不强

目前，我国的施工专案经理部普遍存在一种现象，即在专案内部，搞技术的只负责技术和质量，搞工程的只负责施工生产和工程进度，搞材料的只负责材料的采购及进场点验工作。这样表面上看来职责清晰，分工明确，但专案的成本管理是靠大家来管理、去控制的，专案效益是靠大家来创造的。如果搞技术的为了保证工程质量，选用可行、却不经济的方案施工，必然会保证了质量，但增大了成本；如果搞材料的只从产品质量角度出发，采购高强优质高价材料，即使是材料使用没有一点浪费，成本还是降不下来。

二、建筑工程项目成本管理措施

（一）建立全员、全过程、全方位控制的目标成本管理体系

要使企业成本管理工作落到实处，降低工程成本、提高企业效益，必须建立一套全员、全过程、全方位控制的目标成本管理体系，做到每个员工都有目标成本可考核，每个员工都必须对目标成本的实施和提高做出贡献并对目标成本的实施结果负有责任和义务，使成本的控制按工程项目生产的准备、施工、验收、结束等发生的时间顺序建立目标成本事前测算、事中监督、执行、事后分析、考核、决策的全过程紧密衔接、周而复始的目标成本管理体系。

（二）采取组织措施控制工程成本

首先要明确成本控制贯穿于工程建设的全过程，而成本控制的各项指标有其综合性和群众性，所有的项目管理人员，特别是项目经理，都要按照自己的业务分工各负其责，只有把所有的人员组织起来，共同努力，才能达到成本控制的目的。因此必须建立以项目经理为核心的项目成本控制体系。

成本管理是全企业的活动，为使项目成本消耗保持在最低限度，实现对项目成本的有效控制，项目经理应将成本责任落实到各个岗位、落实到专人，对成本进行全过程控制、全员控制、动态控制，形成一个分工明确、责任到人的成本管理责任体系。应协调好公司与公司之间的责、权、利的关系。同时，要明确成本控制者及任务，从而使成本控制有人负责。同时还可以设立项目部成本风险抵押金，激励管理人员参与成本控制，这样就大大地提高了项目部管理人员控制成本的积极性。

（三）工程项目招标投标阶段的成本控制

工程建筑项目招标活动中，各项工作的完成情况均对工程项目成本产生一定的影响，尤其是招标文件编制、标底或招标控制价编制与审查。

1. 做好招标文件的编制工作

造价管理人员应收集、积累、筛选、分析和总结各类有价值的数据、资料，对影响工程造价的各种因素进行鉴别、预测、分析、评价，然后编制招标文件。对招标文件中涉及费用的条款要反复推敲，尽量做到“知己知彼”。

2. 合理低价者中标

目前推行的工程量清单计价报价与合理低价中标，作为业主方应杜绝一味寻求绝对低价中标，以避免投标单位以低于成本价恶意竞争。做好合同的签订工作，应按合同内容明确协议条款，对合同中涉及费用的如工期、价款的结算方式、违约争议处理等，都应有明确的约定。此外，应争取工程保险、工程担保等风险控制措施，使风险得到适当转移、有效分散和合理规避，提高工程造价的控制效果。

（四）采用先进工艺和技术，以降低成本

工程在施工前，要制订施工技术规章制度，特别是在节约措施方面，要采用适合本工程的新技术、新设备和新材料等工艺方面。认真对工程的各个方面进行技术告知，严格执行技术要求，确保工程质量和工程安全。通过这些措施可以保证工程质量，控制工程成本，还可以达到降低工程成本的目的。建筑承包商在签订承包协议后，应该马上开始准备有关工程的承包和材料订购事宜。承包商与分包商所签署的协议要明确各自的权利和义务，内容要完善严谨，这样可以降低发生索赔的概率。订货合同是承包各方所签订的合同，要写明材料的类别、名称、数量和总额，方便建筑工程成本控制。

（五）完善合同文本，避免法律损失以及保险的理赔

施工项目的各种经济活动，都是以合同或协议的形式出现，如果合同条款不严谨。就会造成自己蒙受损失时应有的索赔条款不能成立，产生不必要的损失。所以必须细致周密的订立严谨的合同条款。首先，应有相对固定的经济合同管理人员，并且精通经济合同法规有关知识，必要时应持证上岗；其次，应加强经济合同管理人员的工作责任心；最后，要制订相应固定的合同标准格式。各种合同条款在形成之前应由工程、技术、合同、财务、成本等业务部门参与定稿，使各项条款内涵清楚。

（六）加强机械设备的管理

正确选配和合理使用机械设备，搞好机械设备的保养维修，提高机械的完好率、利用率和使用效率，从而加快施工进度、增加产量、降低机械使用费。在决定购置设备前应进行技术经济可行性分析，对设备购买和租赁方案进行经济比选，以取得最佳的经济效益。项目部编制施工方案时，必须在满足质量、工期的前提下，合理使用施

工机械，力求使用机械设备最少和机械使用时间最短，最大程度发挥机械利用效率。应当做好机械设备维修保养工作，操作人员应坚持搞好机械设备的日常保养，使机械设备经常保持良好状态。专业修理人员应根据设备的技术状况、磨损情况、作业条件、操作维修水平等情况，进行中修或大修，以保障施工机械的正常运转使用。

（七）加强材料费的控制

严格按照物资管理控制程序进行材料的询价、采购、验收、发放、保管、核算等工作。采购人员按照施工人员的采购计划，经主管领导批准后，通过对市场行情进行调查研究，在保质保量的前提下，货比三家，择优购料（大宗材料实施公司物资部门集中采购的制度）。主要工程材料必须签订采购合同后实施采购。合理组织运输，就近购料，选用最经济的运输方法，以降低运输成本，考虑资金的时间价值，减少资金占用，合理确定进货批量和批次，尽可能降低材料储备。

坚持实行限额领料制度，各班组只能在规定限额内分期分批领用，如超出限额领料，要分析原因，及时采取纠正措施，低于定额用料，则可以进行适当的奖励；改进施工技术，推广使用降低消耗的各种新技术、新工艺、新材料；在对工程进行功能分析、对材料进行性能分析的基础上，力求用价格低的材料代替价格高的。同时认真计量验收，坚持废旧物资处理审批制度，降低料耗水平；对分包队伍领用材料坚持三方验证后签字领用，及时转嫁现场管理风险。

总之，进行项目成本管理，可以改善经营管理，合理补偿施工耗费，保证企业再生产的进行，提升企业整体竞争力。建筑施工企业应加强工程安全、质量管理，控制好施工进度，努力寻找降低工程项目成本的方法和途径，使建筑施工企业在竞争中立于不败之地。

三、建筑工程成本的降低

（一）降低建筑工程成本的重要性

1. 降低建筑工程项目成本，能有效地节约资源

从工程项目实体构成看，项目实体是由诸多的建筑材料构成的。从项目成本费用看，建筑工程项目实体材料消耗一般超过总成本的60%，所用资源及材料涉及钢材、水泥、木材、石油、淡水、土地等众多种类。目前我国经济保持快速稳定的发展，资源短缺将成为制约我国经济发展的主要障碍。中国自然资源总量虽然居世界前列，但人均占有量落后于世界平均水平，我们不能盲目将未来能源寄托在未来技术发展之上，

节能是一种战略选择，而建筑节能是节能中的重中之重。

2. 降低建筑工程项目成本，是提高企业竞争能力的需要

企业生存的基础是以利润的实现为前提。利润的实现是企业扩大再生产，增强企业实力、提高行业竞争力的必要条件。成本费用高，经济效益低是中国建筑业的基本状况，要提高建筑企业利润，提高行业竞争力，促进企业有效竞争，必须降低建筑工程项目成本。

3. 降低建筑工程项目成本是促进国民经济快速发展的需要

劳动密集型作业，生产效率低，是目前我国建筑工程项目的主要特点。制订最佳施工组织设计或施工方案，提高劳动生产率，降低建筑工程项目成本，是建筑企业提高经济效益和社会效益的手段，是促进国民经济快速发展的前提条件。

（二）降低建工程成本的措施

降低建筑成本既是我国市场经济的外在需要，同时，也是企业自身发展的内在需求。建筑企业要想提高竞争力，获得更多的利润，就必须在保证建筑产品质量的前提下，降低建筑成本。

1. 降低人工成本

人工成本是指企业在一定时期内生产经营和提供劳务活动中因使用劳动力所发生的各项直接和间接人工费用的总和。在现代企业中，员工的价值不再仅仅表现为企业必须支付的成本，而是可为企业增值的资本，他能为企业带来远高于成本的价值。因而，要降低人工成本，不能向传统企业那样，盲目地减少员工的薪金福利，而是要保障他们的利益，提高工作效率。

首先，企业要积极地贯彻执行国家法律法规及各项福利政策，按时效地支付社会保险费、医疗费、住房费等，为员工提供社会保障，解除他们的后顾之忧。其次，企业要对员工进行培训，提高员工的综合素质，使工作态度和工作动机得到改善，从而工作效率得到提高。使员工具有可竞争性、可学习性、可挖掘性、可变革性、可凝聚性和可延续性。再次，各部门要做好协调配合工作。一个企业要想有效地控制人工成本，仅仅依赖人力资源部门的工作是不够的，需要财务、计划、作业等各部门的协调配合并贯彻实施。所以，在进行人工成本控制的同时，必须确保各部门都能通力合作。最后，要建立最优的用工方案。

2. 降低材料成本

材料成本占总实际成本的 65% ～ 70%，降低材料成本对减少整个工程的成本具有很大的意义。

首先，在工程预算前对当地市场行情进行调查，遵循“质量好、价格低、运距短”的原则，做到货比三家，公平竞标，坚持做到同等质量比价格，同等价格比服务，订制采购计划。

其次，根据工程的大小和以往工程的经验估计材料的消耗，避免材料浪费。在施工过程中要定期盘点，随时掌握实际消耗和工程进度的对比数据，避免出现停工待料事件的发生。在工程结束后对周转材料要及时回收、整理，使用完毕及时退场，这样有利于周转使用和减少租赁费用，从而降低成本。

再次，要加强材料员管理。在以往的施工过程中，施工现场的材料员一个人负责材料的验收、管理、记账等工作，全过程操作没有完善的监督，给企业的材料管理带来了很大的隐患，如果改为材料员与专业施工员共同验收，材料员负责联系供货、记账，专业施工员负责验收材料的数量和质量，这样，既有了相互的监控，又杜绝了出现亏损相互推诿现象。

最后，在使用管理上严格执行限额领料制度，在下达班组技术安全交底时就明确各种材料的损耗率，对材料超耗的班组严格罚款，从而杜绝使用环节上的漏洞，对于做到材料节约的班组，按节约的材料价值给予一定的奖励。

3. 降低机械及运输成本

机械费用对施工企业是十分重要的。使用机械时要先进行技术经济分析再决定购买还是租赁。在购买大型机械方面要从长远利益出发，要对建筑市场发展有充分的估计，避免工程结束后机械的大量闲置和浪费造成资金周转不灵，合理调

度以便提高机械使用率，严格执行机械维修保养制度，来确保机械的完好和正常运转。在租赁机械方面要选择信誉较好的租赁公司，对租赁来的机械进行严格检查，在使用过程中做好机械的维护和保养工作，合理选配机械设备，充分发挥机械技术性能。同时，还应采用新技术、新工艺，提高劳动生产率，减少人工材料浪费和消耗，力求做到一次成为合格优良，杜绝因质量原因造成的材料损失、返工损失。

减少运输成本，一方面要做好批量运输批量存放工作。企业在运输过程中应尽量进行一些小批量组合、较大批量运输。货物堆放时也要用恰当的方法，根据货物的种类和数量，做出不同的决策，减少货损，提高效益。做好运输工具的选择。各类商品的性质不同，运输距离相同，决定了不同运输工具的选择。设计合理的运输路线，避免重复运输、往返运输及迂回运输，尽量减少托运人的交接手续。选择最短的路线将货物送达目的地。为避免因回程空驶造成的成本增加，企业要广泛收集货源信息，在保证企业自身运输要求的前提下实现回程配载，降低运输成本。一方面可考虑采用施工企业主材统一采购和配送管理。联合几家施工单位进行材料统一采购，统一运输，集成规模运输，也可以减少运输成本。

4. 加强项目招投标成本控制

作为整个项目成本的一部分，招投标成本控制不可忽视。业主应根据要求委托合法的招投标代理机构主持招投标活动，制订招标文件，委托具有相应资质的工程造价事务所编制、审核工程量清单及工程的最高控制价，并对其准确性负责；根据工程规模、技术复杂程度、施工难易程度、施工自然条件按工程类别编制风险包干系数计入工程最高控制价，同时制订合理工期。业主在开标前应按照程序从评标专家库中选取相应评标专家组建评标委员会进行评标，评标委员会对投标人的资格进行严格审查，资格审查合格后投标人的投标文件才能参加评审。评标委员会通过对投标人的总投标报价、项目管理班子、机械设备投入、工期和质量的承诺及以往的成绩等进行评审，最终确定中标人。

第六节　建筑工程项目成本控制对策

一、建筑工程项目施工成本控制措施

为了取得施工成本控制的理想成效，应当从多方面采取措施实施管理，通常可以将这些措施归纳为组织措施、技术措施、经济措施、合同措施。

（一）组织措施

1. 落实组织机构和人员

落实组织机构和人员是指施工成本管理组织机构和人员的落实，各级施工成本管理人员的任务和职能分工、权利和责任的明确。施工成本管理不仅是专业成本管理人员的工作，各级项目管理人员都负有成本控制的责任。

2. 确定工作流程

编制施工成本控制工作计划，确定合理详细的工作流程。

3. 做好施工采购规划

通过生产要素的优化配置、合理使用、动态管理，有效控制实际成本；加强施工定额管理和施工任务单管理，控制劳动消耗。

4. 加强施工调度

避免因施工计划不周和盲目调度造成窝工损失、机械利用率低、物料积压等，从而使施工成本增加。

5. 完善管理体制、规章制度

成本控制工作只有建立在科学管理的基础之上，具备合理的管理体制、完善的规章制度、稳定的作业秩序以及完整准确的信息传递，才能取得成效。

（二）技术措施

1. 进行技术经济分析，确定最佳的施工方案

在进行技术方面的成本控制时，要进行技术经济分析，确定最佳施工方案。

2. 结合施工方法，进行材料使用的选择

在满足功能要求的前提下，通过代用、改变配合比、使用添加剂等方法降低材料消耗的费用；确定最适合的施工机械、设备使用方案。结合项目的施工组织设计及自然地理条件，降低材料的库存成本和运输成本。

3. 先进施工技术的应用，新材料的运用，新开发机械设备的使用等

在实践中，也要避免仅从技术角度选定方案而忽视了对其经济效果的分析论证。

4. 运用技术纠偏措施

一是要能提出多个不同的技术方案，二是要对不同的技术方案进行技术经济分析。

（三）经济措施

（1）编制资金使用计划，确定、分解施工成本管理目标。

（2）进行风险分析，制订防范性对策。

（3）及时准确地记录、收集、整理、核算实际发生的成本。

对各种变更，及时做好增减账，及时落实业主签证，及时结算工程款。通过偏差分析和未完成工程预测，可发现一些潜在的问题将引起未完工程施工成本的增加，对这些问题应该以主动控制为出发点，及时采取预防措施。由此可见，经济措施的运用绝不仅仅是财务人员的事。

（四）合同措施

1. 对各种合同结构模式进行分析、比较

在合同谈判时，要争取选用适合于工程规模、性质和特点的合同结构模式。

2. 注意合同的细节管控

在合同的条款中应仔细考虑影响成本和效益的因素，特别是潜在的风险因素。通过对引起成本变动的风险因素的识别和分析，采取必要的风险对策，如通过合理的方式，增加承担风险的个体数量，降低损失发生的必然性，并最终使这些策略反映在合同的具体条款中。

3. 合理注意合同的执行情况

在合同执行期间，合同管理的措施既要密切注意对方合同执行的情况，以寻求合同索赔的机会；同时也要密切关注自己履行合同的情况，以防止被对方索赔。

二、建筑工程项目施工成本核算

（一）建筑工程项目成本核算目的

施工成本核算是施工企业会计核算的重要组成部分，它是指对工程施工生产中所发生的各项费用，按照规定的成本核算对象进行归集和分配，以确定建筑安装工程单位成本和总成本的一种专门方法。施工成本核算的任务包括以下几方面：

第一，执行国家有关成本开支范围，费用开支标准，工程预算定额和企业施工预算，成本计划的有关规定，控制费用，促使项目合理，节约地使用人力、物力和财力。这是施工成本核算的先决前提和首要任务。

第二，正确及时地核算施工过程中发生的各项费用，计算施工项目的实际成本。这是施工成本核算的主体和中心任务。

第三，反映和监督施工项目成本计划的完成情况，为项目成本预测，为参与项目施工生产、技术和经营决策提供可靠的成本报告和有关资料，促进项目改善经营管理，降低成本，提高经济效益，这是施工成本核算的根本目的。

（二）建筑工程成本核算的正确认识

1. 做好成本预算工作

成本预算是施工成本核算与管理工作开展的基础，成本预算工作人员需要结合已经中标的价格，并且根据工程建设区域的实际情况、现有的施工条件和施工技术人员的综合素质，多方面的进行思考，最终合理、科学的对工程施工成本进行预测。通过预测可以确定工程项目施工过程中各项资源的投入标准，其中包括人力、物力资源等，并且制订限额控制方案，要求施工单位需要将施工成本投入控制在额定范围之内。

2. 以成本控制目标为基础，明确成本控制原则

工程项目施工过程中对于资金的消耗、施工进度，都是依据工程施工成本核算与管理来进行监督和控制的。加强施工过程成本管理相关工作人员需要坚持以下原则：首先就是节约原则，在保证工程建设质量的前提下节约工程建设资源投入。其次就是全员参与原则，工程施工成本管理并不仅仅是财务工作人员的责任，而是所有参与工程项目建设工作人员的责任。还有就是动态化控制原则，在工程项目施工过程中会受到众多不利因素的影响，导致工程项目发生变更，这些内容会导致施工成本的增加，只有落实动态化控制原则才能全面掌握施工成本控制变化情况。

（三）建筑工程成本预算方法

1. 降低损耗，精准核算

相关工作人员在对施工成本进行核算的过程中，需要从施工人员、工程施工资金、原材料投入等众多方面切入，还需要深入考虑工程建设区域的实际情况，再利用本身具有的专业知识，科学、合理的确定工程施工成本核算定额。工作人员还需要注重的是，对于工程施工过程中人工、施工机械设备、原材料消耗等费用相关的管理资金投入进行严格的审核。对于工程施工原材料采购需要给予高度的重视，采购前要派遣专业人员进行建筑市场调查，对于材料的价格、质量，以及供应商的实力进行全面的了解。尽可能地做到货比三家，应用低廉的价格购买质量优异的原材料。

当施工材料运送到施工现场后，需要对材料的质量检验合格证书进行检验，只有质量合格的施工材料才能进入到施工现场。在对施工队伍进行管理的过程中，还需要注重激励制度的落实，设置多个目标阶段激励奖项，对考核制度进行健全和完善。这样可以帮助工程项目施工队伍树立良好的成本核算意识，缩减工程项目施工成本投入，提升施工效率，帮助施工企业赢得更多的经济利益。

2. 建立项目承包责任制

在工程项目施工时，可以进行对工程进行内部承包制，促使经营管理者自主经营、自负盈亏、自我发展，自我约束。内部承包的基本原则是：“包死基数，确保上缴，超收多留，歉收自补”，工资与效益完全挂钩。这样，可以使成本在一定范围内得到有效控制，并为工程施工项目管理积累经验，并且可操作性极强，方便管理。采取承包制，在具体操作上必须切实抓好组织发包机构、合同内容确定、承包基数测定、承包经营者选聘等环节的工作。由于是内部承包，如发生重大失误导致成本严重超支时则不易处理。因此，要抓好重要施工部位、关键线路的技术交底和质量控制。

3. 严格过程控制

建筑工程项目如何加强成本管理，首先就必须从人、财、物的有效组合和使用全过程中狠下功夫，严格过程控制，加强成本管理。比如，对施工组织机构的设立和人员、机械设备的配备，在满足施工需要的前提下，机构要精简直接，人员要精干高效，设备要充分有效利用。对材料消耗、配件的更换及施工序控制，都要按规范化、制度化、科学化进行。这样，既可以避免或减少不可预见因素对施工的干扰，也使自身生产经营状况在影响工程成本构成因素中的比例降低，从而有效控制成本，提高效益。过程控制要全员参与、全过程控制，这与施工人员的素质、施工组织水平有很大关系。

三、建筑工程项目成本管理信息化

（一）信息化管理的定义及作用

工程项目的信息化管理是指在工程项目管理中，通过充分利用计算机技术、网络技术等高科技技术，实现项目建设、人工、材料、技术、资金等资源整合，并对信息进行收集、存储、加工等，帮助企业管理层决策，从而达到提高管理水平、降低管理成本的目标。项目管理者可以根据项目的特点，及时并准确地做出有效的数据信息整理，实现对项目的监控能力，进而在保障施工进度、安全和质量的前提下实现降低成本的最大化。工程项目成本控制信息化管理的重要作用主要体现在以下几个方面。

1. 有效提高建筑工程企业的管理水平

通过信息化管理实现对建筑工程的远程监控，能够及时有效地发现建设过程中成本管理所存在的问题和不足，从而不断改进，不断提高建筑工程企业的管理水平，实现全面的、完善的管理系统，提高企业效益。

2. 对工程项目管理决策提供重要的依据

在项目管理中，管理者可以根据信息化管理系统中的信息，及时、准确地对各种施工环境做出准确有效的决策和判断，为管理者提供可靠有效的信息，并实现对工程项目管理水平进行评估。

3. 提高工程项目管理者的工作效率

通过高科技技术实现信息化管理，是项目工程成本管理的重要举措。工程项目成本控制的信息化管理能够实现相关信息的共享，提高工程施工人员工作的强度和饱和度，从而减少工作的出错率，并通过宽松的时间和合作单位保持有效的沟通，从而使得双方达到满意的状态。

（二）建筑工程项目成本管理信息化的意义

建筑企业良好的社会信誉和施工质量无疑能增强企业的市场竞争优势，但是，就充分竞争的建筑行业、高度同质化的施工产品来说，价格因素越来越成为决定业主选择承建商的最重要因素。因此，如何降低建筑工程项目的运营成本，加强建筑工程项目成本管理是目前建筑企业增强竞争力的重要课题之一。

建筑工程项目成本管理信息化必须适应建筑行业的特点和发展趋势，以先进的管理理念和方法为指导，依托现代计算机工具，建立一条操作性强的、高速实时的、信息共享的操作体系，贯穿工程项目的全过程，形成各管理层次、各部门、全员实时参与，信息共享、相互协作的，以项目管理为主线，以成本管理为核心，实现建筑企业财务和资金统筹管理的整体应用系统。

建筑工程项目成本管理信息化也就当然成为建筑工程项目管理信息化的焦点和突破口。为了更有效地完成建筑工程项目成本管理，从而在激烈的市场竞争中保持建筑企业竞争的价格优势，在工程项目管理中引入成本管理信息系统是必要的，也是可行的。

建筑工程项目成本管理信息系统的应用及其控制流程和系统结构信息网络化的冲击，不仅大大缩短了信息传递的过程，使上级有可能实时地获取现场的信息和做出快速反应，并且由于网络技术的发展和应用，大大提高了信息的透明度，削弱了信息不对称性，对中间管理层次形成压力，从而实现有效的建筑工程项目成本管理。

（三）建筑工程项目成本管理中管理信息系统的应用

1. 系统的应用层次

工程项目管理信息系统在运作体系上包含三个层次：总公司、分公司以及工程项目部。其中总公司主要负责查询工作，而分公司将所有涉及工程的成本数据都存储在数据库服务器上，工程项目部则是原始数据采集之源。这个系统包括系统管理、基础数据管理、机具管理、采购与库存管理、人工分包管理、合同管理中心、费用控制中心、项目中心等共计八个模块。八个模块相辅相成，共同构成一个有机的整体。

2. 工程项目管理流程

项目部通过成本管理系统软件对施工过程中产生的各项费用进行控制、核算、分析和查询。通过相关程序以及内外部网络串联起各个独立的环节，使其实现有机化，最终汇总到项目部。由总部实现数据的实时掌控，通过对数据的详细分析，能够进行成本优化调节。

3. 工程项目成本管理系统的软件结构

成本管理系统软件由以下部分组成：预算管理程序、施工进度管理程序、成本控制管理程序、材料管理程序、机具管理程序、合同事务管理程序以及财务结算程序等组成。

预算管理又包含预算书及标书的管理、项目成本预算的编制。其中的预算书为制订生产计划的重要依据，而项目成本预算是制订成本计划的依据之一。

4. 成本核算系统

成本核算作为成本管理的核心环节，居于主要地位。成本核算能够提供费用开支的依据，同时根据它可以对经济效益进行评价。工程项目成本核算的目的是取得项目管理所需要的信息，而“信息”作为一种生产资源，同劳动力、材料、施工机械一样，获得它是需要成本的。工程项目成本核算应坚持形象进度、产值统计、成本归集三同步的原则。项目经理部应按规定的时间间隔进行项目成本核算。成本核算系统就是帮助项目部及公司根据工程项目管理和决策需要进行成本核算的软件，称为工程项目成本核算软件。

第三章　建筑工程项目进度管理

第一节　建筑工程项目进度管理概述

一、项目进度管理

（一）项目进度管理的基本概念

1. 进度的概念

进度是指项目活动在时间上的排列，强调的是一种工作进展以及对工作的协调和控制，所以常有加快进度、赶进度、拖了进度等称谓。对于进度，通常还常以其中的一项内容——“工期”来代称，讲工期也就是讲进度。只要是项目，就有一个进度问题。

2. 进行项目进度管理的必要性

项目管理集中反映在成本、质量和进度三个方面，这反映了项目管理的实质，这三个方面通常称为项目管理的“三要素”。进度是三要素之一，它与成本、质量两要素有着辩证的有机联系。对进度的要求是通过严密的进度计划及合同条款的约束，使项目能够尽快地竣工。

实践表明，质量、工期和成本是相互影响的。一般来说，在工期和成本之间，项目进展速度越快，完成的工作量越多，则单位工程量的成本越低。但突击性的作业，往往也增加成本。在工期与质量之间，一般工期越紧，如采取快速突击、加快进度的方法，项目质量就较难保证。项目进度的合理安排，对保证项目的工期、质量和成本有直接的影响，是全面实施“三要素”的关键环节。[①] 科学而符合合同条款要求的进度，有利于控制项目成本和质量。仓促赶工或任意拖拉，往往伴随着费用的失控，也容易影响工程质量。

3. 项目进度管理概念

项目进度管理又称为项目时间管理，是指在项目进展的过程中，为了确保项目能够在规定的时间内实现项目的目标，对项目活动进度及日程安排所进行的管理过程。

4. 项目进度管理的重要性

对于一个大的信息系统开发咨询公司，有 25% 的大项目被取消，60% 的项目远远超过成本预算，70% 的项目存在质量问题是很正常的事情，只有很少一部分项目确实按时完成并达到了项目的全部要求，而正确的项目计划、适当的进度安排和有效的项目控制可以避免上述这些问题。

（二）项目进度管理的基本内容

项目进度管理包括两大部分内容：一个是项目进度计划的编制，要拟定在规定的时间内合理且经济的进度计划；另一个是项目进度计划的控制，是指在执行该计划的过程中，检查实际进度是否按计划要求进行，若出现偏差，要及时找出原因，采取必要的补救措施或调整、修改原计划，直至项目完成。

1. 项目进度管理过程

（1）活动定义。确定为完成各种项目可交付成果所必须进行的各项具体活动。

（2）活动排序。确定各活动之间的依赖关系，并形成文档。

（3）活动资源估算。估算完成每项确定时间的活动所需要的资源种类和数量。

（4）活动时间估算。估算完成每项活动所需要的单位工作时间。

（5）进度计划编制。分析活动顺序、活动时间、资源需求和时间限制，以编制项目进度计划。

（6）进度计划控制。运用进度控制方法，对项目实际进度进行监控，对项目进度计划进行调整。

项目进度管理更过程的工作是在项目管理团队确定初步计划后进行的。有些项目，特别是一些小项目，活动排序、活动资源估算、活动时间估算和进度计划编制这些过程紧密相连可视为一个过程，可由一个人在较短时间内完成。

2. 项目进度计划编制

项目进度计划编制是通过项目的活动定义、活动排序、活动时间估算，在综合考

---

① 刘勤主编．建筑工程施工组织与管理 [M]，77 页，阳光出版社，2018.11.

虑项目资源和其他制约因素的前提下，确定各项目活动的起始和完成日期、具体实施方案和措施，进而制订整个项目的进度计划。其主要目的是：合理安排项目时间，从而保证项目目标的完成；为项目实施过程中的进度控制提供依据；为各资源的配置提供依据；为有关各方时间的协调配合提供依据。

3. 项目进度计划控制

项目进度计划控制是指项目进度计划制订以后，在项目实施过程中，对实施进展情况进行检查、对比、分析、调整，以保证项目进度计划总目标得以实现的活动。按照不同管理层次对进度控制的要求项目进度控制分为三类。

（1）项目总进度控制。即项目经理等高层管理部门对项目中各里程碑时间的进度控制。

（2）项目主进度控制。主要是项目部门对项目中每一主要事件的进度控制；在多级项目中，这些事件可能是各个分项目；通过控制项目主进度使其按计划进行，就能保证总进度计划的如期完成。

（3）项目详细进度控制。主要是各作业部门对各具体作业进度计划的控制；这是进度控制的基础，只有详细进度得到较强的控制才能保证主进度按计划进行，最终保证项目总进度，使项目目标得以顺利实现。

二、建筑工程项目进度管理

（一）建筑工程项目进度管理概念

建筑工程项目进度管理是指根据进度目标的要求，对建筑工程项目各阶段的工作内容、工作程序、持续时间和衔接关系编制计划，将该计划付诸实施，在实施的过程中，经常检查实际工作是否按计划要求进行，对出现的偏差分析原因，采取补救措施或调整、修改原计划直至工程竣工、交付使用。进度管理的最终目的是确保项目工期目标的实现。

建筑工程项目进度管理是建筑工程项目管理的一项核心管理职能。由于建筑项目是在开放的环境中进行的，置身于特殊的法律环境之下，并且生产过程中的人员、工具与设备具有流动性，产品的单件性等都决定了进度管理的复杂性及动态性，必须加强项目实施过程中的跟踪控制。进度控制与质量控制、投资控制是工程项目建设中并列的三大目标之一。它们之间有着密切的相互依赖和制约关系。通常，进度加快，需要增加投资，但工程能提前使用就可以提高投资效益；进度加快有可能影响工程质量，而质量控制严格则有可能影响进度，但如因质量的严格控制而不致返工，又会加快进度。因此，项目管理者在实施进度管理工作中，要对三个目标全面、系统地加以考虑，正确处理好进度、质量和投资的关系，提高工程建设的综合效益。特别是对一些投资较大的工程，在采取进度控制措施时，要特别注意其对成本和质量的影响。

（二）建筑工程项目进度管理的方法和措施

建筑工程项目进度管理的方法主要有规划、控制和协调。规划是指确定施工项目总进度控制目标和分进度控制目标，并编制其进度计划；控制是指在施工项目实施的全过程中，比较施工实际进度与施工计划进度，出现偏差及时采取措施调整；协调是指协调与施工进度有关的单位、部门和施工工作队之间的进度关系。

建筑工程项目进度管理采取的主要措施有组织措施、技术措施、合同措施和经济措施。

1. 组织措施

组织措施主要包括建立施工项目进度实施和控制的组织系统，制订进度控制工作制度，检查时间、方法，召开协调会议，落实各层次进度控制人员、具体任务和工作职责；确定施工项目进度目标，建立施工项目进度控制目标体系。

2. 技术措施

采取技术措施时应尽可能采用先进施工技术、方法和新材料、新工艺、新技术，保证进度目标的实现。落实施工方案，在发生问题时，及时调整工作之间的逻辑关系，加快施工进度。

3. 合同措施

采取合同措施时以合同形式保证工期进度的实现，即保持总进度控制目标与合同总工期一致，分包合同的工期与总包合同的工期相一致，供货、供电、运输、构件加工等合同规定的提供服务时间与有关的进度控制目标一致。

4. 经济措施

经济措施是指落实进度目标的保证资金，签订并实施关于工期和进度的经济承包责任制，建立并实施关于工期和进度的奖惩制度。

（三）建筑工程项目进度管理的内容

1. 项目进度计划

建筑工程项目进度计划包括项目的前期、设计、施工和使用前的准备等内容。项目进度计划的主要内容就是制订各级项目进度计划，包括进行总控制的项目总进度计划、进行中间控制的项目分阶段进度计划和进行详细控制的各子项进度计划，并对这些进度计划进行优化，以达到对这些项目进度计划的有效控制。

2. 项目进度实施

建筑工程项目进度实施就是在资金、技术、合同、管理信息等方面进度保证措施落实的前提下，使项目进度按照计划实施。施工过程中存在各种干扰因素，其将使项目进度的实施结果偏离进度计划，项目进度实施的任务就是预测这些干扰因素，对其风险程度进行分析，并采取预控措施，以保证实际进度与计划进度吻合。

3. 项目进度检查

建筑工程项目进度检查的目的是了解和掌握建筑工程项目进度计划在实施过程中的变化趋势和偏差程度。项目进度检查的主要内容有跟踪检查、数据采集和偏差分析。

4. 项目进度调整

建筑工程项目进度调整是整个项目进度控制中最困难、最关键的内容。其包括以下几个方面的内容。

（1）偏差分析。分析影响进度的各种因素和产生偏差的前因后果。

（2）动态调整。寻求进度调整的约束条件和可行方案。

（3）优化控制。调控的目标是使工程项目的进度和费用变化最小，达到或接近进度计划的优化控制目标。

三、建筑工程项目进度管理的基本原理

（一）动态控制原理

动态控制是指对建设工程项目在实施的过程中在时间和空间上的主客观变化而进行项目管理的基本方法论。由于项目在实施过程中主客观条件的变化是绝对的，不变则是相对的；在项目进展过程中平衡是暂时的，不平衡则是永恒的，因此在项目的实施过程中必须随着情况的变化进行项目目标的动态控制。

建筑工程进度控制是一个不断变化的动态过程，在项目开始阶段，实际进度按照计划进度的规划进行运动，但由于外界因素的影响，实际进度的执行往往会与计划进度出现偏差，出现超前或滞后的现象。这时应通过分析偏差产生的原因，采取相应的改进措施，调整原来的计划，使二者在新的起点上重合，并发挥组织管理作用，使实际进度继续按照计划进行。在一段时间后，实际进度和计划进度又会出现新的偏差。因此，建筑工程进度控制出现了一个动态的调整过程。

（二）系统原理

系统原理是现代管理科学的一个最基本的原理。它是指人们在从事管理工作时，运用系统的观点、理论和方法对管理活动进行充分的系统分析，以达到管理的优化目标，即从系统论的角度来认识和处理企业管理中出现的问题。

系统是普遍存在的，它既可以应用于自然和社会事件，又可应用于大小单位组织的人际关系之中。因此，通常可以把任何一个管理对象都看成是特定的系统。组织管理者要实现管理的有效性，就必须对管理进行充分的系统分析，把握住管理的每一个要素及要素间的联系，实现系统化的管理。

建筑工程项目是一个大系统，其进度控制也是一个大系统，进度控制中，计划进度的编制受到许多因素的影响，不能只考虑某一个因素或几个因素。进度控制组织和进度实施组织也具有系统性，因此，工程进度控制具有系统性，应该综合考虑各种因素的影响。

（三）信息反馈原理

通俗地说，信息反馈就是指由控制系统把信输送出去，又把其作用结果返送回来，并对信息地再输出发生影响，起到制的作用，以达到预定的目的。

信息反馈是建筑工程进度控制的重要环节，施工的实际进度通过信息反馈给基层进度控制工作人员，在分工的职责范围内，信息经过加工逐级反馈给上级主管部门，最后到达主控制室，主控制室整理统计各方面的信息，经过比较分析做出决策，调整进度计划。进度控制不断调整的过程实际上就是信息不断反馈的过程。

（四）弹性原理

所谓弹性原理，是指管理必须要有很强的适应性和灵活性，用以适应系统外部环境和内部条件千变万化的形势，实现灵活管理。

建筑工程进度计划工期长、影响因素多，因此，进度计划的编制就会留出余地，使计划进度具有弹性。进行进度控制时应利用这些弹性，缩短有关工作的时间，或改变工作之间的搭接关系，使计划进度和实际进度吻合。

（五）封闭循环原理

项目的进度计划控制的全过程是计划、实施、检查、比较分析、确定调整措施、再计划。从编制项目施工进度计划开始，经过实施过程中的跟踪检查，收集有关实际进度的信息，比较和分析实际进度与施工计划进度之间的偏差，找出产生原因和解决办法，确定调整措施，再修改原进度计划，形成一个封闭的循环系统。

（六）网络计划技术原理

网络计划技术是指用于工程项目的计划与控制的一项管理技术，依其起源有关键路径法（CPM）与计划评审法（PERT）之分。通过网络分析研究工程费用与工期的相互关系，并找出在编制计划及计划执行过程中的关键路线，这种方法称为关键路线法（CPM）。另一种注重对各项工作安排的评价和审查的方法被称为计划评审法（PERT）。CPM 主要应用于以往在类似工程中已取得一定经验的承包工程，PERT 更多地应用于研究与开发项目。

网络计划技术原理是建筑工程进度控制的计划管理和分析计算的理论基础。在进度控制中，要利用网络计划技术原理编制进度计划，根据实际进度信息，比较和分析进度计划，又要利用网络计划的工期优化、工期与成本优化和资源优化的理论调整计划。

第二节　建筑工程项目进度影响因素

一、影响建筑工程项目进度的因素

（一）自然环境因素

由于工程建设项目具有庞大、复杂、周期长、相关单位多等特点，且建筑工程施工进程会受到地理位置、地形条件、气候、水文及周边环境好坏的影响，一旦在实际的施工过程中这些不利因素中的某一类因素出现，都将对施工进程造成一定的影响。当施工的地理位置处于山区交通不发达或者是条件恶劣的地质条件下时，由于施工工作面较小，施工场地较为狭窄，建筑材料无法及时供应，或者是运输建筑材料时需要花费大的时间，再加上野外环境中对工作人员的考验，一些有毒有害的蚊虫等都将对员工造成伤害，对施工进程造成一定的影响。

天气不仅影响到施工进程，而且有时候天气过于恶劣，会对施工路面、场地，和已经施工完成的部分建筑物以及相关施工设备造成严重破坏，这将进一步制约施工的进行。反之，如果建筑工程施工的地域处于平坦地形，且交通便利便于设备和建筑材料的运输，且环境气候宜人，则有利于施工进程的控制。

（二）建筑工程材料、设备因素

材料、构配件、机具、设备供应环节的差错，品种、规格、质量、数量、时间不能满足工程的需要；特殊材料及新材料的不合理使用；施工设备不配套，造型不当，安装失误、有故障等，都会影响施工进度。

比如建筑材料供应不及时，就会出现缺料停工的现象，而工人的工资还需正常计费，这无疑是对企业的重创，不仅没有带来利润而且还消耗了人力资源。此外，在资金到位，所有材料一应俱全的时候，还需要注意材料的质量，确保材料质量达标，如果材料存在质量问题，在施工的过程中将会出现塌方、返工，影响施工质量，最终延误工期进程。

（三）施工技术因素

施工技术是影响施工进程的直接因素，尤其是一些大型的建筑项目或者是新型的建筑。即便是对于一些道路或者房屋建筑类的施工项目其中蕴含的施工技术也是大有讲究的，科学、合理的施工技法明显能够加快施工进程。

由于建筑项目的不同，因此建筑企业在选择施工方案的时候也有所不同，首先施工人员与技术人员要正确、全面地分析、了解项目的特点和实际施工情况，实地考察施工环境。并设计好施工图纸，施工图纸要求简单明了，在需要标注的地方一定要勾画出来，以免图纸会审工作中出现理解偏差，选择合适的施工技术保障在规定的时期内完成工程，在具体施工的过程中由于业主对需求功能的变更，原设计将不再符合施工要求，因此要及时调整、优化施工方案和施工技术。

（四）项目管理人员因素

整个建筑工程的施工中，排除外界环境的影响，人作为主体影响着整个工程的工期，其建筑项目的主要管理人员的能力与知识和经验直接影响着整个工程的进度，在实际的施工过程中，由于项目管理人员没有实践活动的经验基础，或者是没有真才实学，缺乏施工知识和技术，无法对一些复杂的影响工程进度的因素有一个好的把控。再或者是项目管理人员不能正确地认识工程技术的重要性，没有认真投入项目建设中去，人为主观地降低了项目建设技术、质量标准，对施工中潜在的危险没有意识到，且对风险的预备处理不足，将造成对整个工程施工进程的严重影响。

此外，由于项目管理人员的管理不到位，工厂现场的施工工序和建筑材料的堆放不够科学、合理，造成对施工人员施工动作的影响，对后期的建筑质量造成了一定的冲击。对于施工人力资源和设备的搭配不够合理，浪费了较多的人力资源，致使施工中出现纸漏等等都将直接或间接地对施工进程造成一定的影响。最主要的一点就是项目管理人员在建筑施工前几个月内，对地方建设行政部门审批工作不够及时，也会影响施工工期，这种因素下对施工的影响可以说是人为主观对工程项目的态度不够端正直接造成的，一旦出现这种问题，企业则需要认真考虑是否重新指定相关项目负责人，防止对施工进程造成延误。

（五）其他因素

1. 建设单位因素

如建设单位即业主使用要求改变而进行设计变更，应提供的施工场地条件不能及时提供或所提供的场地不能满足工程正常需要，不能及时向施工承包单位或材料供应商付款等都会影响到施工进度。

2. 勘察设计因素

如勘察资料不准确，特别是地质资料错误或遗漏，设计内容不完善，规范应用不恰当，设计有缺陷或错误等。还有设计对施工的可能性未考虑或考虑不周，施工图纸供应不及时、不配套，出现重大差错等都会影响到施工进度。

（六）资金因素

工程项目的顺利进行必须要有雄厚的资金作为保障，由于其涉及多方利益，因此往往成为最受关注的因素。按其计入成本的方法划分，一般分为直接费用、间接费用两部分。

1. 直接费用

直接费用是指直接为生产产品而发生的各项费用，包括直接材料费、直接人工费和其他直接支出。工程项目中的直接费用是指施工过程中直接耗费构成的支出。

2. 间接费用

间接费用是指企业的各项目经理部为施工准备、组织和管理施工生产所发生的全部施工间接支出。

此外，如有关方拖欠资金，资金不到位、资金短缺、汇率浮动和通货膨胀等也都会影响建筑工程的进度。

二、建筑工程施工进度管理的具体措施

（一）对项目组织进行控制

在进行施工组织人员的组建过程中，要尽量选取施工经验丰富的人，为了能够实

现工期目标，在签署合同过程后，要求项目管理人员及时到施工工地进行实地考察，制订实施性施工组织设计，还要与施工当地的政府和民众建立联系，确保获得当地民众的支持，从而为建筑工程的施工创造有力的外界环境条件，确保施工顺利进行。在建筑工程项目施工前，要结合现场施工条件，来制订具体的建筑施工方案，确保在施工中实现施工的标准化，能够在施工中严格按照规定的管理标准来合理安排工序。

1. 选择一名优秀合格的项目经理

在建筑工程施工中选择一名优秀合格的项目经理，对于工程项目的工程进度的提升具有十分积极的影响。在实际的建筑工程项目中会面临着众多复杂的状况，难以解决。如果选择一名优秀合格的项目经理的话，由于项目经理自身掌握着扎实的理论知识和过硬的专业技能，能够结合实际的建筑工程项目施工情况，最大限度地去利用现有资源去提升施工工程的施工效率。因此，在选择项目经理的时候，要注重考察项目经理的管理能力、执行能力、专业技能、人际交往能力等，只有这样才能够实现工程的合理妥善管理，对于缩短建筑工程施工工期有着巨大的帮助。

2. 选择优秀合格的监理

要想对建筑施工工程工期进行合理控制，除了对施工单位采取措施外，要必须发挥工程监理的作用，协调各个承包单位之间的关系，实现良好的合作关系，缩短施工工期。而对于那些难以进行协调控制的环节和关系，在总的建筑工程施工进度安排计划中则要预留充分的时间进行调节。对于一名工程的业主和由业主聘请的监理工程师来说，要努力尽到自身的义务，尽力在规定的工期内完成施工任务。

（二）对施工物资进行控制

为了确保建筑工程施工进度符合要求，必须要对施工过程的每个环节中的材料、配件、构件等进行严格的控制。在施工过程中，要对所有的物资进行严格的质量检验工作。在制订出整个工程进度计划后，施工单位要根据实际情况来制订最合理的采购计划，在采购材料的过程中要重视材料的供货时间、供货地点、运输时间等，确保施工物资能够符合建筑工程施工过程中的需求。

（三）对施工机械设备进行控制

施工机械设备对建筑工程施工进度影响非常大，要避免因施工机械设备故障影响进度。在建筑施工中应用最广的塔吊对于整个工程项目的施工进度有着决定性作用，所以要重视塔吊问题，在塔吊的安装过程中就要确保塔吊的稳定性安装，然后必须经过专门的质量安全机构进行检查，检查合格后才能够投入施工建设工作中，避免后续出现问题。然后，操作塔吊的工作人员必须是具有上岗证的专业人员。在施工场地中的所有建筑机械设备都要通过专门的部门检查和证明，所有的设备操作人员都要符合专业要求，并且要实施岗位责任制。此外，塔吊位置设置应科学合理，想方设法物尽其用。

（四）对施工技术和施工工序进行控制

尽量选用合适的技术加快进度，减少技术变更加快进度。在施工开展前要对施工工程的图纸进行审核工作，确保施工单位明确施工图纸中的每个细节，如果出现不懂或者疑问的地方，要及时地和设计单位进行联系，然后确保对图纸的全面理解。在对图纸全面理解过后，要对项目总进度计划和各个分项目计划做出宏观调控，对关键的施工环节编制严格合理的施工工序，确保施工进度符合要求。

第三节　建筑工程项目进度优化控制

一、项目进度控制

（一）项目进度控制的过程

项目进度控制是项目进度管理的重要内容和重要过程之一，由于项目进度计划只是根据相关技术对项目的每项活动进行估算，并做出项目的每项活动进度的安排。然而在编制项目进度计划时事先难以预料的问题很多，因此在项目进度计划执行过程中往往会发生程度不等的偏差，这就要求项目经理和项目管理人员对计划做出调整、变更，消除偏差，以使项目按合同日期完成。

项目进度计划控制就是对项目进度计划实施与项目进度计划变更所进行的控制工作，具体地说，进度计划控制就是在项目正式开始实施后，要时刻对项目及其每项活动的进度进行监督，及时、定期地将项目实际进度与项目计划进度进行比较，掌握和度量项目的实际进度与计划进度的差距，一旦出现偏差，就必须采取措施纠正偏差，以维持项目进度的正常进行。

根据项目管理的层次，项目进度计划控制可以分为项目总进度控制，即项目经理等高层管理部门对项目中各里程碑事件的进度控制；项目主进度控制，主要是项目部门对项目中每一主要事件的进度控制；项目详细进度控制，主要是各具体作业部门对各具体活动的进度控制，这是进度控制的基础，只有详细进度得到较强的控制才能保证主进度按计划进行，最终保证项目总进度，使项目按时实现。因此，项目进度控制要首先定位于项目的每项活动中。

（二）项目进度控制的目标

项目进度控制总目标是依据项目总进度计划确定的，然后对项目进度控制总目标进行层层分解，形成实施进度控制、相互制约的目标体系。

项目进度目标是从总的方面对项目建设提出的工期要求。但在项目活动中，是通过对最基础的分项工程的进度控制来保证各单项工程或阶段工程进度控制目标的完成，进而实现项目进度控制总目标的。因而需要将总进度目标进行一系列的从总体到细部、从高层次到基础层次的层层分解，一直分解到可以直接调度控制的分项工程或作业过程为止。在分解中，每一层次的进度控制目标都限定了下一级层次的进度控制目标，而较低层次的进度控制目标又是较高一级层次进度控制目标得以实现的保证，于是就形成了一个自上而下层层约束，由下而上级级保证，上下一致的多层次的进度控制目标体系。例如，可以按项目实施阶段、项目所包含的子项目、项目实施单位以及时间来设立分目标。为了便于对项目进度的控制与协调，可以从不同角度建立与施工进度控制目标体系相联系配套的进度控制目标。

二、施工进度计划管理

（一）工程项目施工进度计划的任务

施工进度计划是建筑工程施工的组织方案，是指导施工准备和组织施工的技术、经济文件。编制施工进度计划必须在充分研究工程的客观情况和施工特点的基础上结合施工企业的技术力量、装备水平，从人力、机械、资金、材料和施工方法等五个基本要素，进行统筹规划，合理安排，充分利用有限的空间与时间，采用先进的施工技术，选择经济合理的施工方案，建立正常的生产秩序，用最少的资源和资金取得质量高、成本低、工期短、效益好、用户满意的建筑产品。

（二）工程项目施工进度计划的作用

工程项目施工进度计划是施工组织设计的重要组成部分，是施工组织设计的核心内容。编制施工进度计划是在施工方案已确定的基础上，在规定的工期内，对构成工程的各组成部分（如各单项工程、各单位工程、各分部分项工程）在时间上给予科学的安排这种安排是按照各项工作在工艺上和组织上的先后顺序，确定其衔接、搭接和平行的关系，计算出每项工作的持续时间，确定其开始时间和完成时间。根据各项工作的工程量和持续时间确定每项工作的日（月）工作强度，从而确定完成每项工作所需要的资源数量（工人数、机械数以及主要材料的数量）。

施工进度计划还表示出各个时段所需各种资源的数量以及各种资源强度在整个工期内的变化，从而进行资源优化，以达到资源的合理安排和有效利用。根据优化后的进度计划确定各种临时设施的数量，并提出所需各种资源数量的计划表。在施工期间，施工进度计划是指导和控制各项工作进展的指导性文件。

（三）工程项目进度计划的种类

根据施工进度计划的作用和各设计阶段对施工组织设计的要求，将施工进度计划分为以下几种类型。

1. 施工总进度计划

施工总进度计划是整个建设项目的进度计划，是对各单项工程或单位工程的进度进行优化安排，在规定的建设工期内，确定各单项工程和或单位工程的施工顺序，开始和完成时间，计算主要资源数量，用以控制各单项工程或单位工程的进度。

施工总进度计划与主体工程施工设计、施工总平面布置相互联系，相互影响。当业主提出一个控制性的进度时，施工组织设计据此选择施工方案，组织技术供应和场地布置。相反，施工总进度计划又受到主体施工方案和施工总平面布置的限制，施工总进度计划的编制必须与施工场地布置相协调。在施工总进度计划中选定的施工强度应与施工方法中选用的施工机械的能力相适应。

在安排大型项目的总进度计划时，应使后期投资多，以提高投资利用系数。

2. 单项工程施工进度计划

单项工程施工进度计划以单项工程为对象，在施工图设计阶段的施工组织设计中进行编制，用于直接组织单项工程施工。它根据施工总进度计划中规定的各单项工程或单位工程的施工期限，安排各单位工程或各分部分项工程的施工顺序、开竣工日期，并根据单项工程施工进度计划修正施工总进度计划。

3. 单位工程施工进度计划

单位工程施工进度计划是以单位工程为对象，一般由承包商进行编制，可分为标前和标后施工进度计划。在标前（中标前）的施工组织设计中所编制的施工进度计划是投标书的主要内容，作为投标用。在标后（中标后）的施工组织设计中所编制的施工进度计划，在施工中用以指导施工。单位工程施工进度计划是实施性的进度计划，根据各单位工程的施工期限和选定的施工方法安排各分部分项工程的施工顺序和开竣工日期。

4. 分部分项工程施工作业计划

对于工程规模大、技术复杂和施工难度大的工程项目，在编制单位工程施工进度计划之后，常常需要编制某些主要分项工程或特殊工程的施工作业计划，它是直接指导现场施工和编制月、旬作业计划的依据。

5. 各阶段，各年、季、月的施工进度计划

各阶段的施工进度计划，是承包商根据所承包的项目在建设各阶段所确定的进度目标而编制的，用以指导阶段内的施工活动。

为了更好地控制施工进度计划的实施，应将进度计划中确定的进度目标和工程内容按时序进行分解，即按年、季、月（旬）编制作业计划和施工任务书，并编制年、季、月（旬）所需各种资源的计划表，用以指导各项作业的实施。

（四）施工进度计划编制的原则

1. 施工过程的连续性

施工过程的连续性是指施工过程中的各阶段、各项工作的进行，在时间上应是紧密衔接的，不应发生不合理的中断，保证时间有效地被利用。保持施工过程的连续性应从工艺和组织上设法避免施工队发生不必要的等待和窝工，以达到提高劳动生产率、缩短工期、节约流动资金的目的。

2. 施工过程的协调性

施工过程的协调性是指施工过程中的各阶段、各项工作之间在施工能力或施工强度上要保持一定的比例关系。各施工环节的劳动力的数量及生产率、施工机械的数量及生产率、主导机械之间或主导机械与辅助机械之间的配合都必须互相协调，不要发生脱节和比例失调的现象。例如，混凝土工程中的混凝土的生产、运输和浇筑三个环节之间的关系，混凝土的生产能力应满足混凝土浇筑强度的要求，混凝土的运输能力应与混凝土生产能力相协调，使之不发生混凝土拌和设备等待汽车，或汽车排队等待装车的现象。

3. 施工过程的均衡性

施工过程的均衡性是指施工过程中各项工作按照计划要求，在一定的时间内完成相等或等量递增（或递减）的工程量，使在一定的时间内，各种资源的消耗保持相对的稳定，不发生时紧时松、忽高忽低的现象。在整个工期内使各种资源都得到均衡的使用，这是一种期望，绝对的均衡是难以做到的，但通过优化手段安排进度，可以求得资源消耗达到趋于均衡的状态。均衡施工能够充分利用劳动力和施工机械，并能达到经济性的要求。

4. 施工过程的经济性

施工过程的经济性是指以尽可能小的劳动消耗来取得尽可能大的施工成果，在不影响工程质量和进度的前提下，尽力降低成本。在工程项目施工进度的安排上，做到施工过程的连续性、协调性和均衡性，即可达到施工过程的经济性。

（五）编制施工进度计划必须考虑的因素

编制施工进度计划必须考虑的因素如下：工期的长短；占地和开工日期；现场条件和施工准备工作；施工方法和施工机械；施工组织与管理人员的素质；合同与风险承担。

1. 工期的长短

对编制施工进度计划最有意义的是相对工期，即相对于施工企业能力的工期。相对工期长即工期充裕，施工进度计划就比较容易编制，施工进度控制也就比较容易，反之则难。除总工期外，还应考虑局部工期充裕与否，施工中可能遇到哪些“卡脖子”问题，有何备用方案。

2. 占地和开工日期

由于占地问题影响施工进度的例子很多。有时候，业主在形式上完成了对施工用地的占有，但在承包商进场时或在施工过程中还会因占地问题遇到当地居民的阻挠。其中有些是由于拆迁赔偿问题没有彻底解决，但更多的是当地居民的无理取闹。这需要加强有关的立法和执法工作。对占地问题，业主方应尽量做好拆迁赔偿工作，使当地居民满意，同时应使用法律手段制止不法居民的无理取闹。例如某船闸在开工时遇到居民的无理取闹，业主依靠法律手段由公安部门采取强制措施制止，保证了工程顺利开工。最根本的办法是加强法制教育，提高群众的法治意识。

3. 现场条件和施工准备工作

现场条件包括连接现场与交通线的道路条件、供电供水条件、当地工业条件、机械维修条件、水文气象条件、地质条件、水质条件以及劳动力资源条件等。其中当地工业条件主要是建筑材料的供应能力，例如水泥、钢筋的供应条件以及生活必需品和日用品的供应条件。劳动力资源条件主要是当地劳动力的价格、民工的素质及生活习惯等。水质条件主要是现场有无充足的、满足混凝土拌和要求的水源。有时候地表水的水质不符合要求，就要打深井取水或进行水质处理，这对工期有一定的影响。气象条件主要是当地雨季的长短、年最高气温、最低气温、无霜期的长短等。供电和交通条件对工期的影响也是很大的，对一些大型工程往往要单独建立专用交通线和供电线路，而小型工程则要完全依赖当地的交通和供电条件。

业主方施工准备工作主要有施工用地的占有、资金准备、图纸准备以及材料供应的准备；承包商方施工准备工作则为人员、设备和材料进场，场内施工道路、临时车站、临时码头建设，场内供电线路架设，通信设施、水源及其他临时设施准备。

对于现场条件不好或施工准备工作难度较大的工程，在编制施工进度计划时一定要留有充分的余地。

4. 施工方法和施工机械

一般地说采用先进的施工方法和先进的施工机械设备时施工进度会快一些。但是当施工单位开始使用这些新方法施工时，往往不会提高多少施工速度，有时甚至还不如老方法来得快，这是因为施工单位对新的施工方法有一个适应和熟练的过程。所以从施工进度控制的角度看，不宜在同一个工程同时采用过多的新技术（相对施工单位来讲是新的技术）。

如果在一项工程中必须同时采用多项新技术时，那么最好的办法就是请研制这些新技术的科研单位到现场指导，进行新技术应用的试验和推广，这样不仅为这些科研成果的完善提供了现场试验的条件，也为提高施工质量，加快施工进度创造了良好条件，更重要的是使施工单位很快地掌握了这些新技术，大大提高了市场竞争力。

5. 施工组织与管理人员的素质

良好的施工组织管理应既能有效地制止施工人员的一切不良行为，又能充分调动所有施工人员的积极性，有利于不同部门、不同工作的协调。

对管理人员最基本的要求就是要有全局观念，即管理人员在处理问题时要符合整个系统的利益要求，在施工进度控制中就是施工总工期的要求。在西部地区某堆石坝施工中，施工单位管理人员在内部管理的某些问题上处理不当，导致工人怠工；从而影响工程进度。这时业主单位（当地政府主管部门）果断地采取经济措施，调动工人的积极性，从而在汛期到来之前将坝体填筑到了汛期挡水高程。还有一点要强调的是，作为施工管理人员，特别是施工单位的上层管理人员，无论何时都要将施工质量放在首要的地位。

因为质量不合格的工程量是无效的工程量，质量不合格的工程是要进行返工或推倒重做的。所以工程质量事故必然会在不同程度上影响施工进度。

6. 合同与风险承担

这里的合同是指合同对工期要求的描述和对拖延工期处罚的约定。从业主方面讲，拖延工期的罚款数量应与报期引起的经济损失相一致。同时在招标时，工期要求应与标底价相协调。这里所说的风险是指可能影响施工进度的潜在因素以及合同工期实现的可能性大小。

三、建筑工程进度优化管理

（一）建筑工程项目进度优化管理的意义

知道整个项目的持续时间时，可以更好地计算管理成本（预备），包括管理、监督和运行成本；可以使用施工进度来计算或肯定地检查投标估算；以投标价格提交投标表，从而向客户展示如何构建该项目。正确构建的施工进度计划可以通过不同的活动来实现。这个过程可以缩短或延长整个项目的持续时间。通过适当的资源调度，可以改变活动的顺序，并延长或缩短持续时间，使资源的配置更加优化。这有助于降低资源需求并保持资源的连续性。

进度表显示团队的目标以及何时必须满足这些目标。此外它还显示了团队必须遵循的路线——它提供了一系列的任务来指导项目经理和主管需要从事哪些活动，哪些是他们应该计划的活动。如果没有这一计划，施工单位可能不知道何时应当实现预定目标。施工进度计划提供了在项目工地上需要建筑材料的日期，可以用来监测分包商和供应商的进度。更为重要的是，进度表提供了施工进度是否按进度进行的反馈，以及项目是否能按时完成。当发现施工进度下降时，可以采取行动来提高施工效率。

（二）工程项目的成本与质量进度的优化

工程项目控制三大目标即工程项目质量、成本、进度。这三者之间相互影响、相互依赖。在满足规定成本、质量要求的同时使工程施工工期缩短也是项目进度控制的理想状态。在工程项目的实际管理中，工程项目管理人员要根据施工合同中要求的工期和要求的质量完成项目，与此同时工程项目管理人员也要控制项目的成本。

为保证建筑工程项目在保证高质量、低成本的同时，又能够提高工程项目进度的完成时间，这就需要工程管理人员能够有效地协调工程项目质量、成本和进度，尽可能达到工程项目的质量、成本的要求完成工程项目的进度。但是，在工程项目进度估算过程中会受到部分外来因素影响，造成与工程合同承诺不一致的特殊情况，就会导致项目进度在难以依照计划进度完成。

所以，在实际的工程项目管理中，管理人员要结合实际情况与工项目程定量、定向的工程进度，对项目成本与工程质量约束下的工程工期进行理性的研究与分析，进而对有问题的工程进度及时采取有效措施调整，以便实现工程项目的工程质量和项目成本中进度计划的优化。

（三）工程项目进度资源的总体优化

在建筑工程项目进度实现过程中和施工所耗用的资源看，只有尽可能节约资源和合理的对资源进行配置，才能实现建设项目工程总体的优化。因此，必须对工程项目中所涉及的工程资源、工程设备以及工人进行总体优化。在建筑工程项目的进度中，只有对相关资源合理投入与配置，在一定的期限内限制资源的消耗，才能获得最大经济效益与社会效益。

所以，工程施工人员就需要在项目进行的过程中坚持几点原则：第一，用最少的货币来衡量工程总耗用量；第二，合理有效的安排建筑工程项目需要的各种资源与各种结构；第三，要做到尽量节约以及合理替代枯竭型和稀缺型资源；第四，在建筑工程项目的施工过程中，尽量均衡在施工过程中资源投入。

为了使上述要求均可以得到实现，建筑施工管理人员必须做好以下几点要求一是要严格遵循工程项目管理人员制订的关于项目进度计划的规定，提前对工程项目的劳动计划进度合理做出规划。二是要提前对工程项目中所需用的工程材料及与之相关的资源进行预期估计，从而达到优化和完善采购计划的目的，避免出现资源材料浪费的情况。三是要根据工程项目的预计工期、工程量大小。工程质量、项目成本，以及各项条件所需要的完备设备，从而合理地去选择工程中所需设备的购买以及租赁的方式。

第四章　建筑工程项目质量控制

第一节　质量管理与质量控制

一、工程项目质量

1. 质量

质量，是指一组固有特性满足要求的程度。它是反映产品或服务满足明确或隐含需要能力的特征和特性，或者说是反映实体满足明确和隐含需要的能力的特性总和。

实体是指可单独描述和研究的事物，它几乎涵盖了质量管理和质量保证活动中所涉及的所有对象。所以实体可以是结果，也可以是过程，是包括了它们的形成过程和使用过程在内的一个整体。

在许多情况下，质量会随时间、环境的变化而改变，这就意味着要对质量要求进行定期评审。

质量的明确需要是指在合同、标准、规范、图纸、技术文件中已经做出明确规定的要求；质量的隐含需要则应加以识别和确定，如人们对实体的期望，公认的、不言而喻的、不必作出规定的“需要”。

2. 工程项目质量

工程项目质量是一个广义的质量概念，它由工程实体质量和工作质量两部分组成。其中，工程实体质量代表的是狭义的质量概念。参照国际标准和我国现行的国家标准的定义，工程实体质量可描述为“实体满足明确或隐含需要能力的特性之和”。工程实体质量又可称为工程质量，与建设项目的构成相呼应，工程实体质量还通常可分为工序质量、分项工程质量、分部工程质量、单位工程质量和单项工程质量等各个不同的质量层次单元。就工程质量而言，其固有特性包括：使用功能、寿命、适用性、安全性、可靠性、维修性、经济性、美观性和环境协调性等方面，这些特性满足要求的程度越高，质量就越好。

工作质量，是指为了保证和提高工程质量而从事的组织管理、生产技术、后勤保障等各方面工作的实际水平。工程建设过程中，按内容组成的不同可将工作质量分为社会工作质量和生产过程工作质量。其中，前者是指围绕质量课题而进行的社会调查、市场预测、质量回访等各项有关工作的质量；后者则是指生产工人的职业素质、职业道德教育工作质量、管理工作质量等。质量还可以具体分为决策、计划、勘察、设计、施工、回访保修等不同阶段的工作质量。

工程质量与工作质量二者的关系为：前者是后者的作用结果，后者是前者的必要保证。项目管理实践表明：工程质量的好坏是建筑工程产品形成过程中各阶段、各环节工作质量的综合反映，而不是依靠质量检验检查出来的。要保证工程质量就要求项目管理实施方的有关部门和人员对决定和影响工程质量的所有因素进行严格控制，即通过良好的工作质量来保证和提高工程质量。

综上所述，工程项目质量是指能够满足用户或社会需要的并由工程合同、有关技术标准、设计文件、施工规范等具体详细设定其适用、安全、经济、美观等特性要求的工程实体质量与工程建设各阶段、各环节工作质量的总和。

工程项目质量反映出建筑工程适合一定的用途，满足用户要求所具备的自然属性，其具体内涵包含以下三方面。

（1）工程项目实体质量，所包括的内容有工序质量、分项工程质量、分部工程质量和单项工程质量等，其中工序质量是创造工程项目实体质量的基础。

（2）功能和使用价值，从工程项目的功能和使用价值看，其质量体现在性能、寿命、可靠性、安全性和经济性五个方面。这些特性指标直接反映了工程项目的质量。

（3）工作质量，是建筑企业的经营管理工作、技术工作、组织工作和后勤工作等达到工程质量的保证程度，分为生产过程质量和社会工作质量两个方面。工作质量是工程质量的保证和基础，工程质量是企业各方面工作质量的综合反映。

应将工程质量与管理过程质量综合起来考虑，如果项目能够做到满足规范要求、达到项目目的、满足用户要求、让用户满意，那就不亏本。

二、质量管理

1. 质量管理简介

质量管理是指在质量方面指挥和控制组织的协调活动。这些协调活动通常包括制定质量方针和质量目标以及质量策划、质量控制、质量保证和质量改进等活动。

（1）质量方针是指由组织的最高管理者正式发布的与该组织总的质量有关的宗旨和方向。它体现了该组织的质量意识和质量追求，施工组织内部的行为准则，顾客的期待和对顾客做出的承诺。质量方针与组织的总方针相一致，并为制定质量目标提供框架。

（2）质量目标。是指在质量方面所追求的标准。质量目标通常是依据组织的质量方针制定，并且通常对组织内相关的职能和层次分别规定质量目标。在作业层面，质量目标应是定量的。

（3）质量策划。是致力于制定质量目标并规定必要的运行过程和相关资料以实现质量目标的策划。

（4）质量保证。是致力于使质量要求得到满意的实现。可将质量保证措施看成预防疾病的手段，是用来提高获得高质量产品的步骤和管理流程。

（5）质量改进是致力于增强满足质量要求的能力的循环活动。

2. 质量管理体系

体系的含义是指由若干有关事物的相互联系、互相制约而构成的有机整体。质量管理是在质量方面指挥和控制组织的协调活动。

质量管理体系是在质量方面指挥和控制组织的管理体系。另外，它也是实施质量方针和质量目标的管理系统，其内容应以满足质量目标的需要为准；同时它也是一个有机整体，其组成部分是相互关联的，强调系统性和协调性。

质量管理体系把影响质量的技术、管理人员和资源等因素进行组合，在质量方针的指引下，为达到质量目标而发挥效能。

三、质量控制

质量控制是GB/T19000—2008质量管理体系标准的一个质量管理术语。其属于质量管理的一部分，是致力于满足质量要求的一系列相关活动。

质量控制包括采取的作业技术和管理活动。作业技术是直接产生产品或服务质量的条件，但并不是具备相关作业的能力。在社会化大生产的条件下，还必须通过科学的管理，来组织和协调作业技术活动的过程，以充分发挥其质量形成能力，实现预期的质量目标。

四、质量控制与质量管理的关系

质量控制是质量管理的一部分，质量管理是指确立质量方针及实施质量方针的全部职能及工作内容，并对其工作效果进行评价和改进的一系列工作。因此，质量控制与质量管理的区别在于质量控制是在明确的质量目标条件下，通过行动方案和资源配置的计划、实施、检查和监督来实现预期目标的过程。

五、工程项目质量控制原理

1.三全控制原理

三全控制原理来自全面质量管理 TQC（total quality control）的思想，是指企业组织的质量管理应该做到全面、全过程和全员参与。在工程项目质量管理中应用这一原理，对工程项目的质量控制同样具有重要的理论和实践的指导意义。

2.PDCA 循环的原理

PDCA 由英语单词 plan（计划）、do（实施、执行）、check（检查）和 action（处置、处理）的首字母组成，PDCA 循环就是按照这样的顺序进行质量管理，并且循环不止地进行下去的一种科学程序。工程项目质量管理活动的运转，离不开 PDCA 循环的转动，这就是说，改进与解决质量问题，赶超先进水平的各项工作，都要运用 PDCA 循环。

在实施 PDCA 循环时，不论是提高工程施工质量，还是减少不合格率，都要先提出目标，即质量提高到什么程度，不合格率降低多少，故应先制定计划，这个计划不仅包括目标，而且也包括实现这个目标所需要采取的措施。计划制定好之后，就要按照计划实施及检查，看看是否实现了预期效果，有没有达到预期的目标。通过检查找出问题和原因，最后就是要进行处置活动，将经验和教训制订成标准、形成制度。同时，工程项目的质量控制应重点做好施工准备、施工、验收、服务全过程的质量监督，抓好全过程的质量控制，确保工程质量目标达到预定的要求，其具体措施如下。

（1）分解质量目标。工程项目方将质量目标逐层分解到分部工程、分项工程，并落实到部门、班组和个人。应以指标控制为目的，以要素控制为手段，以体系活动为基础，从而保证在组织上全面落实，实现质量目标的分解。

（2）实行质量责任制。在质量责任制中，项目经理是工程施工质量的第一责任人，各工程队长是本队施工质量的第一责任人，质量保证工程师和责任工程师是各专业质量责任人，各部门负责人应按照职责分工，认真履行质量责任。

（3）每周组织一次质量大检查，一切用数据说话，实施质量奖惩，激励施工人员，保证施工质量的自觉性和责任心。

（4）每周召开一次质量分析会，通过各部门、各单位反馈输入各种不合格信息，采取纠正和预防措施，排除质量隐患。

（5）加大质量权威，质检部门及质检人员，根据公司质量管理制度可以行使质量否决权。

（6）施工全过程中执行业主和有关工程质量管理及质量监督的各种制度和规定，对各部门检查发现的任何质量问题应及时制定整改措施，进行整改，达到合格为止。

3. 工程项目质量控制的三阶段原理

工程项目的质量控制，是一个持续的管理过程。从项目的立项到竣工验收，属于项目建设阶段的质量控制；从项目投产后到项目生产周期结束，属于项目生产（或经营）阶段的质量控制。二者在质量控制内容上有较大的不同，但不管是建设阶段的质量控制，还是经营阶段的质量控制，从控制工作的开展与控制对象实施的时间关系来看，均可分为事前控制、事中控制和事后控制三种类型。

第二节　建筑工程项目质量的形成过程和影响因素

一、建筑工程项目质量的形成过程

建筑工程项目质量的形成过程，贯穿于整个工程项目的决策过程和各个工程项目的设计与施工过程之中，体现了建筑工程项目质量从目标决策、目标细化到目标实现的过程。

质量需求的识别过程：项目决策阶段的质量职能在于识别建设意图和需求，为整个建设项目的质量总目标，以及工程项目内各建设工程项目的质量目标提出明确要求。

质量目标的定义过程：一方面是在工程设计阶段，工程项目设计的任务是将工程项目的质量目标具体化；另一方面，承包商根据业主的创优要求及具体情况来确定工程的总体质量目标。

质量目标的实现过程：工程项目质量目标实现的最重要和最关键的过程是在施工阶段，包括施工准备过程和施工作业技术活动过程，其任务是按照质量策划的要求，制定企业或工程项目内控标准，实施目标管理、过程监控、阶段考核、持续改进的方法，严格按图纸施工。正确合理地配备施工生产要素，把特定的劳动对象转化为符合质量标准的建设工程产品。

二、建筑工程项目质量的影响因素

建筑工程项目质量的影响因素，主要是指在建筑工程项目质量目标策划、决策和实现过程中的各种客观因素和主观因素，包括人的因素、技术因素、管理因素、环境因素和社会因素等。

1. 人的因素

人的因素对建筑工程项目质量形成的影响，包括两个方面的含义：一是指直接承担建筑工程项目质量职能的决策者、管理者和作业者个人的质量意识及质量活动能力；二是指承担建筑工程项目策划、决策或实施的建设单位、勘察设计单位、咨询服务机构、工程承包企业等实体组织。前者的“人”是指一个个体，后者的“人”是指一个群体。我国实行建筑业企业经营资质管理制度、市场准入制度、执业资格注册制度、作业及管理人员持证上岗制度等，从本质上来说，都是对从事建设工程活动的人的必要的控制。此外，《中华人民共和国建筑法》和《建设工程质量管理条例》还对建设工程的质量责任制度进行了明确规定，如规定按资质等级承包工程任务，不得越级，不得挂靠，不得转包，严禁无证设计、无证施工等，从根本上说也是为了防止因人的资质或资格失控而导致质量能力的失控。

2. 技术因素

影响建筑工程项目质量的技术因素涉及的内容十分广泛，包括直接的工程技术和辅助的生产技术，前者如工程勘察技术、设计技术、施工技术、材料技术等，后者如工程检测检验技术、试验技术等。建设工程技术的先进性程度，从总体上说是取决于国家一定时期的经济发展和科技水平，取决于建筑业及相关行业的技术进步。对于具体的建设工程项目，主要是通过技术工作的组织与管理，优化技术方案，发挥技术因素对建筑工程项目质量的保证作用。

3. 管理因素

影响建筑工程项目质量的管理因素，主要是决策因素和组织因素。其中，决策因素首先是业主方的建筑工程项目决策，其次是建筑工程项目实施过程中，实施主体的各项技术决策和管理决策。实践证明，没有经过资源论证、市场需求预测，而盲目建设、重复建设，建成后不能投入生产或使用，所形成的合格而无用途的建筑产品，从根本上来说是对社会资源的极大浪费，不具备质量的适用性特征。同样盲目追求高标准，缺乏质量经济性考虑的决策，也将对工程质量的形成产生不利的影响。

4. 环境因素

一个建设项目的决策、立项和实施，受到经济、政治、社会、技术等多方面因素的影响，是建设项目可行性研究、风险识别与管理所必须考虑的环境因素。对于建筑工程项目质量控制而言，无论该建筑工程项目是某建筑项目的一个子项工程，还是本身就是一个独立的建筑项目，作为直接影响建筑工程项目质量的环境因素，一般是指：建筑工程项目所在地点的水文、地质和气象等自然环境；施工现场的通风、照明、安全卫生防护设施等劳动作业环境；以及由多单位、多专业交叉协同施工的管理关系、组织协调方式、质量控制系统等构成的管理环境。对这些环境条件的认识与把握，是保证建筑工程项目质量的重要工作环节。

第三节　建筑工程项目质量控制系统

一、建筑工程项目质量控制系统的构成

建筑工程项目质量控制系统，在实践中可能有多种名称，没有统一规定。常见的名称有“质量管理体系”“质量控制体系”“质量管理系统”“质量控制网络”“质量管理网络”“质量保证系统”等。

1. 建筑工程项目质量控制系统的性质

建筑工程项目质量控制系统既不是建设单位的质量管理体系或质量保证体系，也不是工程承包企业的质量管理体系或质量保证体系，而是建筑工程项目目标控制的一个工作系统，其具有下列性质。

（1）建筑工程项目质量控制系统是以建筑工程项目为对象，由工程项目实施的总组织者负责建立的面向对象开展质量控制的工作体系。

（2）建筑工程项目质量控制系统是建筑工程项目管理组织的一个目标控制体系，它与项目投资控制、进度控制、职业健康安全与环境管理等目标控制体系，共同依托于同一项目管理的组织机构。

（3）建筑工程项目质量控制系统根据建筑工程项目管理的实际需要而建立，随着建筑工程项目的完成和项目管理组织的解体而消失，因此，是一个一次性的质量控制工作体系，不同于企业的质量管理体系。

2. 建筑工程项目质量控制系统的范围

建筑工程项目质量控制系统的范围，包括：按项目范围管理的要求，列入系统控制的建筑工程项目构成范围；建筑工程项目实施的任务范围，即由建筑工程项目实施的全过程或若干阶段进行定义；建筑工程项目质量控制所涉及的责任主体范围。

3. 建筑工程项目质量控制系统的结构

建筑工程项目质量控制系统，一般情况下为多层次、多单元的结构形态，这是由其实施任务的委托方式和合同结构所决定的。

4. 建筑工程项目质量控制系统的特点

建筑工程项目质量控制系统只用于特定的建筑工程项目质量控制，而不是用于建筑企业或组织的质量管理，即建立的目的不同。

建筑工程项目质量控制系统涉及建筑工程项目实施过程所有的质量责任主体，而不只是某一个承包企业或组织机构，即服务的范围不同。

建筑工程项目质量控制系统的控制目标是建筑工程项目的质量标准，并非某一具体建筑企业或组织的质量管理目标，即控制的目标不同。

建筑工程项目质量控制系统与建筑工程项目管理组织系统相融合，是一次性的质量工作系统，并非永久性的质量管理体系，即作用的时效不同。

建筑工程项目质量控制系统的有效性一般由建筑工程项目管理，由组织者进行自我评价与诊断，不需进行第三方认证，即评价的方式不同。

二、建筑工程项目质量控制系统的建立

建筑工程项目质量控制系统的建立，实际上就是建筑工程项目质量总目标的确定和分解过程，也是建筑工程项目各参与方之间质员管理关系和控制责任的确立过程。为了保证质量控制系统的科学性和有效性，必须明确系统建立的原则、内容、程序和主体。

1. 建立的原则

实践经验表明，建筑工程项目质量控制系统的建立，应遵循以下原则。这些原则对质量目标的总体规划、分解和有效实施控制有着非常重要的作用。

（1）分层次规划的原则。建筑工程项目质量控制系统的分层次规划，是指建筑工程项目管理的总组织者（即建设单位或项目代建企业）和承担项目实施任务的各参与单位，分别进行建筑工程项目质量控制系统不同层次和范围的规划。

（2）总目标分解的原则。建筑工程项目质量控制系统的总目标分解，是根据控制系统内建筑工程项目的分解结构，将建筑工程项目的建设标准和质量总体目标分解到各个责任主体，明示于合同条件，由各责任主体制定相应的质量计划，确定其具体的控制方式和控制措施。

（3）质量责任制的原则。建筑工程项目质量控制系统的建立，应按照《中华人民共和国建筑法》和《建设工程质量管理条例》中有关工程质量责任的规定，界定各方的质量责任范围和控制要求。

（4）系统有效性的原则。建筑工程项目质量控制系统，应从实际出发，结合项目特点、合同结构和项目管理组织系统的构成情况，建立项目各参与方共同遵循的质量管理制度和控制措施，形成有效的运行机制。

2. 建立的程序

建筑工程项目质量控制系统的建立过程，一般可按以下环节依次展开工作。

（1）确立质量控制网络系统。首先明确系统各层面的建筑工程项目质量控制负责人。一般应包括承担建筑工程项目实施任务的项目经理（或工程负责人）、总工程师，项目监理机构的总监理工程师、专业监理工程师等，以形成明确的建筑工程项目质量控制责任者的关系网络架构。

（2）制定质量控制制度系统。建筑工程项目质量控制制度包括质量控制例会制度、协调制度、报告审批制度、质量验收制度和质量信息管理制度等。这些应做成建筑工程项目质量控制制度系统的管理文件或手册，作为承担建筑工程项目实施任务的各方主体共同遵循的管理依据。

（3）分析质量控制界面系统。建筑工程项目质量控制系统的质量责任界面，包括静态界面和动态界面。静态界面根据法律法规、合同条件、组织内部职能分工来确定。动态界面是指项目实施过程中设计单位之间、施工单位之间、设计与施工单位之间的衔接配合及其责任划分，这必须通过分析研究，确定管理原则与协调方式。

（4）编制质量控制计划系统。建筑工程项目管理总组织者，负责主持编制建筑工程项目总质量计划，并根据质量控制系统的要求，部署各质量责任主体编制与其承担任务范围相符的质量控制计划，并按规定程序完成质量计划的审批，作为其实施自身工程质量控制的依据。

3. 建立的主体

按照建筑工程项目质量控制系统的性质、范围和主体的构成，一般情况下其质量控制系统应由建设单位或建筑工程项目总承包企业的建筑工程项目管理机构负责建立。在分阶段依次对勘察、设计、施工、安装等任务进行分别招标发包的情况下，通常应由建设单位或其委托的建筑工程项目管理企业负责建立建筑工程质量控制系统，各承包企业根据建筑工程项目质量控制系统的要求，建立隶属于建筑工程项目质量控制系统的设计项目、工程项目、采购供应项目等质量控制子系统，以具体实施其质量责任范围内的质量管理和目标控制。

三、建筑工程项目质量控制系统的运行

建筑工程项目质量控制系统的建立，为建筑工程项目的质量控制提供了组织制度方面的保证。建筑工程项目质量控制系统的运行，实质上就是系统功能的发挥过程，也是质量活动职能和效果的控制过程。然而，建筑工程项目质量控制系统要能有效地运行，还依赖于系统内部的运行环境和运行机制的完善。

1. 运行环境

建筑工程项目质量控制系统的运行环境，主要是以下述几个方面为系统运行提供支持的管理关系、组织制度和资源配置的条件。

2. 运行机制

建筑工程项目质量控制系统的运行机制，是由一系列质量管理制度安排所形成的内在能力。运行机制是建筑工程项目质量控制系统的生命，机制缺陷是造成系统运行无序、失效和失控的重要原因。因此，在设计系统内部的管理制度时，必须予以高度的重视，防止重要管理制度的缺失、制度本身的缺陷、制度之间的矛盾等现象的出现，才能为系统的运行注入动力机制、约束机制、反馈机制和持续改进机制。

第四节　建筑工程项目施工的质量控制

一、建筑工程项目施工阶段的质量控制目标

建筑工程项目施工阶段是根据建筑工程项目设计文件和施工图纸的要求，通过施工形成工程实体的阶段，所制定的施工质量计划及相应的质量控制措施，都是在这一阶段形成实体的质量或实现质量控制的结果。因此，建筑工程项目施工阶段的质量控制是建筑工程项目质量控制的最后形成阶段，因而对保证建筑工程项目的最终质量具有重大意义。

1. 建筑工程项目施工的质量控制内容划分

建筑工程项目施工的质量控制从不同的角度来描述，可以划分为不同的类型。企业可根据自己的侧重点不同采用适合自己的划分方法，主要有以下四种划分方法。

（1）按建筑工程项目施工质量管理主体的不同划分为：建设方的质量控制、施工方的质量控制和监理方的质量控制等。

（2）按建筑工程项目施工阶段的不同划分为：施工准备阶段质量控制、施工阶段质量控制和竣工验收阶段质量控制等。

（3）按建筑工程项目施工的分部工程划分为：地基与基础工程的质量控制、主体结构工程的质量控制、屋面工程的质量控制、安装（含给水、排水、采暖、电气、智能建筑、通风与空调、电梯等）工程的质量控制和装饰装修工程的质量控制等。

（4）按建筑工程项目施工要素划分为：材料因素的质量控制、人员因素的质量

控制、设备因素的质量控制、方案因素的质量控制和环境因素的质量控制等。

2. 建筑工程项目施工的质量控制目标

建筑工程项目施工阶段的质量控制目标可分为施工质量控制总目标、建设单位的质量控制目标、设计单位施工阶段的质量控制目标、施工单位的质量控制目标、监理单位的施工质量控制目标等。

3. 建筑工程项目施工质量控制的依据

建筑工程项目施工质量控制的依据主要指适用于建筑工程项目施工阶段与质量控制有关的、具有指导意义和必须遵守（强制性）的基本文件。其包括国家法律法规、行业技术标准与规范、企业标准、设计文件及合同等。

4. 建筑工程项目施工质量持续改进的理念

持续改进的概念来自《质量管理体系基础和术语》（GB/T19000—2016），是指增强满足要求的能力的循环活动。它阐明组织为了改进其整体业绩，应不断改进产品质量，提高质量管理体系及过程的有效性和效率。对建筑工程项目来说，由于其属于一次性活动，面临的经济、环境条件在不断地变化，技术水平也在日新月异，因此建筑工程项目的质量要求也需要持续提高，而持续改进是永无止境的。

在建筑工程项目施工阶段，质量控制的持续改进必须是主动、有计划和系统地进行质量改进的活动，要做到积极、主动。首先需要树立建筑工程项目施工质量持续改进的理念，才能在行动中把持续改进变成自觉的行为；其次要有永恒的决心，坚持不懈；最后要关注改进的结果，持续改进应保证的是更有效、更完善的结果，改进的结果还应能在建筑工程项目的下一个工程质量循环活动中得到应用。概括来说，建筑工程项目施工质量持续改进的理念包括了渐进过程、主动过程、系统过程和有效过程等四个过程。

二、建筑工程项目施工质量计划的编制方法

（一）建筑工程项目施工质量计划概述

建筑工程项目施工质量计划是指施工企业根据有关质量管理标准，针对特定的建筑工程项目编制的建筑工程项目质量控制方法、手段、组织以及相关实施程序。对已实施 ISO9001：2005《质量管理体系要求》的企业，质量计划是质量管理体系文件的组成内容。建筑工程项目施工质量计划一般由项目经理（或项目负责人）主持，负责质量、技术、工艺和采购的相关人员参与制定。在总承包的情况下，分包企业的建筑工程项目施工质量计划是总包建筑工程项目施工质量计划的组成部分，总包企业有责任对分包建

筑工程项目施工质量计划的编制进行指导和审核，并要承担建筑工程项目施工质量的连带责任。建筑工程项目施工质量计划编制完毕，应经企业技术领导审核批准，并按建筑工程项目施工承包合同的约定，提交工程监理或建设单位批准确认后执行。

根据建筑工程项目施工的特点，目前我国建筑工程项目施工的质量计划常以施工组织设计或工程项目管理规划的文件形式进行编制。

（二）编制建筑工程项目施工质量计划的目的和作用

建筑工程项目施工质量计划编制的目的是加强施工过程中的质量管理和程序管理。通过规范员工的行为，使其严格操作、规范施工，达到提高工程质量、实现项目目标的目的。

建筑工程项目施工质量计划的作用是为质量控制提供依据，使建筑工程项目的特殊质量要求能通过采取有效措施得到满足；在合同环境下，建筑工程项目施工质量计划是企业向顾客表明质量管理方针、目标及其具体实现的方法、手段和措施，体现企业对质量责任的承诺和实施的具体步骤。

（三）建筑工程项目施工质量计划的内容

1. 工程质量目标

工程质量目标包括工程质量总目标及分解目标。制定的目标要具体，具有可操作性，对于定性指标，需同时确定评价的标准和方法。例如，要确定建筑工程项目预期达到的质量等级（如合格、优良或省、市、部优质工程等），则要求在建筑工程项目交付使用时，质量达到合同范围内的全部工程的所有使用功能符合设计（或更改）图纸的要求，检验批、分项、分部和单位工程质量达到建筑工程项目施工质量验收的统一标准，合格率 100% 等。

2. 组织与人员

在建筑工程项目施工组织设计中，确定质量管理组织机构、人员及资源配置计划，明确各组织、部门人员在建筑工程项目施工不同阶段的质量管理职责和职权，确定质量责任人和相应的质量控制权限。

3. 施工方案

根据建筑工程项目质量控制总目标的要求，制定具体的施工技术方案和施工程序，包括实施步骤、施工方法、作业文件和技术措施等。

4. 采购质量控制

采购质量控制包括材料、设备的质量管理及控制措施，涉及对供应方质量控制的要求。可以制定具体的采购质量标准或指标、参数和控制方法等。

5. 监督检测

施工质量计划中应制定工程检测的项目计划与方法，包括检测、检验、验证和试验程序文件以及相关的质量要求和标准。

（四）建筑工程项目施工质量计划的实施与验证

建筑工程项目施工质量计划的实施范围主要包括项目施工阶段的全过程，重点是对工序、分项工程、分部工程及单位工程全过程的质量控制。各级质量管理人员应按建筑工程项目质量计划确定的质量责任分工，对各环节进行严格的控制，并按建筑工程项目施工质量计划要求，保存好质量记录、质量审核、质量处理单、相关表格等原始记录。

建筑工程项目质量责任人应定期组织具有相应资格或经验的质量检查人员、内部质量审核员等对建筑工程项目施工质量计划的实施效果进行验证，对项目质量控制中存在的问题或隐患，特别是质量计划本身、管理制度、监督机制等环节的问题，应及时提出解决措施，并进行纠正。建筑工程项目质量问题严重时应追究责任，给予处罚。

三、建筑工程项目施工生产要素的质量控制

影响建筑工程项目质量控制的因素主要包括劳动主体／人员（man）、劳动对象／材料（material）、劳动手段／机械设备（machine）、劳动方法／施工方法（method）和施工环境（environment）等五大生产要素。在建筑工程项目施工过程中，应事前对这五个方面严加控制。

1. 劳动主体／人员

人是指施工活动的组织者、领导者及直接参与施工作业活动的具体操作人员。人员因素的控制就是对上述人员的各种行为进行控制。

2. 劳动对象／材料

材料是指在建筑工程项目建设中所使用的原材料、成品、半成品、构配件等，是建筑工程施工的物质保证条件。

3. 劳动手段／机械设备

机械设备包括施工机械设备和生产工艺设备。

4. 劳动方法／施工方法

广义的施工方法控制是指对施工承包企业为完成项目施工过程而采取的施工方案、施工工艺、施工组织设计、施工技术措施、质量检测手段和施工程序安排等所进行的控制。狭义的施工方法控制是指对施工方案的控制。施工方案的正确与否直接影

响建筑工程项目的质量、进度和投资。因此，施工方案的选择必须结合工程实际，从技术、组织、经济、管理等方面出发，做到能解决工程难题，技术可行，经济合理，加快进度，降低成本，提高工程质量。它具体包括确定施工起点流向、确定施工程序、确定施工顺序、确定施工工艺和施工环境等。

5. 施工环境

影响施工质量的环境因素较多，主要有以下几点。

（1）自然环境，包括气温、雨、雪、雷、电、风等。

（2）工程技术环境，包括工程地质、水文、地形、地震、地下水位、地面水等。

（3）工程管理环境，包括质量保证体系和质量管理工作制度等。

（4）劳动作业环境，包括劳动组合、作业场所、作业面等，以及前道工序为后道工序提供的操作环境。

（5）经济环境，包括地质资源条件、交通运输条件、供水供电条件等。

环境因素对施工质量的影响有复杂、多变的特点，具体问题必须具体分析。如气象条件变化无穷，温度、湿度、酷暑、严寒等都直接影响工程质量；又如前一道工序是后一道工序的环境，前一分项工程、分部工程就是后一分项工程、分部工程的环境。因此，对工程施工环境应结合工程特点和具体条件严加控制。尤其是施工现场，应建立文明施工和文明生产的环境，保持材料堆放整齐、道路畅通、工作环境清洁、施工顺序井井有条，为确保质量、安全创造一个良好的施工环境。

四、施工过程的作业质量控制

建筑工程项目是由一系列相互关联、相互制约的作业过程（工序）构成，控制建筑工程项目施工过程的质量，除施工准备阶段、竣工阶段的质量控制外，重点是必须控制全部的作业过程，即各道工序的施工质量。

1. 施工准备阶段的质量控制

施工准备阶段的质量控制是指在正式施工前进行的质量控制活动，其重点是在做好施工准备工作的同时，应做好施工质量预控和对策方案。施工质量预控是指在施工阶段，预先分析施工中可能发生的质量问题和隐患及其产生的原因，采取相应的对策措施进行预先控制，以防止在施工中发生质量问题。

2. 施工过程的质量控制

建筑工程项目的施工过程是由若干道工序组成的，因此，施工过程的控制，就是施工工序的控制，其主要包括三个方面的内容：施工工序控制的要求、施工工序控制的程序和施工工序控制的检验。

3. 竣工验收阶段的质量控制

竣工验收阶段的质量控制包括最终质量检验和试验、技术资料的整理、施工质量缺陷的处理、工程竣工验收文件的编制和移交准备、产品防护和撤场计划等。

4. 施工成品保护

在施工阶段，由于工序和工程进度的不同，有些分项、分部工程可能已经完成，而其他工程尚在施工，或者有些部位已经完工，其他部位还在施工，因此这一阶段需特别重视对施工成品的质量保护问题。

第五节　建筑工程项目质量验收

一、施工过程质量验收

建筑工程项目质量验收是对已完工的工程实体的外观质量及内在质量按规定程序检查后，确认其是否符合设计及各项验收标准的要求，可交付使用的一个重要环节，正确地进行建筑工程项目质量的检查评定和验收，是保证工程质量的重要手段。

鉴于工程施工规模较大，专业分工较多，技术安全要求高等特点，国家相关行政管理部门对各类工程项目的质量验收标准制订了相应的规范，以保证工程验收的质量，工程验收应严格执行规范的要求和标准。

1. 施工质量验收的概念

建筑工程项目质量的评定验收，是对建筑工程项目整体而言的。建筑工程项目质量的等级，分为“合格”和“优良”，凡不合格的项目不予验收；凡验收通过的项目，必有等级的评定。因此，对建筑工程项目整体的质量验收，可称之为建筑工程项目质量的评定验收，或简称工程质量验收。

工程质量验收可分为过程验收和竣工验收两种。过程验收可分为两种类型：①按项目阶段划分，如勘察设计质量验收、施工质量验收；②按项目构成划分，如单位工程、分部工程、分项工程和检验批四种层次的验收。其中，检验批是指施工过程中条件相同并含有一定数量材料、构配件或安装项目的施工内容，由于其质量基本均匀一致，所以可作为检验的基础单位，并按批验收。

与检验批有关的另一个概念是主控项目和一般检验项目。其中，主控项目是指对检验批的基本质量起决定性影响的检验项目；一般项目检验是除主控项目以外的其他检验项目。

施工质量验收是指对已完工的工程实体的外观质量及内在质量按规定程序检查后，确认其是否符合设计及各项验收标准要求的质量控制过程，也是确认是否可付使用的一个重要环节。正确地进行工程施工质量的检查评定和验收，是保证建筑工程项目质量的重要手段。施工质量验收属于过程验收，其程序包括以下几点。

（1）施工过程中隐蔽工程在隐蔽前通知建设单位（或工程监理）进行验收，并形成验收文件。

（2）分部分项施工完成后应在施工单位自行验收合格后，通知建设单位（或工程监理）验收，重要的分部分项应请设计单位参加验收。

（3）单位工程完工后，施工单位应自行组织检查、评定，符合验收标准后，向建设单位提交验收申请。

（4）建设单位收到验收申请后，应组织施工、勘察、设计、监理单位等方面人员进行单位工程验收，明确验收结果，并形成验收报告。

（5）按国家现行管理制度，房屋建筑工程及市政基础设施工程验收合格后，还需在规定时间内，将验收文件报政府管理部门备案。

2. 施工过程质量验收的内容

施工过程的质量验收包括以下验收环节，通过验收后留下完整的质量验收记录和资料，为工程项目竣工质量验收提供依据。

二、工程项目竣工质量验收

1. 工程项目竣工质量验收的要求

单位工程是工程项目竣工质量验收的基本对象，也是工程项目投入使用前的最后一次验收，其重要性不言而喻。应按下列要求进行竣工质量验收。

（1）工程施工质量应符合各类工程质量统一验收标准和相关专业验收规范的规定。

（2）工程施工质量应符合工程勘察、设计文件的要求。

（3）参加工程施工质量验收的各方人员应具备规定的资格。

（4）工程施工质量的验收均应在施工单位自行检查评定的基础上进行。

（5）隐蔽工程在隐蔽前应由施工单位通知有关单位进行验收，并应形成验收文件。

（6）涉及结构安全的试块、试件以及有关材料，应按规定进行见证取样检测。

（7）检验批的质量应按主控项目、一般项目验收。

（8）对涉及结构安全和功能的重要分部工程应进行抽样检测。

（9）承担见证取样检测及有关结构安全检测的单位应具有相应资质。

（10）工程的观感质量应由验收人员通过现场检查共同确认。

2. 工程项目竣工质量验收的程序

承发包人之间所进行的建筑工程项目竣工验收，通常分为验收准备、初步验收和正式验收三个环节进行。整个验收过程涉及建设单位、设计单位、监理单位及施工总分包各方的工作，必须按照建筑工程项目质量控制系统的职能分工，以监理工程师为核心进行竣工验收的组织协调。

（1）竣工验收准备。施工单位按照合同规定的施工范围和质量标准完成施工任务后，经质量自检并合格后，向现场监理机构（或建设单位）提交工程项目竣工申请报告，要求组织工程项目竣工验收。施工单位的竣工验收准备，包括工程实体的验收准备和相关工程档案资料的验收准备，使之达到竣工验收的要求，其中设备及管道安装工程等，应经过试压、试车和系统联动试运行，具备相应的检查记录。

（2）竣工预验收。监理机构收到施工单位的工程竣工申请报告后，应就验收的准备情§国；收条件进行检查。

对工程实体质量及档案资料存在的缺陷，及时提出整改意见，并与施工单位协商整改清单，确定整改要求和完成时间。

（3）正式竣工验收。当竣工预验收检查结果符合竣工验收要求时，监理工程师应将施工单位的竣工申请报告报送建设单位，着手组织勘察、设计、施工、监理等单位和其他方面的专家组成竣工验收小组并制定验收方案。

建设单位应在工程竣工验收前7个工作日将验收时间、地点、验收组名单通知该工程的工程质量监督机构，建设单位组织竣工验收会议。

三、工程竣工验收备案

我国实行工程竣工验收备案制度。新建、扩建和改建的各类房屋建筑工程和市政基础设施工程的竣工验收，均应按《建设工程质量管理条例》规定进行备案。

（1）建设单位应当自工程竣工验收合格之日起15日内，将工程竣工验收报告和规划以及公安消防、环保等部门出具的认可文件或准许使用文件，报建设行政主管部门或者其他相关部门备案。

（2）备案部门在收到备案文件资料后的15日内，对文件资料进行审查，符合要求的工程，在验收备案表上加盖“竣工验收备案专用章”，并将一份退回建设单位存档。如审查中发现建设单位在竣工验收过程中，有违反国家有关建设工程质量管理规定行为的，责令停止使用，重新组织竣工验收。

（3）建设单位有下列行为之一的，责令改正，处以工程合同价款 2% 以上 4% 以下的罚款，造成损失的依法承担赔偿责任：①未组织竣工验收，擅自交付使用的；②验收不合格，擅自交付使用的；③对不合格的建设工程按照合格工程验收的。

第六节　建筑工程项目质量的政府监督

一、建筑工程项目质量的政府监督的职能

各级政府质量监督机构对工程质量监督的依据是国家、地方和各专业建设管理部门颁发的法律、法规及各类规范和强制性标准，其监督的职能包括以下两大方面。

（1）监督工程建设的各方主体（包括建设单位、施工单位、材料设备供应单位、设计勘察单位和监理单位等）的质量行为是否符合国家法律法规及各项制度的规定，以及查处违法违规行为和质量事故。

（2）监督检查工程实体的施工质量，尤其是地基基础、主体结构、专业设备安装等涉及结构安全和使用功能的施工质量。

二、建筑工程项目质量的政府监督的内容

政府对建筑工程质量的监督管理以施工许可制度和竣工验收备案制度为主要手段。

1. 受理质量监督申报

在建筑工程项目开工前，政府质量监督机构在受理工程质证监督的申报手续时，对建设单位提供的文件资料进行审查，审查合格签发有关质量监督文件。

2. 开工前的质量监督

开工前，召开项目参与各方参加首次的监督会议，公布监督方案，提出监督要求，并进行第一次监督检查。监督检查的主要内容为建筑工程项目质量控制系统及各施工方的质量保证体系是否已经建立，以及完善的程度。具体内容如下。

（1）检查项目各施工方的质保体系，包括组织机构、质量控制方案及质量责任制等制度。

（2）审查施工组织设计、监理规划等文件及审批手续。

（3）检查项目各参与方的营业执照、资质证书及有关人员的资格证书。

（4）检查的结果记录保存。

3. 施工期间的质量监督

（1）在建筑工程项目施工期间，质量监督机构按照监督方案对建筑工程项目施工情况进行不定期的检查。其中，在基础和结构阶段每月安排监督检查，具体检查内容为：工程参与各方的质量行为及质量责任制的履行情况、工程实体质量、质保资料的状况等。

（2）对建筑工程项目结构主要部位（如桩基、基础、主体结构等）除了常规检查外，还应在分部工程验收时，要求建设单位将施工、设计、监理分别签字验收，并将质量验收证明在验收后3天内报监督机构备案。

（3）对施工过程中发生的质量问题、质量事故进行查处。根据质量检查状况，对查实的问题签发“质量问题整改通知单”或“局部暂停施工指令单”针对问题严重的单位也可根据问题情况发出“临时收缴资质证书通知书”等处理意见。

4. 竣工阶段的质量监督

政府工程质量监督机构按规定对工程竣工验收备案工作实施监督。

（1）做好竣工验收前的质量复查。对质量监督检查中提出质量问题的整改情况进行复查，了解其整改情况。

（2）参与竣工验收会议。对竣工工程的质量验收程序、验收组织与方法、验收过程等进行监督。

（3）编制单位工程质量监督报告。工程质量监督报告作为竣工验收资料的组成部分提交竣工验收备案部门。

（4）建立工程质量监督档案。工程质量监督档案按单位工程建立；要求归档及时，须资料记录等各类文件齐全，经监督机构负责人签字后归档，并按规定年限保存。

第七节　施工企业质量管理体系标准

一、质量管理体系八项原则

ISO9000标准是国际标准化组织（ISO）制定的国际质量管理标准和指南，是迄今为止应用最广泛的ISO标准。在总结优秀质量管理实践经验的基础上，ISO9000标准提出了八项质量管理原则，明确了一个组织在实施质量管理中必须遵循的原则，这八项质量管理原则如下。

1. 以顾客为关注焦点

组织依存于顾客。因此，组织应当理解顾客当前和未来的需求，以满足顾客的要求并争取超越顾客的期望。组织在贯彻这一原则时应采取的措施包括：通过市场调查研究或访问顾客等方式，准确详细地了解顾客当前或未来的需要和期望，并将其作为设计开发和质量改进的依据；将顾客和其他利益相关方的需要和愿望按照规定的渠道和方法，在组织内部完整而准确的传递和沟通；组织在设计开发和生产经营过程中，按规定的方法测量顾客的满意程度，以便针对顾客的不满意因素采取相应的措施。

2. 领导作用

领导者确立组织统一的宗旨及方向。他们应当创造并保持使员工能充分参与实现组织目标的内部环境。领导的作用是指最高管理者具有决策和领导一个组织的作用，为全体员工实现组织的目标创造良好的工作环境，最高管理者应建立质量方针和质量目标，以体现组织总的质量宗旨和方向，以及在质量方面所追求的目的。领导者应时刻关注组织经营的国内外环境，制定组织的发展战略，规划组织的蓝图。质量方针应随着环境的变化而变化，并与组织的宗旨相一致。最高管理者应将质量方针和目标传达落实到组织的各职能部门和相关层次，让全体员工理解和执行。

3. 全员参与

各级人员是组织之本，只有他们的充分参与，才能使他们的才干为组织带来收益。全体员工是每个组织的基础，人是生产力中最活跃的因素。组织的成功不仅取决于正确的领导，还有赖于全体人员的积极参与，所以应赋予各部门、各岗位人员应有的职责和权限，为全体员工制造一个良好的工作环境，激励他们的积极性和创造性。通过教育和培训增长他们的才干和能力，发挥员工的革新和创新精神，共享知识和经验，积极寻求增长知识和经验的机遇，为员工的成长和发展创造良好的条件，这样才能给组织带来最大的收益。

4. 过程方法

将活动和相关的资源作为过程进行管理，可以更高效地得到期望的结果。建筑工程项目的实施可以作为一个过程来实施管理，过程是指将输入转化为输出所使用的各项活动的系统。过程的目的是提高价值，因此在开展质量管理各项活动中应采用过程的方法实施控制，确保每个过程的质量，并按确定的工作步骤和活动顺序建立工作流程，人员培训，所需的设备、材料、测量和控制实施过程的方法，以及所需的信息和其他资源等。

5. 管理的系统方法

将相互关联的过程作为系统加以识别、理解和管理，有助于组织提高实现目标的有效性和效率。管理的系统方法包括确定顾客的需求和期望、建立组织的质量方针和目标、确定过程及过程的相互关系和作用、明确职责和资源需求、建立过程有效性的测量方法并用以测量现行过程的有效性防止不合格寻找改进机会、确立改进方向、实施改进、监控改进效果、评价结果、评审改进措施和确定后续措施等。这种建立和实施质量管理体系的方法，既可建立新体系，也可用于改进现行的体系。这种方法不仅可提高过程能力及项目质量，还可为持续改进打好基础，最终使顾客满意和使组织获得成功。

6. 持续改进

持续改进整体业绩应当是组织的一个永恒目标。持续改进是一个组织积极寻找改进的机会，努力提高有效性和效率的重要手段，确保不断增强组织的竞争力，使顾客满意。

7. 基于事实的决策方法

有效决策是建立在数据和信息分析的基础上。决策是通过调查和分析，确定项目质量目标并提出实现目标的方案，对可供选择的若干方案进行优选后做出抉择的过程，项目组织在工程实施的各项管理活动过程中都需要做出决策。能否对各个过程做出正确的决策，将会影响到组织的有效性和效率，甚至关系到项目的成败。所以，有效的决策必须以充分的数据和真实的信息为基础。

8. 与供方互利的关系

组织与供方是相互依存的，互利的关系可增强双方创造价值的能力。供方提供的材料、设备和半成品等对于项目组织能否向顾客提供满意的最终产品，可以产生重要的影响。因此，把供方、协作方和合作方等都看成项目组织同盟中的利益相关者，并使之形成共同的竞争优势，可以优化成本和资源，使项目主体和供方实现双赢的目标。

二、企业质量管理体系文件的构成

（1）企业质量管理体系文件的构成包括：质量方针和质量目标，质量手册，各种生产、工作和管理的程序性文件以及质量记录。

（2）质量手册的内容一般包括：企业的质量方针、质量目标；组织机构及质量职责；体系要素或基本控制程序；质量手册的评审、修改和控制的管理办法。质量手册作为企业质量管理系统的纲领性文件应具备指令性系统性、协调性、先进性、可行性和可检查性。

（3）企业质量管理体系程序文件是质量手册的支持性文件，它包括六个方面的通用程序：文件控制程序、质量记录管理程序、内部审核程序、不合格品控制程序、纠正措施控制程序、预防措施控制程序等。

（4）质量记录是产品质量水平和质量体系中各项质量活动进行及结果的客观反映。质量记录应具有可追溯性。

三、企业质量管理体系的建立和运行

1. 企业质量管理体系的建立

（1）企业质量管理体系的建立，是在确定市场及顾客需求的前提下，按照八项质量管理原则制定企业的质量方针、质量目标、质量手册、程序文件及质量记录等体系文件，并将质量目标分解落实到相关层次、相关岗位的职能和职责中，形成企业质量管理体系的执行系统。

（2）企业质量管理体系的建立还包含组织企业不同层次的员工进行培训，使体系的工作内容和执行要求被员工所了解，为形成全员参与的企业质量管理体系的运行创造条件。

（3）企业质量管理体系的建立需识别并提供实现质量目标和持续改进所需的资源，包括人员、基础设施、环境、信息等。

2. 企业质量管理体系的运行

（1）按企业质量管理体系文件所制定的程序、标准、工作要求及目标分解的岗位职责进行运作。

（2）按各类体系文件的要求，监视、测量和分析过程的有效性和效率，做好文件规定的质量记录。

（3）按文件规定的办法进行质量管理评审和考核。

四、企业质量管理体系的认证与监督

（一）企业质量管理体系认证的意义

质量认证制度是由公正的第三方认证机构对企业的产品及质量体系做出正确可靠的评价，其意义如下。

1. 提高供方企业的质量信誉

获得质量管理体系认证通过的企业，证明建立了有效的测量保障机制，因此可以获得市场的广泛认可，即可以提升企业组织的质量信誉。实际上，质量管理体系对企业的信誉和产品的质量水平都起着重要的保障作用。

2. 促进企业完善质量管理体系

企业测量管理体系实行认证制度，既能帮助企业建立有效、适用的质量管理体系，又能促使企业不断改进、完善自己的质量管理制度，以获得认证的通过。

3. 增强国际市场竞争能力

企业质量管理体系认证属于国际质量认证的统一标准，在经济全球化的今天，我国企业要参与国际竞争，就应采取国际标准规范自己，与国际惯例接轨。只有这样，才能增强自身的国际市场竞争力。

4. 减少社会重复检验和检查费用

从政府角度，引导组织加强内部质量管理，通过质量管理体系认证，可以避免因重复检查与评定而给社会造成的浪费。

5. 有利于保护消费者的利益

企业质量管理体系认证能帮助用户和消费者鉴别组织的质量保证能力，确保消费者买到优质、满意的产品，达到保护消费者利益的目的。

（二）企业质量管理体系认证的程序

（1）具有法人资格，申请单位须按要求填写申请书，接受或不接受均发出书面通知书。

（2）审核包括文件审查、现场审核，并提出审核报告。

（3）符合标准者批准并予以注册，发放认证证书。

（三）获准认证后的维持与监督管理

企业质量管理体系获准认证的有效期为 3 年。获准认证后的质量管理体系的维持与监督管理内容如下。

（1）企业通报：认证合格的企业质量管理体系在运行中出现较大变化时，需向认证机构通报。

（2）监督检查：包括定期和不定期的监督检查。

（3）认证注销：注销是企业的自愿行为。

（4）认证暂停：认证暂停期间，企业不得用质量管理体系认证证书做宣传。

（5）认证撤销：撤销认证的企业一年后可重新提出认证申请。

（6）复评认证合格有效期满前，如企业愿继续延长，可向认证机构提出复评申请。

（7）重新换证：在认证证书有效期内，出现体系认证标准变更、体系认证范围变更、体系认证证书持有者变更，可按规定重新换证。

第八节　建筑工程项目总体规划和设计质量控制

一、建筑工程项目总体规划的编制

1. 建筑工程项目总体规划的过程

从广义上来说建筑工程项目总体规划的过程包括建设方案的策划、决策过程和总体规划的制定过程。建筑工程项目的策划与决策过程主要包括建设方案策划、项目可行性研究论证和工程项目决策等。建筑工程项目总体规划的制定，是要编制具体的工程项目规划设计文件，并对工程项目的决策意图进行直观的描述。

2. 建筑工程项目总体规划的内容

建筑工程项目总体规划的主要内容是解决平面空间布局、道路交通组织、场地竖向设计、总体配套方案、总体规划指标等问题。

二、建筑工程项目设计质量控制的方法

1. 建筑工程项目设计质量控制的内容

建筑工程项目质量控制的内容主要是从满足建设需求入手，包括法律法规、强制性标准和合同规定的明确需要以及潜在需要，并以使用功能和安全可靠性为核心，做好功能性、可靠性、观感性和经济性质量的综合控制。

2. 建筑工程项目设计质量控制的方法

建筑工程项目设计质量的控制方法主要是通过设计任务的组织、设计过程的控制和设计项目的管理来实现。

第五章　建筑工程项目安全与风险管理

第一节　建筑工程项目安全管理概述

一、安全管理

安全管理是一门技术科学，它是介于基础科学与工程技术之间的综合性科学。它强调理论与实践的结合，重视科学与技术的全面发展。安全管理的特点是把人、物、环境三者进行有机地联系，试图控制人的不安全行为、物的不安全状态和环境的不安全条件，解决人、物、环境之间不协调的矛盾，排除影响生产效益的人为和物质的阻碍事件。

（一）安全管理的定义

安全管理同其他学科一样，有它自己特定的研究对象和研究范围。安全管理是研究人的行为与机器状态、环境条件的规律机器相互关系的科学。安全管理涉及人、物、环境相互关系协调的问题，有其独特的理论体系，并运用理论体系提出解决问题的方法。与安全管理相关的学科包括劳动心理学、劳动卫生学、统计科学、计算科学、运筹学、管理科学、安全系统工程、人机工程、可靠性工程、安全技术等。在工程技术方面，安全管理已广泛地应用于基础工业、交通运输、军事及尖端技术工业等。

安全管理是管理科学的一个分支，也是安全工程学的一个重要组成部分。安全工程学包括安全技术、工业卫生工程及安全管理。

安全技术是安全工程的技术手段之一。它着眼于对生产过程中物的不安全因素和环境的不安全条件，采用技术措施进行控制，以保证物和环境安全、可靠，达到技术安全的目的。

工业卫生工程也是安全工程的技术手段之一。它着眼于消除或控制生产过程中对人体健康产生影响或危害的有害因素，从而保证安全生产。

安全管理则是安全工程的组织、计划、决策和控制过程，它是保障安全生产的一种管理措施。

总之，安全管理是研究人、物、环境三者之间的协调性，对安全工作进行决策、计划、组织、控制和协调；在法律制度、组织管理；技术和教育等方面采取综合措施，控制人、物、环境的不安全因素，以实现安全生产为目的的一门综合性学科。

（二）安全管理的目的

企业安全管理是遵照国家的安全生产方针、安全生产法规，根据企业实际情况，从组织管理与技术管理上提出相应的安全管理措施，在对国内外安全管理经验教训、研究成果的基础上，寻求适合企业实际的安全管理方法。而这些管理措施和方法的作用都在于控制和消除影响企业安全生产的不安全因素、不卫生条件，从而保障企业生产过程中不发生人身伤亡事故和职业病，不发生火灾、爆炸事故，不发生设备事故。因此，安全管理的目的如下。

1. 确保生产场所及生产区域周边范围内人员的安全与健康

即要消除危险、危害因素，控制生产过程中伤亡事故和职业病的发生，保障企业内和周边人员的安全与健康。

2. 保护财产和资源

即要控制生产过程中设备事故和火灾、爆炸事故的发生，避免由不安全因素导致的经济损失。

3. 保障企业生产顺利进行

提高效率，促进生产发展，是安全管理的根本目的和任务。

4. 促进社会生产发展

安全管理的最终目的就是维护社会稳定、建立和谐社会。

（三）安全管理的主要内容

安全与生产是相辅相成的，没有安全管理保障，生产就无法进行；反之，没有生产活动，也就不存在安全问题。通常所说的安全管理，是针对生产活动中的安全问题，围绕着企业安全生产所进行的一系列管理活动。安全管理是控制人、物、环境的不安全因素，所以安全管理工作主要内容大致如下。

第一，安全生产方针与安全生产责任制的贯彻实施。

第二，安全生产法规、制度的建立与执行。

第三，事故与职业病预防与管理。

第四，安全预测、决策及规划。

第五，安全教育与安全检查。

第六，安全技术措施计划的编制与实施。

第七，安全目标管理、安全监督与监察。

第八，事故应急救援。

第九，职业安全健康管理体系的建立。

第十，企业安全文化建设。

随着生产的发展，新技术、新工艺的应用，以及生产规模的扩大，产品品种的不断增多与更新，职工队伍的不断壮大与更替，加之生产过程中环境因素的随时变化，企业生产会出现许多新的安全问题。当前，随着改革的不断深入，安全管理的对象、形式及方法也随着市场经济的要求而发生变化。因此，安全管理的工作内容要不断适应生产发展的要求，随时调整和加强工作重点。

（四）安全管理的原理与原则

安全管理作为管理的重要组成部分，既遵循管理的普遍规律，服从管理的基本原理与原则，又有其特殊的原理与原则。

原理是对客观事物实质内容及其基本运动规律的表述。原理与原则之间存在内在的、逻辑对应的关系。安全管理原理是从生产管理的共性出发，对生产管理工作的实质内容进行科学分析、综合、抽象与概括所得出的生产管理规律。

原则是根据对客观事物基本规律的认识引发出来的，是需要人们共同遵循的行为规范和准则。安全生产原则是指在生产管理原则的基础上，指导生产管理活动的通用规则。

原理与原则的本质与内涵是一致的。一般来说，原理更基本，更具有普遍意义；原则更具体，对行动更有指导性。

1. 系统原理

（1）系统原理的含义。系统原理是指运用系统论的观点、理论和方法来认识和处理管理中出现的问题，对管理活动进行系统分析，以达到管理的优化目标。

系统是由相互作用和相互依赖的若干部分组成，具有特定功能的有机整体。任何管理对象都可以作为一个系统。系统可以分为若干子系统，子系统可以分为若干要素，即系统是由要素组成的。按照系统的观点，管理系统具有6个特征，即集合性、相关性、目的性、整体性、层次性和适应性。

安全管理系统是生产管理的一个子系统，包括各级安全管理人员、安全防护设备与设施、安全管理规章制度、安全生产操作规范和规程，以及安全生产管理信息等。安全贯穿于整个生产活动过程中，安全生产管理是全面、全过程和全员的管理。

（2）运用系统原理的原则。

①动态相关性原则。动态相关性原则表明：构成管理系统的各要素是运动和发展的，它们相互联系又相互制约。如果管理系统的各要素都处于静止状态，就不会发生事故。

②整分合原则。高效的现代安全生产管理必须在整体规划下明确分工，在分工基础上有效综合，这就是整分合原则。运用该原则，要求企业管理者在制订整体目标和进行宏观策划时，必须将安全生产纳入其中，在考虑资金、人员和体系时，都必须将安全生产作为一个重要内容考虑。

③反馈原则。反馈是控制过程中对控制机构的反作用。成功、高效的管理，离不开灵活、准确、快速的反馈。企业生产的内部条件和外部环境是不断变化的，必须及时捕获、反馈各种安全生产信息，以便及时采取行动。

④封闭原则。在任何一个管理系统内部，管理手段、管理过程都必须构成一个连续封闭的回路，才能形成有效的管理活动，这就是封闭原则。封闭原则告诉我们，在企业安全生产中，各管理机构之间、各种管理制度和方法之间，必须具有紧密地联系，形成相互制约的回路，才能有效。

2. 人本原理

（1）人本原理的含义。在安全管理中把人的因素放在首位，体现以人为本，这就是人本原理。以人为本有两层含义：一是一切管理活动都是以人为本展开的，人既是管理的主体，又是管理的客体，每个人都处在一定的管理层面上，离开人就无所谓管理；二是管理活动中，作为管理对象的要素和管理系统各环节，都需要人掌管、运作、推动和实施。

（2）运用人本原理的原则。

①动力原则。推动管理活动的基本力量是人，管理必须有能够激发人的工作能力的动力，这就是动力原则。对于管理系统，有三种动力，即物质动力、精神动力和信息动力。

②能级原则。现代管理认为，单位和个人都具有一定的能量，并且可按照能量的大小顺序排列，形成管理的能级，就像原子中电子的能级一样。在管理系统中，建立一套合理能级，根据单位和个人能量的大小安排其工作，发挥不同能级的能量，保证结构的稳定性和管理的有效性，这就是能级原则。

③激励原则。管理中的激励就是利用某种外部诱因的刺激，调动人的积极性和创造性。以科学的手段，激发人的内在潜力，使其充分发挥积极性、主动性和创造性，这就是激励原则。人的工作动力来源于内在动力、外部压力和工作吸引力。

3. 预防原理

（1）预防原理的含义。安全生产管理工作应该做到预防为主，通过有效的管理和技术手段，减少和防止人的不安全行为和物的不安全状态，达到预防事故的目的。在可能发生人身伤害、设备或设施损坏和环境破坏的场合，事先采取措施，防止事故发生。

（2）运用预防原理的原则。

①事故是可以预防

生产活动过程都是由人来进行规划、设计、施工、生产运行的，人们可以改变设计、改变施工方法和运行管理方式，避免事故发生。同时可以寻找引起事故的本质因素，采取措施，予以控制，达到预防事故的目的。

②因果关系原则

事故的发生是许多因素互为因果连锁发生的最终结果，只要诱发事故的因素存在，发生事故是必然的，只是时间或迟或早而已，这就是因果关系原则。

③ 3E 原则

造成人事故的原因可归纳为 4 个方面，即人的不安全行为、设备的不安全状态、环境的不安全条件，以及管理缺陷。针对这 4 方面的原因，可采取 3 种防止对策，即工程技术（Engineering）对策、教育（Education）对策和法制（Enforcement）对策，即所谓 3E 原则。

④本质安全化原则

本质安全化原则是指从一开始和从本质上实现安全化，从根本上消除事故发生的可能性，从而达到预防事故发生的目的。

4. 强制原理

（1）强制原理的含义。采取强制管理的手段控制人的意愿和行为，使人的活动、行为等受到安全生产管理要求的约束，从而实现有效的安全生产管理。所谓强制就是绝对服从，不必经过被管理者的同意便可采取的控制行动。

（2）运用强制原理的原则。

①安全第一原则

安全第一就是要求在进行生产和其他工作时把安全工作放在一切工作的首要位置。当生产和其他工作与安全发生矛盾时，要以安全为主，生产和其他工作要服从于安全。

②监督原则

监督原则是指在安全活动中，为了使安全生产法律法规得到落实，必须设立安全生产监督管理部门，对企业生产中的守法和执法情况进行监督，监督主要包括国家监督、行业管理、群众监督等。

二、建筑工程项目安全管理内涵

（一）建筑工程安全管理的概念

建筑工程安全管理是指为保护产品生产者和使用者的健康与安全，控制影响工作场所内员工、临时工作人员、合同方人员、访问者和其他有关部门人员健康和安全的条件和因素，考虑和避免因使用不当对使用者造成健康和安全的危害而进行的一系列管理活动。

（二）建筑工程安全管理的内容

建筑工程安全管理的内容是建筑生产企业为达到建筑工程职业健康安全管理的目的，所进行的指挥、控制、组织、协调活动，包括制订、实施、实现、评审和保持职业健康安全所需的组织机构、计划活动、职责、惯例、程序、过程和资源。

不同的组织（企业）根据自身的实际情况制订方针，并为实施、实现、评审和保持（持续改进）建立组织机构、策划活动、明确职责、遵守有关法律法规和惯例、编制程序控制文件，实行过程控制并提供人员、设备、资金和信息资源，保证职业健康安全管理任务的完成。

（三）建筑工程安全管理的特点

1. 复杂性[①]

建筑产品的固定性和生产的流动性及受外部环境影响多，决定了建筑工程安全管理的复杂性。

（1）建筑产品生产过程中生产人员、工具与设备的流动性，主要表现如下。

①同一工地不同建筑之间的流动。

②同一建筑不同建筑部位上的流动。

③一个建筑工程项目完成后，又要向另一新项目动迁的流动。

① 刘臣光作．建筑施工安全技术与管理研究 [M]，59 页，北京：新华出版社，2021.03.

（2）建筑产品受不同外部环境影响多，主要表现如下。

①露天作业多。

②气候条件变化的影响。

③工程地质和水文条件变化的影响。

④地理条件和地域资源的影响。

由于生产人员、工具和设备的交叉和流动作业，受不同外部环境的影响因素多，使健康安全管理很复杂，若考虑不周就会出现问题。

2. 多样性

产品的多样性和生产的单件性决定了职业健康安全管理的多样性。建筑产品的多样性决定了生产的单件性。每一个建筑产品都要根据其特定要求进行施工，主要表现如下。

（1）不能按同一图样、同一施工工艺、同一生产设备进行批量重复生产。

（2）施工生产组织及结构的变动频繁，生产经营的“一次性”特征特别突出。

（3）生产过程中实验性研究课题多，所碰到的新技术、新工艺、新设备、新材料给职业健康安全管理带来不少难题。

因此，对于每个建筑工程项目都要根据其实际情况，制订健康安全管理计划，不可相互套用。

3. 协调性

产品生产过程的连续性和分工性决定了职业健康安全管理的协调性。建筑产品不能像其他许多工业产品一样，可以分解为若干部分同时生产，而必须在同一固定场地，按严格程序连续生产，上一道程序不完成，下一道程序不能进行，上一道工序生产的结果往往会被下一道工序所掩盖，而且每一道程序由不同人员和单位完成。因此，在建筑施工安全管理中，要求各单位和专业人员横向配合和协调，共同注意产品生产过程接口部分安全管理的协调性。

4. 持续性

产品生产的阶段性决定职业健康安全管理的持续性。一个建筑项目从立项到投产要经过设计前的准备阶段、设计阶段、施工阶段、使用前的准备阶段（包括竣工验收和试运行）、保修阶段等五个阶段。[②] 这五个阶段都要十分重视项目的安全问题，持续不断地对项目各个阶段可能出现的安全问题实施管理。否则，一旦在某个阶段出现安全问题就会造成投资的巨大浪费，甚至造成工程项目建设的夭折。

第二节　建筑工程项目安全管理问题

一、建筑工程施工的不安全因素

施工现场各类安全事故潜在的不安全因素主要有施工现场人的不安全因素和施工现场物的不安全状态。同时，管理的缺陷也是不可忽视的重要因素。

（一）事故潜在的不安全因素

人的不安全因素和物的不安全状态，是造成绝大部分事故的两个潜在的不安全因素，通常也可称作事故隐患。事故潜在的不安全因素是造成人身伤害、物的损失的先决条件，各种人身伤害事故均离不开人与物，人身伤害事故就是人与物之间产生的一种意外现象。在人与物中，人的因素是最根本的，因为物的不安全状态的背后，实质上还是隐含着人的因素。分析大量事故的原因可以得知，单纯由于物的不安全状态或者单纯由于人的不安全行为导致的事故情况并不多，事故几乎都是由多种原因交织而形成的，总的来说，安全事故时有人的不安全因素和物的不安全状态以及管理的缺陷等多方面原因结合而形成的。

1. 人的不安全因素

人的不安全因素是指影响安全的人的因素，是使系统发生故障或发生性能不良事件的人员自身的不安全因素或违背设计和安全要求的错误行为。人的不安全因素可分为个人的不安全因素和人的不安全行为两个大类。个人的不安全因素，是指人的心理、生理、能力中所具有不能适应工作、作业岗位要求而影响安全的因素；人的不安全行为，通俗地讲，就是指能造成事故的人的失误，即能造成事故的人为错误，是人为地使系统发生故障或发生性能不良事件，是违背设计和操作规程的错误行为。

（1）个人的不安全因素。

① 生理上的不安全因素。生理上的不安全因素包括患有不适合作业岗位的疾病、年龄不适合作业岗位要求、体能不能适应作业岗位要求的因素，疲劳和酒醉或刚睡醒觉、感觉朦胧、视觉和听觉等感觉器官不能适应作业岗位要求的因素等。

②心理上的不安全因素。心理上的不安全因素是指人在心理上具有影响安全的性

格、气质和情绪（如急躁、懒散、粗心等）。

③ 能力上的不安全因素。能力上的不安全因素包括知识技能、应变能力、资格等不适应工作环境和作业岗位要求的影响因素。

（2）人的不安全行为。

①产生不安全行为的主要因素。主要因素有工作上的原因、系统、组织上的原因以及思想上责任性的原因。

②主要工作上的原因。主要工作上的原因有作业的速度不适当、工作知识的不足或工作方法不适当，技能不熟练或经验不充分、工作不当，且又不听或不注意管理提示。

③不安全行为在施工现场的表现如下。

第一，不安全装束。

第二，物体存放不当。

第三，造成安全装置失效。

第四，冒险进入危险场所。

第五，徒手代替工作操作。

第六，有分散注意力行为。

第七，操作失误，忽视安全、警告。

第八，对易燃、易爆等危害物品处理错误。

第九，使用不安全设备。

第十，攀爬不安全位置。

第十一，在起吊物下作业、停留。

第十二，没有正确使用个人防护用品、用具。

第十三，在机器运转时进行检查、维修、保养等工作。

2. 物的不安全状态

物的不安全状态是指能导致事故发生的物质条件，包括机械设备等物质或环境所存在的不安全因素。通常，人们将此称为物的不安全状态或物的不安全条件，也有直接称其为不安全状态。

（1）物的不安全状态的内容。

①安全防护方面的缺陷。

②作业方法导致的物的不安全状态。

③外部的和自然界的不安全状态。

④作业环境场所的缺陷。

⑤保护器具信号、标志和个体防护用品的缺陷。

⑥物的放置方法的缺陷。

⑦物（包括机器、设备、工具、物质等）本身存在的缺陷。

（2）物的不安全状态的类型。

①缺乏防护等装置或有防护装置但存在缺陷。

②设备、设施、工具、附件有缺陷。

③缺少个人防护用品用具或有防护用品但存在缺陷。

④生产（施工）场地环境不良。

（二）管理的缺陷

施工现场的不安全因素还存在组织管理上的不安全因素，通常也可称为组织管理上的缺陷，它也是事故潜在的不安全因素，作为间接的原因共有以下几个方面。

第一，技术上的缺陷。

第二，教育上的缺陷。

第三，管理工作上的缺陷。

第四，生理上的缺陷。

第五，心理上的缺陷。

第六，学校教育和社会、历史上的原因造成的缺陷等。

所以，建筑工程施工现场安全管理人员应从“人”和“物”两个方面入手，在组织管理等方面加强工作力度，消除任何物的不安全因素以及管理上的缺陷，预防各类安全事故的发生。

二、建筑工程施工现场的安全问题

（一）建筑施工现场的安全隐患

1. 安全管理存在的安全隐患

安全管理工作不到位，是造成伤亡事故的原因之一。安全管理存在的安全隐患主要有以下几点。

（1）安全生产责任制不健全。

（2）企业各级、各部门管理人员生产责任制的系统性不强，没有具体的考核办法，或没有认真考核，或无考核记录。

（3）企业经理对本企业安全生产管理中存在的问题没有引起高度重视。

（4）企业没有制订安全管理目标，且没有将目标分解到企业各部门，尤其是项目经理部、各班组，也没有分解到人。

（5）目标管理无整体性、系统性，无安全管理目标执行情况的考核措施。

（6）项目部单位工程施工组织设计中，安全措施不全面、无针对性，而且在施工安全管理过程中，安全措施没有具体落实到位。

（7）没有工程施工安全技术交底资料，即使有书面交底资料，也不全面，针对性不强，未履行签字手续。

（8）没有制订具体的安全检查制度，或未认真进行检查，在检查中发现的问题没有及时整改。

（9）没有制订具体的安全教育制度，没有具体安全教育内容，对季节性和临时性工人的安全教育很不重视。

（10）项目经理部不重视开展班前安全活动，无班前安全活动记录。

（11）施工现场没有安全标志布置总平面图，安全标志的布置不能形成总的体系。

2. 土石方工程存在的安全隐患

（1）开挖前未摸清地下管线，未制订应急措施。

（2）土方施工时放坡和支护不符合规定。

（3）机械设备施工与槽边安全距离不符合规定，又无措施。

（4）开挖深度超过 2 米的沟槽，未按标准设围栏防护和密目安全网封挡。

（5）超过 2 米的沟槽，未搭设上下通道，危险处未设红色标志灯。

（6）地下管线和地下障碍物未明或管线 1 米内机械挖土。

（7）未设置有效的排水、挡水措施。

（8）配合作业人员和机械之间未有一定的距离。

（9）打夯机传动部位无防护。

（10）打夯机未在使用前检查。

（11）电缆线在打夯机前经过。

（12）打夯机未用漏电保护和接地接零。

（13）挖土过程中土体产生裂缝，未采取措施而继续作业。

（14）回土前拆除基坑支护的全部支撑。

（15）挖土机械碰到支护、桩头，挖土时动作过大。

（16）在沟、坑、槽边沿 1 米内堆土、堆料、停置机具。

（17）雨后作业前未检查土体和支护的情况。

（18）机械在输电线路下未空开安全距离。

（19）进出口的地下管线未加固保护。

（20）场内道路损坏未整修。

（21）铲斗从汽车驾驶室上通过。

（22）在支护和支撑上行走、堆物。

3. 砌筑工程存在的安全隐患

（1）基础墙砌筑前未对土体的情况进行检查。

（2）垂直运砖的吊笼绳索不符合要求。

（3）人工传砖时脚手板过窄。

（4）砖输送车在平地上间距小于 2 米。

（5）操作人员踩踏砌体和支撑上下基坑。

（6）破裂的砖块在吊笼的边沿。

（7）同一块脚手板上操作人员多于 2 人。

（8）在无防护的墙顶上作业。

（9）站在砖墙上进行作业。

（10）砖筑工具放在临边等易坠落的地方。

（11）内脚手板未按有关规定搭设。

（12）砍砖时向外打碎砖，从而导致人员伤亡事故。

（13）操作人员无可靠的安全通道上下。

（14）脚手架上的冰霜积雪杂物未清除就作业。

（15）砌筑楼房边沿墙体时未安设安全网。

（16）脚手架上堆砖高度超过 3 皮侧砖。

（17）砌好的山墙未做任何加固措施。

（18）吊重物时用砌体做支撑点。

（19）砖等材料堆放在基坑边 1.5 米内。

（20）在砌体上拉缆风绳。

（21）收工时未做到工完场清。

（22）雨天未对刚砌好的砌体做防雨措施。

（23）砌块未就位放稳就松开夹具。

4. 脚手架工程存在的安全隐患

（1）脚手架无搭设方案，尤其是落地式外脚手架，项目经理将脚手架的施工承包给架子工，架子工有的按操作规程搭设，有的凭经验搭设，根本未编制脚手架施工方案。

（2）脚手架搭设前未进行交底，项目经理部施工负责人未组织脚手架分段及搭设完毕的检查验收，即使组织验收，也无量化验收内容。

（3）门形等脚手架无设计计算书。

（4）脚手架与建筑物的拉结不够牢固。

（5）杆件间距与剪刀撑的设置不符合规范的规定。

（6）脚手板、立杆、大横杆、小横杆材质不符合要求。

（7）施工层脚手板未铺满。

（8）脚手架上材料堆放不均匀，荷载超过规定。

（9）通道及卸料平台的防护栏杆不符合规范规定。

（10）地式和门形脚手架基础不平、不牢，扫地杆不符合要求。

（11）挂、吊脚手架制作组装不符合设计要求。

（12）附着式升降脚手架的升降装置、防坠落、防倾斜装置不符合要求。

（13）脚手架搭设及操作人员，经过专业培训的未上岗，未经专业培训的却上岗。

5. 钢筋工程存在的安全隐患

（1）在钢筋骨架上行走。

（2）绑扎独立柱头时站在钢箍上操作。

（3）绑扎悬空大梁时站在模板上操作。

（4）钢筋集中堆放在脚手架和模板上。

（5）钢筋成品堆放过高。

（6）模板上堆料处靠近临边洞口。

（7）钢筋机械无人操作时不切断电源。

（8）工具、钢箍短钢筋随意放在脚手板上。

（9）钢筋工作棚内照明灯无防护。

（10）钢筋搬运场所附近有障碍。

（11）操作台上未清理钢筋头。

（12）钢筋搬运场所附近有架空线路临时用电气设备。

（13）用木料、管子、钢模板穿在钢箍内作立人板。

（14）机械安装不坚实稳固，机械无专用的操作棚。

（15）起吊钢筋规格长短不一。

（16）起吊钢筋下方站人。

（17）起吊钢筋挂钩位置不符合要求。

（18）钢筋在吊运中未降到 1 米就靠近。

6. 混凝土工程存在的安全隐患

（1）泵送混凝土架子搭设不牢靠。

（2）混凝土施工高处作业缺少防护、无安全带。

（3）2 米以上小面积混凝土施工无牢靠立足点。

（4）运送混凝土的车道板搭设两头没有搁置平稳。

（5）用电缆线拖拉或吊挂插入式振动器。

（6）2 米以上的高空悬挑未设置防护栏杆。

（7）板墙独立梁柱混凝土施工时，站在模板或支撑上。

（8）运送混凝土的车子向料斗倒料，无挡车措施。

（9）清理地面时向下乱抛杂物。

（10）运送混凝土的车道板宽度过小。

（11）料斗在临边时人员站在临边一侧。

（12）井架运输小车把伸出笼外。

（13）插入式振动器电缆线不满足所需的长度。

（14）运送混凝土的车道板下，横楞顶撑没有按规定设置。

（15）使用滑槽操作部位无护身栏杆。

（16）插入式振动器在检修作业间未切断电源。

（17）插入式振动器电缆线被挤压。

（18）运料中相互追逐超车，卸料时双手脱把。

（19）运送混凝土的车道板上有杂物、有砂等。

（20）混凝土滑槽没有固定牢靠。

（21）插入式振动器的软管出现断裂。

（22）站在滑槽上操作。

（23）预应力墙砌筑前未对土体的情况检查。

7. 模板工程存在的安全隐患

（1）无模板工程施工方案。

（2）现浇混凝土模板支撑系统无设计计算书，支撑系统不符合规范要求。

（3）支撑模板的立柱材质及间距不符合要求。

（4）立柱长度不一致，或采用接短柱加长，交接处不牢固，或在立柱下垫几皮砖加高。

（5）未按规范要求设置纵横向支撑。

（6）木立柱下端未锯平，下端无垫板。

（7）混凝土浇灌运输道不平稳、不牢固。

（8）作业面孔洞及临边无防护措施。

（9）垂直作业上下无隔离防护措施。

（10）2 米以上高处作业无可靠立足点。

（二）建筑工程施工整体过程中存在的安全问题

1. 建设单位方面不履行基本建设程序

国家确定的基本建设程序，指的是在建筑的过程中应该符合相应的客观规律和表现形式，符合国家法律法规规定的程序要求。目前来看，建筑市场存在着违背国家确定程序的现象，建筑行业相对来说较为混乱。一部分业主违背国家的建设规定，不严格按照既定的法律法规来走立项、报建、招标等程序，而是通过私下的交易承揽建筑施工权。在建筑施工阶段，建设单位、工程总包单位违法转包、分包，并且要求最终施工承建单位垫付工程款或交纳投标保证金、履约保证金等。在采购环节，为了省钱而购买假冒伪劣材料设备，导致质量和安全问题不断产生。

目前，比较突出的问题部分是建设单位没有按照规定先取得施工许可即开工。根据相关确定，项目开工必须取得施工许可证，取得施工许可证以后还应该将工程安全施工管理措施整理成文提交备案。但是，由于建设单位为了赶进度后开工，同时政府部门监管不能够及时到位，管理机制不够严格，导致部分工程开工的时候手续不全，工程不顺，责任不明，发生事故的时候就互相推诿。一些建设单位通过关系，强行将建筑工程包下之后则不注重安全管理，随意降低建筑修筑质量，以低价将工程分包给水平低、包工价格低的施工队伍，这样的做法完全不能保证建筑修筑过程中的安全，以及所修筑的建筑的本身质量，极易在施工过程中发生事故。

2. 强行压缩合理工期

工期的概念就是工程的建设期限，工期要通过科学论证的计算。工期的时间应该符合基本的法律与安全常识，不可以随意更改和压缩。在建筑工程施工中，存在着大干快上，盲目地赶进度或赶工期，而这种情况有时还被作为工作积极的表现进行宣扬，这也造成了某种程度上部分建设单位认为工期是能够随意调整的现象。而媒体的大肆宣传，有时也会造成豆腐渣工程的产生。过快的完成工期，最后很容易演变成“豆腐渣”工程，不得不推倒重来。一些建设单位通过打各种旗号，命令施工队伍夜以继日地施工作业，强行加快建筑修筑的进度，而忽略了安全管理方面的工作。建设单位不顾施工现场的实际情况，有些地点存在障碍，比如带电的高压线，强行要求施工单位进行施工作业，施工人员因为夜以继日地工作，建设单位要求加快进度的压力以及部分施工地点的危险源，如果不采取合理的安全管理措施，很容易因为赶进度、不注意危险源而产生安全事故。

3. 缺少安全措施经费

工程建设领域存在不同程度的“垫资”情况，施工企业对安全管理方面的资金投入有限，导致安全管理的相关技术和措施没有办法全部执行到位，有的甚至连安全防护用品都不能够全部及时更换，施工人员的安全没有办法得到保障。施工单位处于建筑市场的最底层，安全措施费得不到足额发放，而很多建设单位发放安全措施费也只是走个流程，方便工地顺利施工。甚至有些施工单位为了能够把工程揽到自己的施工队伍里面，自愿将工程的费用足额垫付，以便能得到工程的施工权，在这种情况下，其他费用，如安全管理费则显得捉襟见肘。因此，施工人员在施工现场极易发生安全事故。

4. 建筑施工从业人员安全意识、技能较低

大量的农民工进入建筑业，他们大都刚刚完成从农民到工人的转变，缺乏比较基本的安全防护意识和操作技能。他们不熟悉施工现场的作业环境，不了解施工过程中的不安全因素，缺乏安全生产知识，安全意识及安全技能较低。

5. 特种作业操作人员无证上岗

目前，一些特种作业的操作人员并未持特种作业证上岗作业，如起重机械司索、信号工种施工现场严重缺乏，场内机动车辆无证驾驶人员较多等。这些关键岗位的人员，如未经过系统安全培训，不持证上岗，作业时极易造成违章行为，造成重大事故。

6. 违章作业及心态分析

部分施工作业人员对于安全生产认识不足，缺乏应有的安全技能，盲目操作，违章作业，冒险作业，自我防护意识较差，违反安全操作规程，野蛮施工，导致事故频频发生。分析他们违章作业的行为，主要存在以下几点心态。

（1）自以为是的态度。部分作业人员，不愿受纪律约束，嫌安全规程麻烦，危险的部位甚至逞英雄、出风头；喜欢凭直观感觉，认为自己什么都懂，暴露出浮躁、急功近利、自行其是的共性特征。

（2）习以为常的习惯，习以为常的习惯，实质是一种麻痹侥幸心理作怪。违章指挥、违章作业、违反劳动纪律的“三违”行为，是这些违章作业人员的家常便饭，违章习惯了，认为没事；认为每天都这样操作，都没有出事，放松了对突发因素的警惕；对隐患麻痹大意，熟视无睹，不知道隐患后暗藏危机。

（3）安全责任心不强。一部分施工人员对生命的意义理解还没有达到根深蒂固的地步，没有深刻体会事故会给所在家庭带来无法弥补的伤害，给企业造成巨大的损失，以及给社会带来不稳定、不和谐，不会明白安全事关家庭责任、企业责任及社会责任。

7. 建筑施工企业安全责任不落实

安全生产责任制不落实，管理责任脱节，是安全工作落实不下去的主要原因。虽然企业建立了安全生产的责任制，但是由于领导和部门安全生产责任不落实，开会时说起来重要，工作时做起来次要的现象比较普遍，安全并没有真正引起广大员工的高度重视。发生事故以后，虽然对责任单位的处罚力度不断加大，但是对于相关责任人，与事故密切相关的生产、技术、器材、经营等相关责任部门的处罚力度不够，也直接导致责任制不能够有效落实。

安全管理手段单一，一些企业未建立职业安全健康管理体系，管理仍然是停留在过去的经验做法上。有些企业为了取得《安全生产许可证》，也建立了一些规章制度，但是建立的安全生产制度是从其他企业抄袭来的，不是用来管理，而是用来应付检查的，谈不上管理和责任落实。施工过程当中的安全会议，是项目安全管理的一个十分重要的组成部分。通过调研发现，目前施工项目有一小部分能够召开一周一次安全会议，主要是讨论上周安全工作存在的问题以及下周的计划，一般不会超过一小时，但是更多的项目并不召开专门的安全会议，而是纳入整个项目的项目会。

8. 分包单位安全监管不到位

总承包单位和分包单位对分包工程的安全生产承担连带责任；分包单位应当服从总承包单位的安全生产管理，分包单位不服从管理导致生产安全事故的，由分包单位承担主要责任。

部分总包单位对专业分包或劳务分包队伍把关不严、安全培训教育不够重视、安全监督检查不严格，对分包队伍的安全管理工作疏于管理，也有相当一部分总包单位将工程进行分包以后以包代管。多数专业分包单位是业主直接选择或行业主管部门指定的，都拥有较为特殊的背景，基本上我行我素，不服从总包的管理，总包也没有很好的控制手段来制约它们，加上这些专业分包单位对自身的安全管理不重视，安全管理体系不健全，现场安全管理处在失控状态，导致分包队伍承建工程安全隐患突出。

9. 安全教育培训严重不足

现场从业人员整体素质偏低，缺乏系统培训，是安全隐患产生的最大根源。现场作业人员大多是农民工，他们安全意识淡薄，安全知识缺乏，自我保护能力比较低下，侥幸心理重，很容易出现群体违章或习惯性违章情况，这是安全生产中最大隐患。目前，绝大部分项目的新工人在进行之前的安全培训时间一般不会超过两小时，一般是以老师傅带的形式来进行，不组织专门的安全培训，有近六成的农民工没有接受过正规的安全培训。

尽管企业的培训资料比较齐全，但是班组长和工人接受过正规的培训非常少，企业在培训方面多数倾向于做表面文章。另一方面，现场工人来源于劳务分包企业，总包企业和劳务分包企业直接签订分包合同，总包只进行入场安全教育，不直接负责工人的安全培训。直接用工单位劳务分包企业应负责对工人进行系统安全培训，但大多数劳务分包企业对工人根本不进行培训，从农村招工过来直接到工地，工人对安全生产认识不足，缺乏应有的安全技能，盲目操作，违章作业，冒险作业，自我防护意识较差，导致事故频发。

10. 建设单位对建筑工程安全管理法规执行不力

当前，建筑市场中一些建设单位为了获得更多利益而忽视建筑工程安全管理法规，严重违反了建筑工程安全管理规定，将建筑工程项目分解为多个小项目，分包给多家的建筑施工单位。而且，建设单位还依靠权力逼迫建筑施工单位签订不公平的建筑工程合约。一些建设单位为了获得更大的经济利益，而将建设工程项目直接承包给没有建筑施工资格的建筑施工单位或个人。

此外，建设单位还经常存在拖欠建筑施工单位工程款项的行为，以及拒付建筑施工单位安全管理费用等情况，建设单位由于工程款迟迟不能到位，建筑施工单位需要垫付巨大的工程施工资金款，而建筑施工单位由于资金的限制，其能够投入建筑工程安全管理的资金更少，导致建筑工程施工单位的安全管理条件变得更差，从而使得建筑工程单位安全管理的水平更低。而且一些建设单位为了彰显政绩而大量压缩建筑工程施工单位的工期，其使得施工单位的本来紧凑的施工工期压得更紧，使得施工单位只能牺牲安全管理来进行赶施工进度。

11. 建筑安全管理机制不完善

现阶段，我国建筑业还没有真正形成有效、完善的安全管理机制，安全管理员配置存在严重不合理，体现在建筑安全管理员的安全意识较低、数量不够、权责不明确等，对建筑安全生产管理监管、防控不到位。另外，由于监管机制不健全，建筑必要的原材料、设备等不能够得到有效保证，在建筑工程施工过程中出现偷工减料现象，“豆腐渣”工程屡见不鲜，安全隐患的大幅滋生，导致了工程质量不合格，甚至造成建筑大型安全事故的发生。

12. 设备、原材料的隐患

由于缺乏严格、有效的建筑工程质量监管，导致了一系列安全隐患的产生。相关单位为了压缩设备、材料成本，在进行租赁采购相关机械设备、原材料时，会混入一些劣质机械设备、原材料，甚至在不进行日常检查的情况下实施操作，一些老化的机械设备、施工技术得不到及时更新，安全生产隐患大大增加，建筑工程质量大打折扣。

13. 监督执法力量不足

目前，我们各地工程安全监督机构，监管能力与日益增长的工程建设规模不相适应，建筑施工安全监督管理也较为薄弱，监督人员远远不能够满足工程规模急剧增长的需要，而且现有的建筑安全监督资源的配置也亟待进一步提高。

监督人员的专业结构、技术层次“青黄不接”。真正能够胜任工作，又懂技术熟悉专业的专业人员较少；工程安全监督执法是接受政府部门的委托而开展工作的，国家有关部门取消了监督费的收取，部分地区监督机构在人员编制、参与改革等问题上没有得到落实，造成日常工作经费不足，影响了安全监督机构的正常运转和生存。从监督执法检查的形式、内容以及手段上，不能有效地发挥安全监督执法的震慑力。

第三节 建筑工程项目安全管理优化

一、施工安全控制

（一）施工安全控制的特点

1. 控制面广

由于建筑工程规模较大，生产工艺比较复杂、工序多，在建造过程中流动作业多、高处作业多、作业位置多变、遇到的不确定因素多，安全控制工作涉及范围大、控制面广。

2. 控制的动态性

第一，由于建筑工程项目的单件性，使得每项工程所处的条件都会有所不同，所面临的危险因素和防范措施也会有所改变，员工在转移工地以后，熟悉一个新的工作环境需要一定的时间，有些工作制度和安全技术措施也会有所调整，员工同样有个熟悉的过程。

第二，建筑工程项目施工具有分散性。因为现场施工是分散于施工现场的各个部位，尽管有各种规章制度和安全技术交底的环节，但是面对具体的生产环境的时候，仍然需要自己的判断和处理，有经验的人员还必须适应不断变化的情况。

3. 控制系统交叉性

建筑工程项目是一个开放系统，受自然环境和社会环境影响很大，同时也会对社会和环境造成影响，安全控制需要把工程系统、环境系统及社会系统结合起来。

4. 控制的严谨性

由于建筑工程施工的危害因素较为复杂、风险程度高、伤亡事故多，所以预防控制措施必须严谨，如有疏漏就可能发展到失控，而酿成事故，造成损失和伤害。

（二）施工安全控制程序

施工安全控制程序，包括确定每项具体建筑工程项目的安全目标，编制建筑工程项目安全技术措施计划，安全技术措施计划的落实和实施，安全技术措施计划的验证、持续改进等。

（三）施工安全技术措施一般要求

1. 施工安全技术措施必须在工程开工前制订

施工安全技术措施是施工组织设计的重要组成部分，应当在工程开工以前与施工组织设计一同进行编制。为了保证各项安全设施的落实，在工程图样会审的时候，就应该特别注意考虑安全施工的问题，并在开工前制订好安全技术措施，使得有较充分的时间对用于该工程的各种安全设施进行采购、制作和维护等准备工作。

2. 施工安全技术措施要有全面性

根据有关法律法规的要求，在编制工程施工组织设计的时候，应当根据工程特点制订相应的施工安全技术措施。对于大中型工程项目、结构复杂的重点工程，除了必须在施工组织设计中编制施工安全技术措施以外，还应编制专项工程施工安全技术措施，详细说明有关安全方面的防护要求和措施，确保单位工程或分部分项工程的施工安全。对爆破、拆除、起重吊装、水下、基坑支护和降水、土方开挖、脚手架、模板等危险性较大的作业，必须编制专项安全施工技术方案。

3. 施工安全技术措施要有针对性

施工安全技术措施是针对每项工程的特点制订的，编制安全技术措施的技术人员必须掌握工程概况、施工方法、施工环境、条件等一手资料，并熟悉安全法规、标准等，才能制订有针对性的安全技术措施。

4. 施工安全技术措施应力求全面、具体、可靠

施工安全技术措施应该把可能出现的各种不安全因素考虑周全，制订的对策措施方案应力求全面、具体、可靠，这样才能真正做到预防事故的发生。但是，全面具体并不等于罗列一般通常的操作工艺、施工方法以及日常安全工作制度、安全纪律等。这些制度性规定，安全技术措施中不需要再做抄录，但必须严格执行。

5. 施工安全技术措施必须包括应急预案

由于施工安全技术措施是在相应的工程施工实施之前制订的，所涉及的施工条件和危险情况大都是建立在可预测的基础之上，而建筑工程施工过程是开放的过程，在施工期间的变化是经常发生的，还可能出现预测不到的突发事件或灾害（如地震、火灾、

台风、洪水等）。所以，施工技术措施计划必须包括面对突发事件或紧急状态的各种应急设施、人员逃生和救援预案，以便在紧急情况下，能及时启动应急预案，减少损失，保护人员安全。

6. 施工安全技术措施要有可行性和可操作性

施工安全技术措施应能够在每个施工工序之中得到贯彻实施，既要考虑保证安全要求，又要考虑现场环境条件和施工技术条件能够做得到。

二、施工安全检查

（一）安全检查内容

第一，查思想。检查企业领导和员工对安全生产方针的认识程度，建立健全安全生产管理和安全生产规章制度。

第二，查管理。主要检查安全生产管理是否有效，安全生产管理和规章制度是否真正得到落实。

第三，查隐患。主要检查生产作业现场是否符合安全生产要求，检查人员应深入作业现场，检查工人的劳动条件、卫生设施、安全通道，零部件的存放、防护设施状况，电气设备、压力容器、化学用品的储存，粉尘及有毒有害作业部位点的达标情况，车间内的通风照明设施，个人劳动防护用品的使用是否符合规定等。要特别注意对一些要害部位和设备加强检查，如锅炉房、变电所以及各种剧毒、易燃、易爆等场所。

第四，查整改。主要检查对过去提出的安全问题和发生生产事故及安全隐患是否采取了安全技术措施和安全管理措施，进行整改的效果如何。

第五，查事故处理。检查对伤亡事故是否及时报告，对责任人是否已经做出严肃处理。在安全检查中，必须成立一个适应安全检查工作需要的检查组，配备适当的人力、物力；检查结束后，应编写安全检查报告，说明已达标项目、未达标项目、存在问题、原因分析，做出纠正和预防措施的建议。

（二）施工安全生产规章制度的检查

为了实施安全生产管理制度，工程承包企业应当结合本身的实际情况，建立健全一整套本企业的安全生产规章制度，并且落实到具体的工程项目施工任务中。在安全检查的时候，应对企业的施工安全生产规章制度进行检查。施工安全生产规章制度一般应包括：安全生产奖励制度；安全值班制度；各种安全技术操作规程；危险作业管理审批制度；易燃、易爆、剧毒、放射性、腐蚀性等危险物品生产、储运使用的安全管理制度；防护物品的发放和使用制度；安全用电制度；加班加点审批制度；危险场所动火作业审批制度；防火、防爆、防雷、防静电制度；危险岗位巡回检查制度；安全标志管理制度。

三、建筑工程项目安全管理评价

（一）安全管理评价的意义

1. 开展安全管理评价有助于提高企业的安全生产效率

对于安全生产问题的新认识、新观念，表现在对事故的本质揭示以及规律认识上，对于安全本质的再认识和剖析上，所以，应该将安全生产基于危险分析和预测评价的基础上。安全管理评价是安全设计的主要依据，其能够找出生产过程中固有的或潜在的危险、有害因素及其产生危险、危害的主要条件与后果，并及时提出消除危险、有害因素的最佳技术、措施与方案。

开展安全管理评价，能够有效督促、引导建筑施工企业改进安全生产条件，建立健全安全生产保障体系，为建设单位安全生产管理的系统化、标准化以及科学化提供依据和条件。同时，安全管理评价也可以为安全生产综合管理部门实施监察、管理提供依据。开展安全管理评价能够变纵向单因素管理为横向综合管理，变静态管理为动态管理，变事故处理为事件分析与隐患管理，将事故扼杀于萌芽之前，总体上有助于提高建筑企业的安全生产效率。

2. 开展安全管理评价能预防、减少事故发生

安全管理评价是以实现项目安全为主要目的，应用安全系统工程的原理和方法，对工程系统当中存在的危险、有害因素进行识别和分析，判断工程系统发生事故和急性职业危害的可能性及其严重程度，提出安全对策建议，进而为整个项目制订安全防范措施和管理决策提供科学依据。

安全评价与日常安全管理及安全监督监察工作有所不同，传统安全管理方法的特点是凭经验进行管理，大多为事故发生以后再进行处理。安全评价是从技术可能带来的负效益出发，分析、论证和评估由此产生的损失和伤害的可能性、影响范围、严重程度以及应采取的对策措施等。安全评价从本质上讲是一种事前控制，是积极有效地控制方式。安全评价的意义在于，通过安全评价，可以预先识别系统的危险性，分析生产经营单位的安全状况，全面的评价系统及各部分的危险程度和安全管理状况，可以有效地预防、减少事故发生，减少财产损失和人员伤亡或伤害。

（二）管理评价指标构建原则

1. 系统性原则

指标体系的建立，首先应该遵循的是系统性原则，从整体出发全面考虑各种因素对安全管理的影响，以及导致安全事故发生的各种因素之间的相关性和目标性选取指标。同时，需要注意指标的数量及体系结构要尽可能系统全面地反映评价目标。

2. 相关性原则

指标在进行选取的时候，应该以建筑安全事故类型及成因分析为基础，忽略对安全影响较小的因素，从事故高发的类型当中选取高度相关的指标。这一原则可以从两方面进行判断：一是指标是否对现场人员的安全有影响；二是选择的指标如果出现问题，是否影响项目的正常进行及影响的程度。所以，评价以前要有层次、有重点地选取指标，使指标体系既能反映安全管理的整体效果，又能体现安全管理的内在联系。

3. 科学性原则

评价指标的选取应该科学规范。这是指评价指标要有准确的内涵和外延，指标体系尽可能全面合理地反映评价对象的本质特征。此外，评分标准要科学规范，应参照现有的相关规范进行合理选择，使评价结果真实客观地反映安全管理状态。

4. 客观真实性原则

评价指标的选取应该尽量客观，首先应当参考相关规范，这样保证了指标有先进的科学理论做支撑。同时，结合经验丰富的专家意见进行修正，这样保证了指标对施工现场安全管理的实用性。

5. 相对独立性原则

为了避免不同的指标间内容重叠，从而降低评价结果的准确性，相对独立性原则要求各评价指标间应保持相互独立，指标间不能有隶属关系。

（三）工程项目安全管理评价体系内容

1. 安全管理制度

建筑工程师一项复杂的系统工程，涉及业主、承包商、分包商、监理单位等关系主体，建筑工程项目安全管理工作需要从安全技术和管理上采取措施，才能确保安全生产的规章制度、操作章程的落实，降低事故的发生频率。

安全管理制度指标包括五个子指标：安全生产责任制度、安全生产保障制度、安全教育培训制度、安全检查制度和事故报告制度。

2. 资质、机构与人员管理

建筑工程建设过程中，建筑企业的资质、分包商的资质、主要设备及原材料供应商的资质、从业人员资格等方面的管理不严，不但会影响到工程质量、进度，而且会容易引发建筑工程项目安全事故。

资质、机构与人员管理指标包括企业资质和从业人员资格、安全生产管理机构、分包单位资质和人员管理及供应单位管理这四个子指标。

3. 设备、设施管理

建筑工程项目施工现场涉及诸多大型复杂的机械设备和施工作业配备设施，由于施工现场场地和环境限制，对于设备、设施的堆放位置、布局规划、验收与日常维护不当容易导致建筑工程项目发生事故。

设备、设施管理指标包括设备安全管理、大型设备拆装安全管理、安全设施和防护管理、特种设备管理和安全检查测试工具管理这五个子指标。

4. 安全技术管理

通常来说，建筑工程项目主要事故有高处坠落、触电、物体打击、机械伤害、坍塌等。据统计，因高处坠落、触电、物体打击、机械伤害、坍塌这五类事故占事故总数的 85% 以上。造成事故的安全技术原因主要有安全技术知识的缺乏、设备设施的操作不当、施工组织设计方案失误、安全技术交底不彻底等。

安全技术管理指标包括六个子指标危险源控制、施工组织设计方案、专项安全技术方案、安全技术交底、安全技术标准、规范和操作规程及安全设备和工艺的选用。

第四节　建筑工程项目风险管理概述

一、风险

（一）风险的概念

风险一词代表发生危险的可能性或是进行有可能成功的行为。目前，大多数有风险的事件指的是有可能带来损失的危险事件，这些损失一般与某种自然现象和人类社会活动特征有关。

风险不仅是研究安全问题的前提，它通常还被看成不良影响客观存在的可能性，这种不良影响可能作用于个人、社会、自然，可能带来某种损失、使现状恶化、阻碍它们的正常发展（速度、形式等的发展）。技术类风险是一种状态，其基础是技术体系、工业或者交通设施，这种状态由技术原因引发，在危急情况时会以一种对人类和环境产生巨大反作用力的形式出现，或是在正常使用这些设施的过程中，以对人类或环境造成直接或间接损失的形式出现。

（二）建筑工程项目风险

建筑工程项目的一次性特征使其不确定性要比一般的经济活动大许多，也决定了其不具有重复性项目所具有的风险补偿机会，一旦出现问题则很难补救。项目多种多样，每一个项目都有各自的具体问题，但有些问题是很多项目所共有的。

建筑工程项目的不同阶段会有不同的风险，风险大多数随着项目的进展而变化，不确定性会随之逐渐减少。最大的不确定性存在于项目的早期，早期阶段做出的决策对以后阶段和项目目标的实现影响最大。项目各种风险中，进度拖延往往是费用超支、现金流出及其他损失的主要原因。

二、风险管理

（一）风险管理的概念

风险管理作为一门专门的科学管理技术是由西方国家首先提出的。作为一门新的管理科学，它既涉及一些数理观念，又涉及大量非数理的艺术观念。不同的学者有着不同的看法，但总的来说，风险管理能降低纯粹风险所带来的损失，是在风险发生之前的风险防范和风险发生之后的风险处置。

风险管理是指对组织运营中要面临的内部的、外部的可能危害组织利益的不确定性，采用各种方法进行预测、分析与衡量，制订并执行相应的控制措施，以获得组织利润最大化的过程。

从本质上讲，风险管理是一种特殊的管理，也是一种管理职能，是在清楚自己企业的力量和弱点的基础上，对会影响企业的危险和机遇进行的管理。任何管理工作都是为实现某一特定目标而展开的，风险管理同样要围绕所要完成的目标进行。风险管理目标应该是在损失发生前保证经济利润的实现，在损失发生后有令人满意的复原。换个角度说，损失是不可避免的，风险就是这种损失的不确定性。就是要通过采取一些科学的方法、手段，将这种不确定的损失尽量转化为确定的、“合理”的损失。

（二）风险管理的过程

风险管理的过程一般由若干主要阶段组成，这些阶段不仅相互作用，而且相互影响。具体来说，风险管理的过程一般可以分为六个环节：风险管理规划、风险识别、风险估计、风险评价、风险应对、风险监控。

1. 风险管理规划

把风险事故的后果尽量限制在可接受的水平上，是风险管理规划和实施阶段的基本任务。整体风险只要未超过整体评价基准就可以接受。对于个别风险，则可接受的水平因风险而异。风险后果是否可被接受，主要从两个方面考虑：即损失大小和为规避风险而采取的行动，如果风险后果很严重，但是规避行动不复杂，代价也不大，则此风险后果还是可被接受的。

风险规划是规划和设计风险管理活动的策略以及具体措施和手段。在制订风险管理规划之前，首先，要确定风险管理部门的组织结构、人员职责和风险管理范围，其次，主要考虑两个问题：第一，风险管理策略本身是否正确、可行。第二，风险管理实施管理策略的措施和手段是否符合总目标。

接下来是进入风险管理规划阶段，并把前面已经完成的工作归纳成一份风险管理规划文件。在制订风险管理计划时，应当避免用高层管理人员的愿望代替项目现有的实际能力。风险管理规划文件中应当包括项目风险形势估计、风险管理计划和风险规避计划。

2. 风险识别

风险识别就是企业管理人员就企业经营过程中可能发生的风险进行感知、预测的过程。首先，风险识别应根据风险分类，全面观察事物发展过程，并从风险产生的原因入手，将引起风险的因素分解成简单的、容易识别的基本单元，找出影响预期目标实现的主要风险。风险识别的过程分三步骤：确认不确定性的客观存在，建立风险清单，进行风险分析。

进行风险识别不仅要辨认所发现或推测的因素是否存在不确定性，而且确认此种不确定性是否是客观存在的。只有符合这两点的因素才可视为风险。将识别出的所有风险一一列举就建立了风险清单。建立的风险清单必须全面客观，特别是不能遗漏主要风险。然后，将风险清单中的风险因素再分类，使风险管理者更好地了解，在风险管理中更有目的性，为下一步做好准备。

3. 风险估计

风险估计是在风险规划和识别之后，通过对所有不确定和风险要素的充分、系统而又有条理的考虑，确定事件的各种风险发生的可能性以及发生之后的损失程度。风险估计主要是对以下几项内容的估计。

（1）风险事件发生的可能性大小。

（2）可能的结果范围和危害程度。

（3）预期发生的时间。

（4）风险因素所产生的风险事件的发生概率的可能性。

在采取合理的风险处置之前，必须估计某项风险可能引起损失的影响。在取得致损事件发生的概率、损坏程度、保险费和其他成本资料的基础上，对风险做出合理的评估。

4. 风险评价

风险评价是针对风险估计的结果，应用各种风险评价技术来判定风险影响大小、危害程度高低的过程。风险评价的方法必须与使用这种方法的模型和环境相适应，没有一种方法可以适合于所有的风险分析过程。所以在分析某一风险问题时，应该具体问题具体分析。

在风险评价的过程中，可以通过各种方法得出各种备选方案。另外，风险评价是协助风险管理者管理风险的：工具，并不能代替风险管理者的判断。所以风险管理者还要辩证地看待风险评价的结果。

风险评价过程中的一个重要工作就是风险预警。在对事件进行风险识别、分析和评估之后，就可得出事件风险发生的概率、风险损失大小、风险的影响范围以及主要的风险因素，针对风险评价的结果与已有的决策者所能承受的或公认的安全指标、风险指标进行比较，如超过了决策者的忍受限度，则发出报警，提醒决策者尽快采取适当的风险控制措施，达到规避或降低风险的目的。

5. 风险应对

风险应对就是对风险事件提出处置意见和办法。通过对风险事件的识别、评估和分析，把风险发生的概率、损失严重程度以及其他因素综合考虑，就可得出事件发生风险的可能性及其危害程度，再与公认的安全指标相比较，就可确定事件的危险等级，从而决定应采取什么样的措施以及控制措施应采取到什么程度。

风险应对可以从改变风险后果的性质、风险发生的概率和风险后果大小三个方面提出以下多种风险规避与控制的策略，主要包括：风险回避、风险转移、风险预防、风险抑制、风险自留和风险应急。对不同的风险可采用不同的处置方法和策略，对同一个项目面临的各种风险，可综合运用各种策略进行处理。

6. 风险监控

风险监控就是通过对风险规划、识别、估计、评价，应对全过程的监视与控制，从而保证风险管理达到预期的目标，它是风险管理实施过程中的一项重要工作。

风险监控就是要跟踪可能变化的风险、识别剩余风险和新出现的风险，在必要时修改风险管理计划，保证风险管理计划的实施，并评估风险管理的效果。

在风险监控过程中及时发现那些新出现的以及随着时间推延而发生变化的风险，然后及时反馈，并根据对事件的影响程度，重新进行风险规划、识别、估计、评价和应对。

（三）建筑工程项目风险类型

1. 政治风险

政治风险是指政治方面的各种事件和原因所带来的风险，主要包括战争、动乱、国际关系紧张、政策多变、政府管理部门的腐败和专制等。

2. 经济风险

经济风险主要指的是在经济领域中各种导致企业经营遭受厄运的风险，即在经济实力、经济形势及解决经济问题的能力等方面潜在的不确定因素构成经营方面的可能后果。有些经济风险是社会性的，对各个行业的企业都产生影响，如经济危机和金融危机、通货膨胀或通货紧缩、汇率波动等；有些经济风险的影响范围限于建筑行业内的企业，如国家基本建设投资总量的变化、房地产市场的销售行情、建材和人工费的涨落；还有的经济风险，是伴随工程承包活动而产生的，仅影响具体施工企业，如业主的履约能力等。

3. 社会风险

社会风险是指由不断变化的道德信仰、价值观，人们的行为方式、社会结构的变化等社会因素产生的风险。社会风险影响面极广，它涉及各个领域、各个阶层和各个行业。建设项目所在地的宗教信仰、社会治安，公众对项目建设行动的认知程度和态度，工作人员文化素质是社会风险的主要原因。

4. 工程风险

工程风险指的是一项工程在设计、施工与移交运行的各个阶段可能遭受的、影响项目系统目标实现的风险。工程风险主要由以下原因引起。

（1）自然风险。自然风险是指由于大自然的影响而造成的风险，主要原因有恶劣的天气情况、恶劣的现场条件、未曾预料到的工程水文地质条件、未曾预料到的一些不利地理条件、工程项目建设可能造成对自然环境的破坏、不良的运输条件可能造成供应的中断等。

（2）决策风险。决策风险主要是指在投资决策、总体方案确定、设计施工队伍的选择等方面，若决策出现偏差，将会对工程产生决定性的影响。

（3）组织与管理风险。组织风险是指由于项目有关各方关系不协调以及其他不确定性而引起的风险。管理风险是指项目管理人员管理能力不强、经验不足、合同条款不清楚、不按照合同履约、工人素质低、劳动积极性低、管理机构不能充分发挥作用造成的风险。

（4）技术风险。技术风险是指伴随科学技术的发展而来的风险。一般表现在方案选择、工程设计及施工过程中，由于技术标准的选择、计算模型的选择、安全系数的确定等方面出现偏差而形成的风险。

（5）责任风险。责任风险是指由于项目管理人员的过失、疏忽、侥幸、恶意等不当行为造成财产毁损、人员伤亡的风险。

5. 法律风险

法律风险是指法律不健全，有法不依，执法不严，相关法律的内容的频繁变化，法律对项目的干预，可能对相关法律未能全面、正确理解，工程中可能有触犯法律的行为等。

（四）建筑工程项目建设中对风险的应对处理

针对建筑工程项目的不同风险可以采取不同的应对措施，从而减少风险的发生，降低风险的损失后果，具体的措施主要从四个方面进行。

第一，是指风险的规避与预防，在对风险进行评估分析后，采取有效的措施避免风险的发生，制订具体的计划与措施规避风险的可能诱使条件，这种风险处理方式是指杜绝任何风险的发生。

第二，是指有些风险是不可以完全避免的，只有在施工实施的过程中，采取一定的措施尽可能地减少风险所带来的后果，例如经济损失以及安全事故等。

第三，要进行风险的改变与转移，有时候风险不可避，但是又与机会并存时，可以将风险转移到可以承担的机构中，降低风险造成的不可控性。

第四，建筑工程项目的风险若是程度比较小，带来的后果损失也比较小时，若是这些细小的风险处理会导致更大的经济损失，比如延长工期等，就对其不进行较大的处理，避免造成更大的损失。

（五）加强建筑工程项目风险管理的基本措施

加强对建筑工程项目风险管理的基本措施可以促进建筑工程建设的发展，主要的管理措施分为以下几点。

1. 加强建筑工程项目管理的设计规划阶段的风险

管理措施建筑工程项目管理的前期设计与规划阶段是控制与规避风险发生的重要阶段，在此，要综合各种风险可能出现的可能性，考虑到各种外在的风险以及内在的风险，加强对风险措施的可行性分析，确保建筑工程项目设计方案的合理。

2. 加强建筑工程项目招投标的风险管理措施

建筑工程项目招投标的管理过程是项目管理的重要内容，对这一阶段的风险管理可以有效地提高项目的经济效益，加强招投标风险管理的主要措施为：要在招投标之前进行基本的咨询与编制，确定建筑工程项目的实施工程量，从而合理地规划建筑工程项目实施施工的全部内容，要根据市场经济条件选择招投标的底价，规范招投标的规范管理，从而降低风险的发生。

3. 加强建筑工程项目实施施工过程中的风险管理

措施对建筑工程的施工过程进行风险管理措施的研究，及时监督管理，控制建筑工程的施工过程，把握好建筑工程的质量，重要的是要对建筑工程的施工过程加强非现场的管理，避免风险的发生。

4. 加强建筑工程项目竣工完成后的风险管理措施

在建筑工程项目竣工后，还要对其进行质量的验收，要加强对该阶段的风险管理，保证施工单位上交的资料与档案的科学、真实，保证工作的流程规范化地进行，降低风险的产生。

第五节　建筑工程项目风险管理技术

一、建筑工程风险识别方法

（一）专家调查法

专家调查法又分为几类，如专家个人判断法、德尔菲法、智暴法等。这些方法主要是通过各领域专家的专业理论以及丰富的实践经验的利用，对潜在风险进行预测和分析，并估计其产生的后果。德尔菲法的应用，最早是在 20 世纪 40 年代末的美国兰德公司，此方法的使用程序大致为：首先，进行与项目相关的专家选定工作，并与这些专家建立直接的咨询关系，利用函询的方式实现对专家意见的收集，之后对这些意见进行整合，再向专家进行反馈，并再度进行意见征询。如此反复，直到各专家的意见大致一致，就参考最后意见进行风险识别。德尔菲法在各个领域都具有非常广泛的应用，通常情况下，该方法也有着理想的应用效果。

（二）故障树分析法

此方法又被称为分解法，其是通过对图解形式的利用，对大的故障进行分解，使其细化为不同的小故障，或者分析引起故障的各种原因。在直接经验较少的风险辨识当中，这一方法的应用非常广泛。通过不断分解投资风险，使项目管理人员可以更加全面地认识与了解投资风险因素，并基于此采取具有针对性的措施以加强对主要风险因素的管理。当然，这一方法也存在一定的不足，就是在大系统中的应用出现漏洞与失误的可能性较大。

（三）情景分析法

这一方法能够对引起风险的关键因素及其影响程度进行分析。其通过图表或者曲线等形式，对由于项目的影响因素发生变化而导致整个项目情况发生变化及其后果进行描述，以此为人们的比较研究提供便利。

（四）财务报表法

财务报表可以帮助企业确定可能遭受的损失，或是在特定的情况下面会产生的损失。对资产负载表、现金的流量表等相关资料进行分析，这样可以了解目前资产存在的风险。然后将这些报表与财务报表等结合起来，这样就能够了解企业在未来的发展过程中将会要遇到的风险。借助财务报表来识别风险，这就需要对报表里面的各项科目进行深刻的研究，并完成分析报告。这样才能够分析可能出现的风险，还需要进行调查，这样才能够补充完整财务信息。因为工程的财务报表和企业的财务报告存在相似性，因此，需要借助财务报表的特点进行工程风险的识别。

（五）流程图法

流程图法是经营活动根据一定的顺序进行划分，最终组成一个流程图系列，在每一个模块当中都标注出来潜在威胁，这样可以为决策者提供一个相对的整体印象。在一般情况下，对于各阶段的划分较为容易，但是需要找出各个阶段当中的风险因素或者事件。因为工程的各个阶段是确定的，所以关键问题是识别各个阶段的风险因素或事件。因为流程图存在篇幅的限制，使用这种方法得到的风险识别结果比较宽广。

（六）初始清单法

如果对不同的工程进行风险识别的时候，需要从头做起，通常会存在以下三个方面的问题：一是时间和精力的花费大，但是识别的效率低；二是识别工作具有主观性，很有可能促发识别工作的随意性，导致识别解决不规范；三是识别工作的结果不能存储，这样就无法指导以后的风险识别工作。所以说，为了避免出现上面的缺陷，需要建立初步的风险清单。工程部门在建立初始清单的时候，具有如下两种路径。

一般情况下使用的是保险公司红字，其是风险管理学会公布的损失纵观表，也就是企业可能发生的风险表。然后将这个当作基础，风险管理员工再结合工程正在面临的危险把损失具体化，这样就建立了风险一览表。

通过比较合适的分解方法建立工程的初始清单。对于那些比较复杂的工程项目，一般需要对它的单个工程进行分解，然后再对单位工程进行维的分解，这样就能够比较容易地知道工程建设当中存在的主要风险。从初始清单的作用来看，对风险进行因素的分解是不够的，还需要对各种风险因素进行分解，把它们分解为风险事件。其实，初始的风险清单只是可以更加好地了解到风险的存在，不会遗漏重要的工程风险，但是这也不是最终的风险结论。在建立初始清单的时候，还需要结合具体的工程状况进行识别，这样就能够对清单进行补充和修正。所以说，需要参照相同工程建设的风险数据，或者进行风险调查。

（七）经验数据法

经验数据法又叫作资料统计法，也就是根据已经建立的工程风险资料来识别工程风险。不一样的风险管理都存在自己的经验数据与资料。在工程建设当中，具有工程经验数据的主体比较多，可以是承包商，也可以是项目的业主等。但是由于业主的角度不一样，信息的来源也有所不同，所以刚开始的风险清单会存在差别。但是，工程建设风险是客观的事实，存在一定的规律，当存在足够的数据或者资料的时候，这种差距就会大大减小，还有对工程的风险识别是一种初步的二维定性方法。所以说，在数据基础上面建立的风险清单，能够满足工程风险识别的需要。

二、建筑工程项目风险监控

（一）建筑工程项目投资风险监控

1. 建筑工程项目投资风险监控的地位

建筑工程投资风险监控，从过程的角度来看，处于建筑工程项目风险管理流程的末端，但这并不意味着项目风险控制的领域仅此而已。实际上，建筑工程项目投资风险监控是建筑工程项目投资风险管理的重要内容，一方面是对投资风险识别、分析和应对等投资风险管理的继续；另一方面通过投资风险监控采取的活动和获得的信息也对上述活动具有反馈作用，从而形成了一个建筑工程项目投资风险管理的动态过程。正因为如此，投资风险管理应该面向项目风险管理全过程。它的任务是根据整个项目风险管理过程规定的衡量标准，全面跟踪并评价风险处理活动的执行情况。缺乏建筑工程项目投资风险监控的风险管理是不完整的风险管理。

2. 建筑工程项目投资风险监控的意义

建筑工程项目投资风险监控是建筑工程项目风险管理中必不可少的环节，在建筑工程项目投资风险监控中具有重要意义。

（1）有助于适应建筑风险投资情况的变化。风险的存在是由于不确定性造成的，即人们无法知道将来建筑工程项目发展的情况。但随着建筑工程项目的进展和时间的推移，这种不确定性逐渐变得清晰，原来分析处理的风险会随之发生变化。因此，建筑工程项目投资风险需要随时进行监控，以掌握风险变化的情况，并根据风险变化情况决定如何对其进行处理。

（2）有助于检验已采用的风险处理措施。已采取的风险处理措施是否适当，需要通过风险监控对其进行客观的评价。

若发现已采取的处理措施是正确的，则继续执行；若发现已采取的处理措施是错误的，则尽早采取调整行动，以减少不必要的损失。

（3）适应新的风险，需要进行风险监控。采取风险处理措施后，建筑工程项目投资风险可能会留下残余风险或产生以前未识别的新风险。对于这些风险，需要进行风险监控以掌握其发展变化情况，并根据风险发展变化情况决定是否采取风险处理措施。

（二）建筑工程项目风险监控体系建设

1. 建筑工程项目风险监控体系建设内容

建筑工程项目风险监控体系，是指以建筑企业内部监督资源（纪检、审计、内部监管）为依据，借助外部工程技术、工程造价力量，对工程廉政、程序、投资、质量、进度、安全以及工程量清单造价控制等方面进行监审把关，以监控为手段，从工程项目监控角度进行流程设计，实现了对工程项目风险的全过程、全方位、立体式监控。

2. 建筑工程项目风险监控体系建设环节

（1）建立监管机构，提供工程项目监管的组织保障。根据建筑行业施工及项目监管的需要，成立以企业负责人为领导的工程项目建设监督领导小组、下设办公室，办公室由内部纪检、内部审计、外聘技术、外聘造价等四个监督组组成。监督领导小组负责对各监督小组上报重大问题进行决策性研究、解决，对项目监督过程中出现的问题与工程建设各参与方进行协调。

（2）构建工程项目监控的机制保证。要严明纪律，加强对领导干部的监督监察，完善监督制度。以内部审计为出发点，强化审计监督。审计的职能就是做好企业运行管控，坚持以内审为抓手，不断强化审计的监督职能，实现企业管理流程的规范。以内部监管为基础，强化流程控制。规范是各项工作的前提，监督是各项工作的保障，而建立长效机制、规范运作流程，全方位全过程加强企业内部监管，是保证企业健康持续发展的根本要求。

同时企业对工程建设的项目决策阶段、规划设计阶段、招标阶段、合同签订阶段、施工阶段、竣工验收阶段、竣工审计阶段、项目运行阶段进行全方位监控，形成完整的工程项目风险监控体系。从工程建设流程全方位系统性地设置风险监控点，并进行了细化和采用流程化程序进行规范。

三、建筑工程项目保险

（一）建筑工程项目保险的概念

1. 保险

保险本意是稳妥可靠保障；后延伸成一种保障机制，是用来规划人生财务的一种工具，是市场经济条件下风险管理的基本手段，是金融体系和社会保障体系的重要的支柱。

保险是指投保人根据合同约定，向保险人支付保险费，保险人对于合同约定的可能发生的事故因其发生所造成的财产损失承担赔偿保险金责任，或者被保险人死亡、伤残、疾病或者达到合同约定的年龄、期限等条件时承担给付保险金责任的商业保险行为。

2. 建筑工程项目保险

建筑工程保险是以承保土木建筑为主体的工程，在整个建设期间，由于保险责任范围内的风险造成保险工程项目的物质损失和列明费用损失的保险。

（二）建筑工程项目保险的特征

第一，承保风险的特殊性。建筑工程保险承保的保险标的大部分都裸露于风险中。同时，在建工程在施工过程中始终处于动态过程，各种风险因素错综复杂，风险程度增加。

第二，风险保障的综合性。建筑工程保险，既承保被保险人财产损失的风险，又承保被保险人的责任风险，还可以针对工程项目风险的具体情况，提供运输过程中、工地外储存过程中、保证期间等各类风险。

第三，被保险人的广泛性。包括业主、承包人、分承包人、技术顾问、设备供应商等其他关系方。

第四，费率的特殊性。建筑工程保险采用的是工期费率，而不是年度费率。

（三）建筑工程项目保险的作用

1. 具有防范风险的保障作用

建筑活动不同于其他工农业生产活动，建筑工程项目规模较大、建设周期长、投资量巨大，与人们的生命和财产息息相关，社会影响极其广泛，潜伏在整个建设过程中的危险因素更多，建筑企业和业主担负的风险更大。一方面，建筑工程受自然灾害的影响大；另一方面，随着生产的不断进步，新的机械设备、材料及

施工方法不断推陈出新，工程技术日趋复杂，从而加大了工程投资者承担的风险。加上设计、工艺等方面的技术风险和政策法律、资金筹集等方面的非技术风险随时可能发生。而建筑工程保险就是着眼于在建筑过程中可能发生的不利情况和意外不测，从若干方面消除或补偿遭遇风险造成的一项特殊措施。

建筑工程项目保险能对建筑工程质量事故处理给予及时、合理的赔偿，避免由于工程质量事故而导致企业倒闭。尽管这种对于风险后果的补偿只能弥补整个建筑工程项目损失的一部分，但在特定的情况下，能保证建筑企业和业主不致因风险发生导致破产，从而使因风险给双方带来的损失降低到最低程度。

2. 有利于对建筑工程风险的监管

保险不仅是简单的收取保险费，也不仅仅是发生保险责任范围内的损失后赔偿的支付。在保险期内，保险管理机构要组织有关专家随着工程的进度对安全和质量进行检查，会因为利益关系而通过经济手段要求有关当事人进行很有效地控制，以避免或减少事故，并提供合理的防灾防损意见，有利于防止或减少事故的发生。发生保险责任范围内的损失以后，保险机构会及时进行勘查，按工程实际损失给予补偿，为工程的尽快恢复创造条件。

3. 有利于降低处理事故纠纷的协调成本

建筑工程保险让可能发生事故的损失事先用合同的形式制订下来，事故处理就可以简单、规范，避免了无谓的纠纷，降低了事故处理本身的成本，参加保险对于投保人来讲，虽然将会为获得此种服务付出额外的一笔工程保费，但由此而提高了损失控制效率，使风险达到最小化。此外，工程施工期间发生事故是不可预测的，这些事故可能会导致业主与承包商之间或承包商与承包商之间对事故所造成的经济损失由谁承担而相互扯皮。如果工程全部参加保险，工程的有关各方都是共同被保险人。只要是

保险责任范围内的约定损失，保险人均负责赔偿，无须相互追偿，从而减少纠纷，保证工程的顺利进行。

4. 有利于发挥中介机构的特殊作用，为市场提供良好的竞争环境

商业保险机制的确立，必然引入更强的监督机制，保险公司在自身利益的引导下，必然会对建筑工程各方当事人实行有效监督，必然会对投保的建筑企业进行严格的审查，对一个保险公司不予投保的建筑企业，业主是不敢相信的，这就是中介机构在市场中发挥的特殊作用。

四、建筑工程项目风险评估控制

（一）建筑工程项目风险评估

1. 风险评估的定义

风险评估是指，在风险事件发生之前或之后（但还没有结束），该事件给人们的生活、生命、财产等各个方面造成的影响和损失的可能性进行量化评估的工作。即，风险评估就是量化测评某一事件或事物带来的影响或损失的可能程度。

2. 风险评估的主要作用

（1）认识风险及其对目标的潜在影响。

（2）为决策者提供相关信息。

（3）增进对风险的理解，以利于风险应对策略的正确选择。

（4）识别那些导致风险的主要因素，以及系统和组织的薄弱环节。

（5）沟通风险和不确定性。

（6）有助于建立优先顺序。

（7）帮助确定风险是否可接受。

（8）有助于通过事后调查来进行事故预防。

（9）选择风险应对的不同方式。

（10）满足监管要求。

3. 风险评估的基本步骤

风险评估是由风险识别、风险分析和风险评价构成的一个完整过程。不同的风险评估技术和方法的具体步骤略有差别，但均是围绕风险识别、风险分析和风险评价这3个基本步骤进行。

（1）风险识别。风险识别是发现、举例和描述风险要素（风险因子）的过程，包括风险源、风险事件及其原因和潜在后果的识别。其目的是确定可能影响系统或组织目标得以实现的事件或情况。

（2）风险分析。风险分析是要增进对风险的理解，为风险评价和决定风险是否需要应对以及最适当的应对策略和方法提供信息支持。风险分析需要考虑导致风险的原因和风险源、风险事件的后果及其发生的可能性、影响后果和可能性的因素、不同风险及其风险源的相互关系、风险的其他特性、是否存在控制措施及现有控制措施是否有效等。

（3）风险评价。风险评价包括将风险分析的结果与预先设定的风险准则相比较，或者在各种风险的分析结果之间进行比较，确定风险的等级。风险评价利用风险分析过程中获得的信息，考虑道德、法律和经济技术可行性等方面，对未来的行动进行决策。风险评价的结果应满足风险应对的需要，否则，应进行进一步分析。

（二）建筑工程项目风险评估

1. 建筑工程项目风险评估的主要步骤

第一，建筑企业要针对工程概况收集相关数据，由于工程风险具有多层次性以及多样性，数据一定要保证真实、客观以及可靠；第二，通过构建风险分析模式，对收集的数据进行量化，进而对工程潜存的风险进行细致的评估；第三，通过风险分析模式能够帮助建筑企业对风险进行全面的评价，进而制订科学的风险管控措施。

2. 建筑工程项目风险评估的主要方法

风险评估方法很多，建筑企业要根据工程类型的不同，科学选择评估方法。当前，我国主要采用的风险评估方法主要有模型分析以及知识分析两种方法，其中知识分析法主要是建筑企业根据以往的施工经验，找出安全标准与安全状况所存在的差距；模型分析法主要是对收集的数据进行定量以及定性分析，进而对潜存的风险进行全面而系统的评估。

3. 建筑工程项目风险管控措施

（1）加强员工安全教育。在工程建设施工过程中，可能会遭遇各种恶劣的施工环境，针对这种情况，建筑企业一定要做好安全教育工作，对现有员工进行安全培训和安全宣传，保证所有员工按照既定操作规程进行施工，防止在恶劣天气下出现安全事故，进而对人身安全以及工程建设带来影响。同时，建筑企业还要加大安全管控，如果发现违规操作以及违规指挥等问题，要立即给予纠正，对于情节严重的行为，要追究相关人员的安全责任，并且给予一定的经济处罚。

（2）确保资金安全充足。建筑企业要针对汇率变动以及国家宏观调控等因素，确保资金安全充足，并且及时筹备资金，保证工程建设的有序以及顺利开展。同时，建筑企业还要针对恶劣天气制订科学的应急预案，对财力、物力以及人力进行合理调配，缩短工程应对恶劣天气的时间，减少经济损失以及人员伤害。

（3）做好工程施工管理。首先，建筑企业要进一步优化施工组织，对设计图纸进行严格审核，对施工材料进行检查复核工作；其次，如果在施工过程中出现技术变更的情况，要立即与设计部门进行沟通和交流，并且对成本预算进行分析；最后，加强施工过程中的安全管理，贯彻防范在先、预防为主的管理原则，对危险地点以及高危岗位进行重点管理，进而确保施工人员的安全。

（4）构建风险管理体系。建筑企业要加强风险管理，在组织施工之前开展调研工作，优化设计、合理布局，制订科学的施工方案以及成本预算，组建工程项目部，进一步完善工程管理机制。同时，建筑企业还要对可预见的风险进行有效评估和预测，做好风险应对预案以及具体措施，尽量消除以及预防风险。

（三）建筑工程项目风险控制

1. 建筑工程项目风险控制含义

风险控制就是采取一定的技术管理方法避免风险事件的发生或在风险事件发生后减小损失。当前，建筑施工中的安全事故时有发生，成本急剧增加，其原因主要在于施工单位盲目赶进度、降成本，没有注意规避风险，风险控制的目的就是尽可能地减少损失，在施工中一般采取事前预防和事后控制。

2. 建筑工程施工风险控制体系

施工风险控制地有效实施是建立在完备的施工控制体制之上的，建筑施工企业必须建立有效的动态风险管理体制，建筑企业要建立风险管理部门，利用阶段管理和系统规划，对施工的各个时期进行监督控制和决策 . 这主要应从以下几个方面入手。

（1）企业制度创新和建立风险控制秩序。企业的管理制度和组织形式的合理性是风险控制的基础，建筑施工企业必须建立灵活务实的制度形式。一般而言，施工风险的发生除了不可抗力之外，主要原因就是企业制度不健全和工作秩序混乱造成的，表现在管理出现盲区，决策得不到执行，权力交叉，工作推诿，责任不明，秩序混乱。因此，有必要在公司的组织形式和管理制度上进行适合本企业的创新，以提高公司的活力。同时，建立明晰、井然的工作秩序，使决策得以顺利、有效地实施。

（2）在组织上建立以风险部门和风险经理为主体的监督机制。参照国外成熟的风险控制经验，在建筑工程项目施工过程中建立风险部门，并设立风险经理。其作用是对项目的潜在风险进行分析、控制和监督，并制订相应的对策方案，为决策者提供决策依据。

（3）明确风险责任主体，加强目标管理。建筑工程项目风险管理的关键点，在于确立风险责任主体及相关的责任、权利和义务。有了明确的责任、权利和义务，工作的广度、宽度和深度就一目了然，易于监督和管理。

（4）确定最优资本结构。建筑企业资本结构，是指负债和权益及形成资产的比例关系，即相应的人、资金、材料、设备机械和施工技术方法的资本存在形式，确定最优的资本结构形式，利用财务杠杆和经营杠杆，对于获取最满意利润具有决定性的意义。

（四）建筑工程项目风险控制措施

1. 风险回避

风险回避主要是中断风险源，使其不致发生或遏制其发展。回避风险有时需要做出一些必要的牺牲，但是较之承担风险，这些牺牲与风险真正发生时可能造成的损失相比，要小得多，甚至微不足道。比如，回避风险大的项目，选择风险小或适中的项目。因此，在项目决策时要注意，放弃明显导致亏损的项目。对于风险超过自己承受能力、成功把握不大的项目，不参与投标、不参与合资。回避风险虽然是一种风险防范措施，但应该承认，这是一种消极的防范手段。因为回避风险固然能避免损失，但同时也失去了获利的机会。

2. 损失控制

损失控制是指要减少损失发生的机会或降低损失的严重性，使损失最小化。损失控制主要包括以下两方面的工作。

（1）预防损失。预防损失是指采取各种预防措施，以杜绝损失发生的可能。例如，房屋建造者通过改变建筑用料，以防止建筑物用料不当而倒塌；供应商通过扩大供应渠道，以避免货物滞销；承包商通过提高质量控制标准，以防止因质量不合格而返工或罚款；生产管理人员通过加强安全教育和强化安全措施，减少事故发生的机会等。在工程承发包过程中，交易各方均将损失预防作为重要事项。业主要求承包商出具各种保函，就是为了防止承包商不履约或履约不力；而承包商要求在合同条款中赋予其索赔权利，也是为了防止业主违约或发生种种不测事件。

（2）减少损失。减少损失主要指的是在风险损失已经不可避免地发生的情况之下，通过种种措施，以遏制损失继续恶化或限制其扩展范围，使其不再蔓延或扩展，也就是使损失局部化。例如，承包商在业主付款误期超过合同规定期限的情况下，采取停工或撤出队伍并提出索赔要求，甚至提起诉讼；业主在确信某承包商无力继续实施其委托的工程的时候，立即撤换承包商；施工事故发生后采取紧急救护、安装火灾警报系统；投资者控制内部核算、制订种种资金运作方案等，都是为了达到减少损失的目的。控制损失应采取主动，以预防为主，防控结合。

3. 风险分离

风险分离是指将各风险单位分隔开，以避免发生连锁反应或互相牵连。这种处理可以将风险限制在一定范围之内，从而达到减少损失的目的。

风险分离常用于承包工程中的设备采购。为了尽量减少因汇率波动而造成的汇率风险，承包商可在若干不同的国家采购设备，采用多种货币付款。这样即使发生大幅度波动，也不致出现全面损失。

在施工过程中，承包商对材料进行分隔存放，也是一种风险分离的手段。因为分隔存放无疑分离了风险单位。各个风险单位不会具有同样的风险源，而且各自的风险源也不会互相影响。这样，就可避免材料集中存放于一处时，可能遭受同样的损失。

4. 风险分散

风险分散与风险分离不同，后者是对风险单位进行分隔、限制以避免互相波及，从而发生连锁反应；而风险分散则是通过增加风险单位，以减轻总体风险的压力，达到共同分担集体风险的目的。

对一个工程项目而言，其风险有一定的范围，这些风险必须在项目参与者（如投资者、业主、项目管理者、各承包商、供应商等）之间进行分配。每个参与者都必须有一定的风险责任，这样才有管理和控制的积极性和创造性。风险分配通常在任务书、责任书、合同文件中定义。在起草这些文件时，必须对风险做出预计、定义和分配。只有合理地分配风险，才能调动各方面的积极性，才能有项目的高效益。

5. 风险转移

风险转移是风险控制的另一种手段。在项目管理实践中，有些风险无法通过上述手段进行有效控制，项目管理者只好采取转移手段，以保护自己。风险转移并非损失转嫁，这种手段也不能被认为是一种损人利己、有损商业道德的行为。因为有许多风险确实对一些人可能会造成损失，但转移后并不一定同样给他人造成损失。其原因是个人的优劣势不一样，因而对风险的承受能力也不一样。

风险转移的手段，常用于工程承包中的分包、技术转让或财产出租。合同、技术或财产的所有人通过分包工程、转让技术或合同、出租设备或房屋等手段，将应由其自身全部承担的风险部分或全部转移至他人，从而可以减轻自身的风险压力。

第六章　BIM 技术在建筑施工中的应用研究

BIM 是英文 Building Information Modeling 的缩写，国内最常见的叫法是“建筑信息模型”，尽管这个说法并不能完整和准确地描述 BIM 的内涵，但是已被工程建设行业所广泛认同（如同 CAD 之于计算机辅助设计）。

第一节　BIM 在设计阶段

一、BIM 在设计阶段的价值

在设计阶段，由于设计工作本身的创意性、不确定性，设计过程中有很多未确定因素，专业内部以及各专业之间需要进行大量的协调工作。在运用 CAD 及其他专业软件的设计过程中，由于各类软件本身的封闭性，在各专业内部及专业之间，信息难以及时交流。而 BIM 本身作为信息的集合体，就是通过数据之间的关系来传递信息，通过在模型中建立各种图元之间的关系，表达各种模型或者构件的全面详尽信息；同时，借助于 BIM 软件本身的智能化，建筑设计行业正在从软件辅助建模向智能设计方向发展。[①]BIM 的采用成为建筑设计行业跨越式发展的里程碑。

BIM 技术可以降低设计人员的工作量，提高设计效率。

（1）利用 BIM 模型提供的信息，可从设计初期开始对各个发展阶段的设计方案

① 赵伟，孙建军著．BIM 技术在建筑施工项目管理中的应用 [M]，3 页， 成都：电子科技大学出版社， 2019.03.

进行各种性能分析、模拟和优化，例如日照、风环境、热工、景观可视度、噪声、能耗、应急处理、造价等，从而得到具有最佳性能的建筑物。而利用 CAD 完成这些工作，则需要大量的时间和人力物力投入，因此目前除了特别重要的建筑物有条件开展这项工作以外，绝大部分建筑物的所谓性能分析都还处于合规验算的水平，离主动、连续的性能分析还有很大差距。

（2）利用 BIM 模型对新形式、新结构、新工艺和复杂节点等施工难点进行分析模拟，从而可改进设计方案以利于现场施工实现，使原本在施工现场才能发现的问题尽早在设计阶段就得到解决，以达到降低成本、缩短工期、减少错误和浪费的目的。

（3）利用 BIM 模型的可视化特性和业主、施工方、预制商、设备供应商、用户等对设计方案进行沟通，提高效率，降低错误。

（4）利用 BIM 模型对建筑物的各类系统（建筑、结构、机电、消防、电梯等）进行空间协调，保证建筑物产品本身和施工图没有常见的错、漏、碰、缺现象。

（5）CAD 能够帮助设计人员绘图，但是不够智能，不能协同设计。随着建筑业的发展，设计所涵盖的面更广，工作量也更大，系统性也更强，所需求和产生的信息量巨大。随着 BIM 技术的出现，使建筑设计在信息化技术方面有了巨大的进步。BIM 技术是通过数据之间的关系来传递信息，在模型中建立各种构件图元之间的关系，从而全面详尽地表达各种构件的信息。

（6）表达建筑物的图纸主要有平面图、立面图和剖面图三种。设计师一般利用 CAD 软件分别绘制不同的视图；利用 BIM 模型，不同的视图可以从同一个模型中得到。尤其是当改变其中一个门或一堵墙的类型的时候，通常设计师需要在平立剖、工程量统计等文件中逐个修改，而利用 BIM，只要在模型中进行修改，就会体现在图纸、工程量中。传统设计中，除了平立剖图纸本身，结构计算、热工计算、节能计算、工程量统计等，都需要逐个修改模型参数进行重新计算来反映某个变化对各项建筑指标的影响。而利用 BIM，这个变化对后续工作的影响评估将变成高度自动化。

通过使用 BIM 技术，设计师可以完成目前建设环境下（项目复杂、规模大、时间紧、设计费不高、竞争激烈）使用 CAD 几乎无法完成的工作，从而使得设计的项目性能和质量有根本性的提高。

二、BIM 在设计阶段的实施流程

在二维 CAD 建筑设计中，各种图纸设计都是分开的，需要做很多重复工作，工作量大且专业间经常会出现不一致的错误，导致设计人员有很大一部分精力放在了这些繁杂环节上，而不是在设计工作上。在以三维技术为核心的 BIM 中，只要建立模型，每个专业内部、专业之间，按照统一规定来完成相应的工作就可以了，其他内容由 BIM 软件来完成，设计人员不需要将大部分的时间用在图纸绘制、专业协调等繁杂环节，而是将侧重点更多地放在设计工作的核心任务上。

将分析结果导入 BIM 软件后，不仅可得到各层平面的平法施工图，而且可以得到想要的任何一个截面或者构件的详图，进一步可以计算各种材料的用量，进而估算成本。

目前各大设计院基本都是采用 CAD 软件作为设计绘图工具，极大提高了设计人员的工作效率，但从整个设计流程来看，这还远远不够。CAD 软件辅助设计的协调工作能力比较差，需要手动进行关联内容的修改，而且工作量很大，非常烦琐。而在 BIM 设计中，BIM 靠数据进行模型的建立和维护，BIM 中的数据必须通过协调一致性来维持数据的管理和操作，所以 BIM 设计中能够实现数据的智能化协调。二者相比，BIM 通过参数化管理以及 BIM 的协调一致性功能，对模型中的视图进行管理和操作相当简单和方便，例如，如果模型中门 A 和门 B 之间设定了距离为 2 m，那么当两个门所在的墙移动后，门的距离还是不变，并且，具有相同属性的门之间的距离也是一样不变的，BIM 技术的这种数据联动性使 BIM 设计的修改和管理更加方便。

三、 BIM 在设计阶段的协同设计

在设计过程中，专业内部及各专业间的设计协同是令设计人员很头痛而且是很容易出错的事情。在 BIM 设计中，BIM 模型本身就是信息的集合体，依靠各专业提供数据和进行完善，BIM 模型也为各专业提供数据和服务，因此，协同性是 BIM 技术的自身特性。

采用 BIM 设计，可促进各专业之间的配合能力。BIM 技术从三维技术上对建筑模型进行协调管理，它涵盖建筑的各个方面，从设计到施工、再到设备管理，互相结合，推动项目高质量快速发展。例如，建筑专业设计模型建立完成之后，可以利用建筑模型与相对应的配套软件进行衔接，进行节能和日照等的分析；结构设计专业对相应的具体部位进行结构计算；设备则可以进行管道和暖通系统的分析。另外，在传统的 CAD 平面设计中，管线是一个很头疼的问题，各专业只针对自己专业进行设计和计算分析，没有考虑或者很难考虑将其他专业的设计图纸结合到一起时，管线会不会干扰正常施工或者会穿过主要结构构件等。但是在 BIM 中这个问题很容易解决，BIM 技术通过管线碰撞的方式，利用同一个建筑模型进行协调操作，方便快捷、准确率高。利用 BIM 平台，通过一个建筑模型，来协调处理建筑与结构、结构与设备、设备与建筑等之间的问题，方便直观、一目了然，而且会自动生成报告文件。这样就可以大

大节省查找的工作时间，从而提高工作效率。BIM 技术可以简化设计人员对设计的修改，BIM 数据库可自动协调设计者对项目的更改，如平、立、剖视图，只修改一处，其他处视图可自动更新。BIM 技术的这种协调性能避免了专业不协调所带来的问题，使工作的流程更加畅通，效率更高，使建筑项目这个大的团队工作更加协调，工作更加快捷、省时省力。

此外，BIM 技术所涵盖的方面很广，不只适用于建筑本身，还可以伴随着建设项目的进展，对项目进行管理调节等。由于 BIM 技术的应用伴随着建筑的全生命过程，且以数据信息为基础，协调各专业之间的协作，所以可以在建设的各个阶段为各专业间提供一个可以数据共享的系统，使各专业交流协作更方便，给设计人员带来极大的便利。在设计阶段，各专业间设计人员通过BIM模型交流；在施工阶段，通过BIM模型，设计人员与现场施工人员很容易交流解决施工中遇到的设计问题；在使用及维修阶段，通过 BIM 模型，设计人员很容易指导物业管理人员解决遇到的问题。

四、BIM 在设计阶段的应用现状和发展趋势

目前，BIM 技术仍处于起步阶段，还需要做大量的工作。在设计领域仅仅是在逐步替代 CAD，远没有发挥出自身的优越性。以建筑结构设计为例，目前主要是通过有限元结构分析软件（如 PKPM）做建筑结构的设计和受力变形分析，将计算结构导入到二维软件（如 CAD）中进行结构施工图的绘制（如平法）。而采用 BIM 技术时，首先要在 BIM 软件中建实体模型，之后将实体物理模型导入相应的结构分析软件，进行结构分析计算，再从分析软件中分析设计信息，进行动态的物理模型更新和施工图设计，从而将结构设计和施工图的绘制二者相统一，实现无缝连接，极大地提高了设计人员的工作效率。但目前应用中，BIM 技术还很不完善，结构设计在建立 BIM 模型时，不仅要输入大量数据（如单元截面特性、材料力学特性、支座条件、荷载和荷载组合等）来建立模型，还需考虑物理模型转化为二维施工图的形式、该物理模型能否导入第三方的结构分析软件进行模型的计算和分析等问题，因此，各类软件之间的双向无缝衔接等问题还制约着 BIM 技术在设计领域的应用。

随着 BIM 技术的快速发展以及相关软件的开发及完善，BIM 技术也将被设计行业进一步认可并大力推广应用。由于 BIM 的集成性，涉及的环节非常多，当前 BIM 技术在很多方面仍很薄弱或空缺，影响到了 BIM 在设计领域的应用。但这些问题将会被逐步解决，BIM 技术将逐渐成为设计行业的基础设计工具。

第二节　BIM 在招投标阶段应用

随着国家经济发展、政策导向调整，建筑行业中设计、施工招标投标日渐激烈。对投标方而言，不仅自身要有技术、管理水平，还要充分掌握招标项目的细节并展示给招标方，争取中标。投标方要在较短的投标时间内以较少的投标成本来尽可能争取中标，并不是一件容易的事情。随着 BIM 技术的推广应用，其为投标方带来了极大的便利。

一、BIM 在招标投标阶段的应用

1. 基于 BIM 的施工方案模拟

借助 BIM 手段可以直观地进行项目虚拟场景漫游，在虚拟现实中身临其境般地进行方案体验和论证。基于 BIM 模型，对施工组织设计进行论证，就施工中的重要环节进行可视化模拟分析，按时间进度进行施工安装方案的模拟和优化。对于一些重要的施工环节或采用

新施工工艺的关键部位、施工现场平面布置等施工指导措施进行模拟和分析，以提高计划的可行性。在投标过程中，可通过对施工方案的模拟，直观、形象地展示给甲方。

2. 基于 BIM 的 4D 进度模拟

建筑施工是一个高度动态和复杂的过程，当前建筑工程项目管理中用于表示进度计划的网络计划，由于专业性强、可视化程度低，无法清晰描述施工进度以及各种复杂关系，难以形象地表达工程施工的动态变化过程。通过将 BIM 与施工进度计划相连接，将空间信息与时间信息整合在一个可视的 4D（3D+Time）模型中，可以直观、精确地反映整个建筑的施工过程和虚拟形象进度。4D 施工模拟技术可以在项目建造过程中合理制订施工计划、精确掌握施工进度，优化使用施工资源以及科学地进行场地布置，对整个工程的施工进度、资源和质量进行统一管理和控制，以缩短工期、降低成本、提高质量。此外，借助 4D 模型，施工企业在工程项目投标中将获得竞标优势，BIM 可以让业主直观地了解投标单位对投标项目主要施工的控制方法、施工安排是否均衡，总体计划是否合理等，从而对投标单位的施工经验和实力做出有效评估。

3. 基于 BIM 的资源优化与资金计划[②]

利用 BIM 可以方便、快捷地进行施工进度模拟、资源优化，以及预计产值和编制资金计划。通过进度计划与模型关联，以及造价数据与进度关联，可以实现不同维度（空间、时间、流水段）的造价管理与分析。

将三维模型和进度计划相结合，模拟出每个施工进度计划任务对应所需的资金和资源，形成进度计划对应的资金和资源曲线，便于选择更加合理的进度安排。

通过对 BIM 模型的流水段划分，可以按照流水段自动关联快速计算出人工、材料、机械设备和资金等的资源需用量计划。所见即所得的方式，不但有助于投标单位制定合理的施工方案，还能形象地展示给甲方。

总之，BIM 对于建设项目生命周期内的管理水平提升和生产效率提高具有不可估量的优势。利用 BIM 技术可以提高招标投标的质量和效率，有力地保障工程量清单的全面和精确，促进投标报价的科学、合理，加强招标投标管理的精细化水平，减少风险，进一步促进招标投标市场的规范化、市场化、标准化的发展。可以说，BIM 技术的全面应用，将为建筑行业的科技进步产生不可估量的影响，大大提高建筑工程的集成化程度和参建各方的工作效率。同时，也为建筑行业的发展带来巨大效益，使规划、设计、施工乃至整个项目全生命周期的质量和效益得到显著提高。

二、 BIM 在招标投标阶段的应用价值

1. 提升技术标竞争力

BIM 技术的 3D 功能对技术标表现带来很大的提升，能够更好地展现技术方案。通过 BIM 技术的支持，可以让施工方案更为合理，同时也可以展现得更好，获得加分。BIM 技术的应用，提升了企业解决技术问题的能力。建筑业长期停留在 2D 的建造技术阶段，很多问题不能被及时发现，未能第一时间给予解决，造成工期损失和材料、人工浪费，3D 的 BIM 技术有极强的优势来提升对问题的发现能力和解决能力。

2. 提升中标率

更精准的报价、更好的技术方案，无疑将提升投标的中标率。这方面已有很多的实践案例，越来越多的业主方将 BIM 技术应用列为项目竞标的重要考核项目。同时，更高的投标效率将让施工企业有能力参与更多的投标项目，也会增加中标概率。施工企业将 BIM 技术的应用前移，十分必要。

② 赵伟，孙建军著 . BIM 技术在建筑施工项目管理中的应用 [M]，107 页，成都：电子科技大学出版社，2019.03.

3.BIM 技术帮助施工企业获得更好的结算利润

当前业主方的招标工程量清单一般并不精准。如果施工企业有能力在投标报价前对招标工程量清单进行精算，运用不平衡报价策略，将获得很好的结算利润，这也是合法的经营手段。

4. 便于改扩建工程投标

在建设领域中，除了新建工程，还有大量的改扩建工程。这些工程经常遇到的问题就是原有图纸与现有情况不符，难以准确投标，设计变更多，导致工期长、索赔多等问题。而采用 BIM 技术，在投标时依据旧有建筑模型确定工作内容，中标后在旧有建筑模型上设计，能够避免很多技术、索赔等方面的问题。

第三节　BIM 在施工阶段

一、BIM 在施工阶段的价值

近几十年来，相比于其他行业生产力水平的巨大进步，建筑施工行业没有根本性的提升。一般认为有两点主要原因：一是工程项目的复杂性、非标准化，各专业协同困难，不必要的工程项目成本消耗在管理团队成员沟通协调过程中；二是各参与方实时获取项目海量数据存在巨大困难。诸如此类的一系列问题导致延误、浪费、错误现象严重，虽然已经认识到这些问题，但现在的管理技术、方法无法对其进行根本性解决。此外，建筑行业是高危行业，而在建筑施工过程中实现进度、成本、质量和安全信息的准确、高效传输与落实，保证各类控制指标得到实时监测，以及建设各参与方的信息共享与管理一体化是预防施工事故频发的可行方法。但是在现有的施工组织方案下，只有少量的信息能够从最高管理层到达一线作业人员，说明信息在传递中存在严重衰减现象。为了实现建筑施工的按期交付、低成本、高质量、低事故率等多个目标，迫切需要建立一套完善、系统的建筑工程施工数据管理模式。

BIM 技术是利用数字化技术在计算机中建立虚拟的建筑工程信息模型，并为该模型提供全面的、动态的建筑工程信息库。BIM 技术应用的核心价值不仅在于建立模型和三维效果，更在于整合建筑项目周期内的各个参与方的信息，形成信息丰富的 BIM 模型，便于各方查询和调用，给参与工程项目的各方带来不同的应用价值。BIM 作为一种应用于工程全生命周期的信息化集成管理技术，已逐步受到建筑行业各参与方的认可。

BIM 技术在我国施工阶段的应用，从原来只是简单地做些碰撞检查，到现在的基于 4D 的项目管理，可以看到 BIM 技术在施工阶段的应用越来越广、越来越深。BIM 技术在施工阶段的应用价值体现在哪里呢？下面主要从三个层面来了解。

最低层级为工具级应用，利用算量软件建立三维算量模型，可以快速算量，极大改善工程项目高估冒算、少算漏算等现象，提升预算人员的工作效率。

其次为项目级应用，BIM 模型为 6D（3D+ 建筑保修、设施管理、竣工信息）关联数据库，在项目全过程中利用 BIM 模型中的信息，通过随时随地获取数据为人材机计划制订、限额领料等提供决策支持，通过碰撞检查避免返工，钢筋、木工的施工翻样等，可实现工程项目的精细化管理，项目利润可得到提高。

最高层次为 BIM 的企业级应用，一方面，可以将企业所有的工程项目 BIM 模型集成在一个服务器中，成为工程海量数据的承载平台，实现企业总部对所有项目的跟踪、监控与实时分析，还可以通过对历史项目的基础数据分析建立企业定额库，为未来项目投标与管理提供支持；另一方面，BIM 可以与 ERP（Enterprise Resource Planning 企业资源计划的简称）结合，ERP 将直接从 BIM 数据系统中直接获取数据，避免了现场人员海量数据的录入，使 ERP 中的数据能够流转起来，有效提升企业管理水平。

由以上三个层面可以看出，BIM 技术在施工阶段的价值具有非常广泛的意义，企业将这三个层面的价值内容完全发挥出来的时候，也是 BIM 技术价值最大化的时候。

二、BIM 在施工阶段的应用

大中型建筑工程在施工阶段一般具有工程复杂、工期紧、数据共享困难及专业多、图纸问题多、易造成返工等特点，项目管理难度很大。借助于 BIM 技术的可视化、模拟性等特点，加强事前、事中管理，可以有效地促进质量、进度、成本、安全等管理工作。

（一）BIM 技术在施工阶段工程项目质量管理中的应用③

项目管理人员在工程施工前通过建立的三维模型可发现设计中的错误和缺陷，提高图纸会审效率，从源头上避免工程质量问题；可进行碰撞检查，及早解决专业间的协调问题。

1. 施工过程中进行施工模拟

（1）节点构造模拟。随着 BIM 技术的不断发展，其可视化程度高及模拟性强的

③　赵伟，孙建军著 . BIM 技术在建筑施工项目管理中的应用 [M]，137 页， 成都：电子科技大学出版社， 2019.03.

特点给空间造型设计和施工组织设计等提供了强有力的技术支持，从而使得BIM技术的应用途径越来越多。工程中相对复杂的节点，如果只用二维CAD图纸的方式来表达，对施工来说是一种限制，不能和工程实际对接，同时也给后期工程施工方案的规划和选取带来了许多阻碍。

通过关键节点CAD平面图和利用BIM模型的三维可视化图对比，可以发现即使是一个比较简单的节点都要用几个二维图来表现，而利用BIM技术，一个节点用一个三维可视化图就可以清晰地表现。

（2）施工工艺模拟。利用BIM技术进行虚拟施工工艺动画展示，通过对项目管理人员进行培训、指导，确保项目的管理人员熟悉并掌握施工过程中可能会出现的各种施工工艺和施工方法，加深对施工技术的理解，为工程施工质量控制工作打下坚实的基础。

（3）预留洞口定位。利用BIM技术先在建模软件中对相关的管线进行排布，将排布后的管线模型上传到BIM多专业协同系统中，自动准确定位混凝土墙上的预留洞口，输出预留洞口报告进而指导施工。

利用BIM技术可视化程度高和虚拟性强的特点，把工程施工难点提前反映出来，减少施工过程中的返工现象，可提高施工效率和施工质量；模拟演示施工工艺，进行基于BIM模型的技术交底，可提升各个参与方之间协同沟通的效率；模拟工作流程，优化了施工阶段的工程质量管理。

2. 现场质量管理

工程质量的数据信息是工程质量的具体表现，同时也是工程质量控制的依据。由于工程项目建设周期长、设计变更种类繁多，在现场质量管理过程中会产生大量的质量数据信息，按照传统的工作方式，项目管理人员想要随时掌握现场质量控制的动态数据并进行汇总分析是非常困难的。

目前，施工现场工程质量信息的采集主要是先通过现场管理人员手工进行记录，然后再保存到现场的计算机中或者保存为纸质版文件。这种质量数据信息采集与录入的方式会使得质量信息的获取过程变得漫长，造成质量信息汇总分析滞后。由于工程质量信息要进行二次录入，这样极容易降低工程质量信息的可靠性，使得真正可以利用的质量信息数量减少。

在BIM技术的支持下，项目管理人员通过手机、iPad等智能移动终端对工程质量数据信息进行采集，并通过网络将信息实时上传到云平台中，并将信息与之前上传到云平台中的BIM模型进行关联，给项目管理人员设置相应的权限，这样既可以保证工程质量信息传递的即时性，又可以避免人为对数据的篡改，确保工程质量信息的真实性。

随着智能移动终端（如手机、iPad）的拍照功能日益强大，项目现场管理人员可利用智能移动终端上的软件随时将施工现场的各种质量问题拍下来，标注位置、问题性质等各种属性，通过无线 Wi-Fi 或者 4G 网络实时上传到云平台中，与 BIM 模型进行关联。一旦现场有照片传到 BIM 模型中，可及时通知施工现场的管理人员，随时进行查看，大大缩短了问题反馈时间。通过不断地积累和总结，可逐渐形成一个由现场照片组成的直观的数据库，便于现场管理人员对图片信息进行再利用，加强了其对现场质量控制的能力。

信息的价值不仅仅在于信息本身，而在于可通过对收集到的零散的信息进行分析和总结，为后期决策提供确切的依据。项目管理人员通过信息处理工具对工程质量从时间维度、空间维度和分部分项维度等进行对比分析，以期提早发现工程质量问题，分析问题产生的原因，制定工程质量问题的解决方案；通过对以往工程质量信息的汇总分析，形成工程质量控制的宝贵经验。利用 BIM 技术将采集到的工程质量验收记录、工程开工报告、报审文件、工程材料（设备、构配件）审查文件、设计变更文件、变更信息、巡视检查记录、旁站监督记录、工程质量事故处理文件、指令文件、监理工作报告等信息进行归纳和分析，分析工程质量问题产生的原因，并提出防治措施，便于日后学习和借鉴。利用 BIM 技术，可直接提交电子版的质量检验报告和技术文件，审核时直接调用即可，避免了大量纸质文件翻阅和查找的工作，节省了工作时间，提高了工作效率。

3. 工程质量信息的获取和共享

可以通过建立企业质量管理数据库实现信息的共享，通过云端数据库加强质量信息的交流。针对国家、地区、企业和项目不同的要求，建立与之对应的数据库。针对我国不同地区工程项目质量相关的法律法规，建立与之对应的工程质量法律法规数据库，将相关地区的工程质量法律法规纳入其中，实现电子化存档，使得企业相关人员和项目管理人员对该地区工程质量标准和规范进行精确、快速地查找。此外，工程质量管理经验、工程质量问题以及工程质量问题防治措施的收集是工程质量信息收集的重点工作，项目管理人员通过对以上收集的信息进行归纳总结，建立属于企业自身的工程质量问题数据库、工程质量控制点数据库以及工程质量问题防治措施数据库，用于指导和协助施工过程中工程质量控制工作和事前质量控制工作。

（二）BIM 技术在施工阶段工程项目进度管理中的应用

4D 模型是指在 3D 模型基础上，附加时间因素，这种建模技术应用于建筑施工领域，以施工对象的 3D 模型为基础，以施工的建造计划为其时间因素，可将工程的进展形象地展现出来，形成动态的建造过程模拟模型，用以辅助施工计划管理。例如，在 Microsoft Project 软件中完成计划之后，在 Luban BIM Works 软件中将其与 BIM 模型结合起来，形成 4D 进度计划。在 Luban BIM Works 中，可以把不同的形态设置成不同的显示状态，这样可以直观地检查出时间设置是否合理。

1. 项目进度动态跟踪

项目在进行一段时间后发现目标进度与实际进度间偏差越来越大，这时最早指定的目标计划起不到实际作用，项目管理人员需要重新计算和调整目标计划。利用BIM技术反复模拟施工过程来进行工程项目进度管理，让那些在施工阶段已经发生地或将来可能出现的问题在模拟的环境中提前发生，逐一进行修改，并提前制定相应解决办法，使进度计划安排和施工方案达到最优，再用来指导该项目的实际施工，从而保证工程项目按时完成。

2. 进度对比

关于计划进度与实际进度的对比一般综合利用横道图对比、进度曲线对比、模型对比完成。系统可同时显示多种视图，实现计划进度与实际进度间的对比。另外，通过项目计划进度模型、实际进度模型、现场状况间的对比，可以清晰地看到建筑物的成长过程，发现建造过程中的进度情况和其他问题，进度落后的构件还会变红发出警报，提醒管理人员注意。

3. 纠偏与进度调整

在系统中输入实际进展信息后，通过实际进展与项目计划间的对比分析，可发现较多偏差，并可指出项目中存在的潜在问题。为避免偏差带来的问题，项目过程中需要不断地调整目标，并采取合适的措施解决出现的问题。项目时常发生完成时间、总成本或资源分配偏离原有计划轨道的现象，需要采取相应措施，使项目发展与计划趋于一致。对进度偏差的调整以及目标计划的更新，均需考虑资源、费用等因素，采取合适的组织、管理、技术、经济等措施，这样才能达到多方平衡，实现进度管理的最终目标。

进度管理中应用BIM技术的优势如下。

（1）提升全过程协同效率。

（2）碰撞检测，减少变更和返工进度损失。

（3）加快支付审核。

（4）加快生产计划、采购计划的编制。

（5）提升项目决策效率。

（三）BIM技术在施工阶段工程项目成本管理中的应用

1. 建立成本BIM模型

利用建模软件建立成本BIM模型，基于国家规范和平法标准图集，采用CAD转化建模、绘图建模，辅以表格输入等多种方式，整体考虑构件之间的扣减关系，解决在施工过程中钢筋工程量控制和结算阶段钢筋工程量的计算问题。造价人员可以修改内置计算规则，借助其强大的钢筋三维显示，使得计算过程有据可依，便于查看和控制。报表种类齐全，可满足多方面需求。

2. 成本动态跟踪

项目应用以BIM技术为依托的工程投资数据平台，将包含投资信息（工程量数据、造价数据）的BIM模型上传到系统服务器，系统就会自动对文件进行解析，同时将海量的投资数据进行分类和整理，形成一个多维度、多层次的，包含可视化三维图形的多维结构化工程基础数据库。相关人员可远程调用、协同，对项目快速、准确按区域（根据区域划分投资主体）、按时间段（月、季度、特定时间等）进行分析统计工程量或者造价，使得项目的成本在可控范围内。

3. 工程量计划

（1）应用说明。项目开工前，根据施工图纸快速建立预算BIM模型，建模标准按照委托方确定的要求（清单或定额）制定。建模完成后可以获得整个项目的预算工程量。所有预算工程量可以按照楼层、构件、区域等进行快速划分统计，并把预算模型上传至数据系统进行内部共享，相关人员可以利用客户端对所需要的数据进行查询。

（2）应用价值。利用工程量数据，结合造价软件，成本部门可以测算出整个项目的施工图预算，作为整个项目总造价控制的关键。

工程部可以根据项目各层工作量结合项目总节点要求制订详细的施工进度计划。例如，制订基础层的施工计划，相关人员就可以在客户端中查询土方工程量，承台混凝土、钢筋和模板工程量，基础梁混凝土、钢筋和模板工程量等，并能够以这些数据为依据结合施工经验制订出比较详细和准确的施工进度计划。

施工图预算BIM模型获得的工程量可以与今后施工过程中的施工BIM模型进行核对，对各层、各构件工程总量进行核对，对于工程量发生较大变化的情况可及时检查发现问题。

（3）相关部门岗位工程部和项目部包含：项目经理、技术主管、核算员等岗位人员。

4. 注意事项

（1）要确保建模的准确性。

（2）对图纸中未注明、矛盾或错误的地方及时提出并进行沟通。

（3）建模完成后需配套相关建模说明，以便项目双方沟通与核对。

（4）混凝土工程量中未扣除钢筋所占体积。

（5）项目只涉及工程量数据，人、材、机价格以及取费等由项目人员完成。

5. 人工和材料计划

（1）应用说明。算量 BIM 模型建立完成后，导入造价软件，根据定额分析出所需要的各专业人工和主要材料数量。将所有数据导入到 BIM 系统中，作为材料部采购上限进行控制。根据定额分析出来的人工和材料是定额消耗量，与实际消耗量存在差距，通常情况下偏大。因此可以分两步来解决这个问题：一是定额分析出来的人工和材料根据施工经验乘以特定系数后作为材料上限进行控制；二是根据现场实际施工测算情况对定额中的消耗量进行修改，形成企业定额，从中分析出来的人工和材料作为准确数量进行上限控制。

（2）应用价值。材料部门根据分析得到的材料数量进行总体计划，并且设置材料采购上限。如果项目上累计采购已经超出限制则进行预警。材料管控需同项目管理软件相结合，根据公司和管理要求对材料进行分层、分节点统计。工程部门可以根据分析得到的具体人工用量，提前预计施工高峰和低谷期，合理安排好施工班组。

（3）相关部门岗位。工程部和项目部包括：项目经理、技术主管、核算员等岗位人员。材料部包括：材料员等岗位人员。

（4）注意事项。机械使用量情况不进行分析，主要考虑大型机械不按台班计费，另外，小型机械由分包班组自行准备。其对项目管控的价值不大，因此不做考虑。

预算 BIM 模型分析出来的材料数量可以作为材料采购总体计划，每一阶段详细计划可以根据施工 BIM 模型来制定，一方面施工 BIM 模型更贴近于实际施工，另外施工 BIM 模型根据设计变更或图纸改版随时进行调整，比预算 BIM 模型的数据更可靠。

5. 模板摊销制定

（1）应用说明。根据已经建立的算量BIM模型，可以按接触面积测算出模板面积。使用客户端选择相应楼层，输入相应构件名称就可以快速查询到所需要的模板量。

（2）应用价值。工程部根据这些数据，按照模板摊销要求，可以测算出清水模板、库存模板、钢模板等的数量，并对项目部制定相应的考核方案。

6. 施工交底

（1）应用说明。施工交底应用主要基于施工 BIM 模型进行，施工 BIM 模型是在预算 BIM 模型的基础上，根据施工方案以及现场实际情况进行编制的。因此，施工 BIM 模型用于日常交底工作将更准确。

（2）应用价值。工程部在日常与施工班组交底过程中选择需要交底的部位，进行三维显示，并且可以直接对交底部位进行打印，相关人员签字确认，并交给具体施工人员，以保证交底工作不是流于形式。

7. 材料用量计划

（1）应用说明。施工 BIM 模型导入造价软件中后，可以分析出所需要的材料需求量。例如浇筑混凝土，根据施工预算 BIM 模型统计混凝土需求量应该为 120 m^3，根据现场支模情况并且考虑扣除钢筋体积，估计 110 m^3，可以满足需求，确定后就可以要求混凝土搅拌厂进行准备。同时这个量还可以作为最后的核对依据，如果实际浇筑超过了 120 m^3，这时就要查找原因，是因为量不足还是因为其他情况。

（2）应用价值。工程现场管理人员原来是需要提前手工计算并进行统计，现在可以直接在系统中进行查询。一方面避免了手工计算不准确或者人为的低级错误，另一方面避免了因时间紧导致手工无法计算的情况。同时，设计变更调整也能及时共享到最新数据中。

8. 进度款审核申报

（1）应用说明。对于分包单位进度款的申报与审核，核算员可以通过算量软件调取各家分包单位的工作量，项目经理和工程部相关人员可以进入信息系统中进行审核确认。

（2）应用价值。提高核算人员填报分包工作量的准确性和及时性，避免因工作量误差引起矛盾，增加沟通成本。项目经理和工程部人员在签字时可以快速调取系统中的数据进行核对，做到管理决策有据可依、有据可查。

9. 施工过程中多算对比（工程量）

（1）应用说明。目前的条件可以满足项目的二算对比，即项目前期预算量和施工过程中实际量的对比。

（2）应用价值。施工过程中多算对比主要便于项目经理和总部进行管控，通过数据对比和分析，及时了解项目进展情况。对于数据变化大的项目应及时查找并解决其问题。

10. 设计变更调整

（1）应用说明。资料员拿到设变更后进行扫描并提交给核算员，并由核算员根据变更情况直接在 BIM 模型中进行修改，并把相关设计变更单扫描文件链接到模型变更部位。完成后上传到信息系统中进行共享。

（2）应用价值。保证相关部门查询到的数据是最新最准确的，包括材料采购申请以及月工作量审核等。调整后数据可以在客户端中与项目前期预算进行对比，可以快速了解设计变更后工程量的变化情况。

施工完成后的 BIM 模型可以作为分包结算的依据，并包含所有涉及的变更单。这样有效地加快了结算速度和准确性，避免了扯皮事件的发生。

11. 电子资料数据库建立

（1）应用说明。为了便于后期的运营维护，施工阶段需要把主要材料的供应商信息、设计变更单等相关资料加入模型中。通过 BIM 算量软件可以添加供应商信息，其他图片或者文件可以通过链接模式关联到具体构件中。例如大理石地面，可以注明供应商、尺寸、规格、型号、联系方式等，与之相关的设计变更单可以扫描后作为链接进行关联。

（2）应用价值。运营维护阶段，相关资料可以得到有效利用，例如地面大理石损坏，这时就可以查询到大理石的相关厂家信息，便于查询，可避免浪费时间去翻阅竣工图纸、变更单等。项目结算时，相关变更和签证可直接在模型中进行查询，避免结算时漏项。

（四）BIM 技术在施工阶段工程项目安全管理中的应用

1. 安全教育

借助 BIM 技术可视化程度高的特点，利用 BIM 技术虚拟现场的工作环境，可进行基于 BIM 技术的安全培训。一些新来的工人对施工现场不熟悉，在熟悉现场工作环境之前受到伤害的可能性较高。有了 BIM 技术的帮助，可使他们能够快速地熟悉现场的工作环境。基于 BIM 技术的安全培训不同于传统的安全培训，它避免了枯燥乏味的形式主义，将安全培训落到实处。在 BIM 技术辅助下的安全培训可以让工人更直观和准确地了解到现场的状况，以及他们将从事哪些工作，哪些地方需要特别注意，哪些地方容易出现危险等，从而便于为现场工人制定相应的安全工作策略和安全施工细则。这不仅强化了培训效果，提高了培训效率，还减少了时间和资金的浪费。

2. 安全模拟

施工阶段是工程项目涉及专业最多、交叉作业最多且最复杂的阶段，主要包括给水排水、电气、暖通、房屋建筑、道路等。可利用模型动画对施工现场情况进行演示并对工人进行安全技术交底，最大程度降低施工风险，确保安全施工。BIM 技术条件下的施工安全模拟可以将进度计划作为第四个维度挂接到三维模型上，合理地安排施工计划，使得各作业工序、作业面、人员、机具设备和场地平面布置等要素合理有序地聚集在一起。项目施工过程中，要保证作业面安全及公共安全，以动画的形式展示项目构件的安装顺序（包括永久结构、临时结构、主要机械设备和卸料场地），清晰明确地展示项目将以何种方式施工，这是降低施工安全风险的关键因素。可利用 BIM 模型协调计划，消除冲突和歧义，改进培训效果，从而增强项目安全系数。模型可以帮助识别并消除空间上存在的碰撞及潜在的安全风险，这种风险在以往常常是被忽略的。此外，模型必须时常更新以确保其有效性。另外，利用 BIM 技术进行安全规划和管理，BIM 模型和 4D 模拟还可以被用来做以下安全模拟：塔吊模拟；临边、洞口防护；应急预案。其中，4D 模拟、3D 漫游和 3D 渲染可被用来标识各种危险以及同工人沟通安全管理计划。

3. 现场安全监测与处理

在施工现场的安全监测方面，移动客户端可以发挥重要的作用。通过移动客户端，可在施工现场使用手机或平板电脑拍摄现场安全问题，把现场发现的安全问题进行统一管理，将有疑问的照片上传到信息系统，与 BIM 模型相关位置进行关联，方便核对和管理，便于在安全、质量会议上解决问题，从而大大提高工作效率。采用客户端进行现场安全监测与处理的优势如下。

（1）安全问题的可视化。现场安全问题通过拍照来记录，一目了然，可根据记录逐一消除。

（2）问题直接关联到 BIM 模型上。采用 BIM 模型关联模式，方便管理者对现场安全问题准确掌控。

（3）方便的信息共享。管理者在办公室就可随时掌握现场的安全风险因素。

（4）有效的协同共享，提高各方的沟通效率。各方可根据权限，查看属于自己的安全问题。

（5）支持多种手持设备的使用。

（6）简单易用，便于快速实施；实施周期短，便于维护；手持设备端更是好学、易用。

三、BIM 在施工阶段的应用现状和发展趋势

BIM 技术在工程项目中质量控制成效显著，优化了设计模型，加强了施工过程中工程质量信息的采集和管理，使得施工过程的每一阶段都留有痕迹，丰富了工程质量信息采集的途径，提高了工程施工质量控制水平和效率。在进度管理方面，可实时跟踪项目进度的进展情况，一旦发现偏差，立即予以解决，提高了项目进度管理的效率，并可对利用 BIM 技术进行工程项目进度管理的优势进行总结，形成企业的宝贵经验。通过对项目成本 BIM 模型建立、工程量分析、成本动态跟踪和材料采购控制四个方面的应用，解决了施工过程中的成本问题，提出了相应的对策建议，加强了项目管理人员对成本实时跟踪和管控的能力，提高了成本管理效率，促进了工程项目信息化、过程化、精细化的成本管理。根据 BIM 技术的特点，结合项目将 BIM 技术应用到安全管理中，可减少施工过程中可能会出现的安全问题，提高施工安全性。

BIM 技术将结合 3D 扫描技术、云端建筑能耗分析技术、预制技术、大数据管理

以及计算机辅助加工技术高速发展。随着技术发展和科技的进步，3D 扫描仪的价格慢慢下降，使得建筑企业将考虑购买 3D 扫描仪，用于收集施工现场的数据资料并汇总到云端的 BIM 模型中。另外，随着越来越多的数据被上传到云端数据库中，项目管理人员将可以访问一个富含各种数据的 BIM 模型，因此，如何有效组织、合理管理、充分分享这些模型将变得至关重要。此外，由于上传到云端，数据信息的安全保密工作也很重要。

第四节　BIM 在运营管理阶段

很多商场的自动扶梯旁都有“小心碰头”的标志，这多半是设计不当所致。为什么没有在设计时就发现这个问题呢？在当运营方接手建筑之后，就很难去改变了（涉及楼板结构和电梯设备），只能挂牌子警示。而如果在设计阶段就通过 BIM 可视化工具进行运营的模拟，则可以提前发现并解决这类问题。

一、 BIM 在运营阶段应用现状

我国工程建设行业从 2003 年开始引进 BIM 技术后，大型的设计院、地产开发商、政府及行业协会等都积极响应并协同在不同项目中不同程度上使用了 BIM 技术，如上海中心大厦、银川火车站、中央音乐学院音乐厅等典型项目。

虽然近几年 BIM 在我国有了显著发展，但从 BIM 在项目中的应用阶段来看，还普遍处在设计和施工阶段，应用到商业运营阶段的案例很少。BIM 在商业运营阶段的应用还未被广泛挖掘，这和运营相关的 BIM 软件开发有很大的关系。BIM 的发展离不开软件的支持，现今，我国主要的 BIM 软件还是以引用国外研发的软件为基础，自主研发的BIM软件主要还集中在设计和造价方面，运营方面的软件研发还处于原点。

目前，我国引用一些国外的运营软件进行了初级的商业运营管理工作，实践中发现运营阶段的 BIM 软件与其他阶段的软件交互性较差，造成 BIM 技术在运营阶段未得到充分应用，同时使得运营阶段在商业建设项目的全生命周期内处于孤立状态。为深化 BIM 技术在我国商业运营中的应用，2012 年 5 月 24H，同济大学建筑设计研究院主办了“2012 工程建设及运营管理行业 BIM 的应用论坛”，为以 BIM 为核心的商业运营管理在国内的快速发展奠定了基础。

运营阶段作为商业项目投资回收和盈利的主要阶段，节约成本、降低风险、提升

效率，达到稳定有效的运营管理成为业主们追求的首要目标。显然，传统的运营模式已经不能适应当今信息引领时代的浪潮，也不能对大型设施项目中大量流动的人群进行有力的安全保证，传统的运营管理技术在未来将不能满足业主们的期望。总体来说，传统运营管理的弊端主要体现在成本高、缺乏主动性和应变性，及总控性差三个方面。

1. 劳动力成本和能源消耗的成本大

传统的运营管理是在对人的管理的基础上，建立运营管理团队，运营团队是商业项目的核心竞争力，它要求业务人员具有全方位的素质和能力，从而做到信息最快捷地传送和问题最有效地解决，但在这个快速扩张的市场中，人才的培养和流失就是很大的问题，特别是项目团队中的核心成员。并且随着劳动力成本的不断增加，给业主带来了相当大的资金压力，传统的运营管理造成了劳动力成本大幅度的增加。传统运营管理中的能源耗费量大也造成了运营成本的增加。应用传统的运营管理技术很难得到比较准确的建筑能耗统计数据和确切的设备能耗量，致使运营团队在制定节能减排目标和相关工作计划时，缺乏有效的建筑能耗数据依据，从而使运营成本增加。

2. 运营管理缺乏主动性和应变性

传统的运营管理处在被动状态上，对于将要出现的隐患缺少预见性，对突发事件缺少快速的应变性。一个商业地产项目涉及供暖系统、通风系统、排水系统、消防系统、通信系统、监控系统等大量的系统需要管理和维护，如，水管破裂找不到最近的阀门，电梯没有定期更换部件造成坠落，发生火灾后因疏散不及时造成人员伤亡等，这样业主总处于被动。问题出现了才解决的传统运营管理模式，造成的不仅仅是经济上的损失，更是消费者对业主在品质上的不信任、信誉上的不保障，这些损失往往是很难挽回的。

3. 总部对项目运营管理的控制性差

随着商业开发项目在国内的蓬勃发展，来自全国各地的各个项目信息繁杂，增加了总部的管理压力。传统的运营管理，管理人员定期整理项目信息，并以报表、图形、文本等形式把运营信息传达给总部，再等待总部各方面的决策。

信息以这种方式传递，使总部不能及时地了解项目最新的运营信息，不能给予总部最快捷的决策支持，不能发挥总部管控的最大效力，更使得总部不能对各个项目的运营进行实时控制。

二、BIM在运营阶段应用的意义

在建筑设施的生命周期中，运营维护阶段所占的时间最长，花费也最高，虽然运维阶段非常重要，但是所能应用的数据与资源却相对较少。传统的工作流程中，设计、施工建造阶段的数据资料往往无法完整地保留到运维阶段，例如建设途中多次的设计变更，但变更信息通常不会在完工后妥善整理，造成运维上的困难。BIM 技术的出现，让建筑运维阶段有了新的技术支持，大大提高了管理效率。

BIM 是针对建筑全生命周期各阶段数据传递的解决方案。将建筑项目中所有关于设施设备的信息，利用统一的数据格式存储起来，包括建筑项目的空间信息、材料、数量等。利用此数据标准，在建筑项目的设计阶段，即使用 BIM 进行设计，建设中如有设计变更也可以及时反映在此档案中，维护阶段则能得到最完整、最详细的建筑项目信息。

在传统建筑设施维护管理系统中，多半还是以文字的形式列表展现各类信息，但是文字报表有其局限性，尤其是无法展现设备之间的空间关系。当 BIM 导入到运维系统中，可以利用 BIM 模型对项目整体做了解，此外模型中各个设施的空间关系，建筑物内设备的尺寸、型号、直径等具体数据，也都可以从模型中完美展现出来，这些都可以作为运维的依据，并且可合理、有效地应用在建筑设施维护与管理上。

BIM 是指一个有物理特性和功能设施信息的建筑模型。因此 BIM 的条件必须是提供一个共享的知识信息资源库，在建筑设施的设计上有着正确的资料，让建筑生命周期的管理得以提早开始进行。BIM 在建筑设施维护管理方式上也跟以往有很大的不同。传统运维管理往往仅有设备资料库展开的清单或列表，记录每个设备的维护记录，而应用了 BIM 之后，借助 BIM 中的空间信息与 3D 可视化的功能，可以达成以往无法做到的事情。

（1）提供空间信息：基于 BIM 的可视化功能，可以快速找到该设备或是管线的位置以及与附近管线、设备的空间关系。

（2）信息更新迅速：由于 BIM 是构件化的 3D 模型，新增或移除设备均非常快速，也不会产生数据不一致的情形。

三、BIM 在现代运营管理中的价值

1. 提供空间管理

空间管理主要应用在照明、消防、安防等系统和设备的空间定位。BIM 获取各系统和设备的空间位置信息，把原来编号或者文字表示变成三维图形位置，直观形象且方便查找。如获取大楼的安保人员位置；消防报警时，在 BIM 模型上快速定位所在位置，并查看周边的疏散通道和重要设备等。其次，应用于内部空间设施可视化。利用 BIM 建立一个可视三维模型，所有数据和信息都可以从模型中获取调用。如装修的时候，

可快速获取不能拆除的管线、承重墙等建筑构件的相关属性。

在应用软件方面，由 Autodesk 创建的基于 DWF 技术平台的空间管理，能在不丢失重要数据以及接收方无须了解原设计软件的情况下，发布和传送设计信息。在此系统中，Autodesk FMDesktop 可以读取由 Revit 发布的 DWF 文件，并可自动识别空间和房间数据，而 FMDesktop 用户无需了解 Revit 软件产品，使企业不再依赖于劳动密集型、手工创建多线段的流程。设施管理员使用 DWF 技术将协调一致的可靠空间和房间数据从 Revit 建筑信息模型迁移到 Autodesk FMDesktopo 然后，生成专用的带有彩色图的房间报告，以及带有房间编号、面积、入住者名称等的平面图。

2. 提供设施管理

在设施管理方面，主要包括设施的维修、空间规划和维护操作。美国国家标准与技术协会（NIST）于 2004 年进行了一次调查，业主和运营商在持续设施运营和维护方面耗费的成本几乎占总成本的三分之二。传统的运维模式耗时长，如需要通过查找大量建筑文档，才能找到关于热水器的维护手册。而 BIM 技术的特点是，能够提供关于建筑项目的协调一致的、可计算的信息，且该信息可共享和重复使用，业主和运营商因此可降低成本的损失。此外，还可对重要设备进行远程控制。把原来商业地产中独立运行的各设备汇总到统一的平台上进行管理和控制。通过远程控制，可充分了解设备的运行状况，为业主更好地进行运维管理提供良好条件。设施管理在地铁运营维护中会起到重要的作用，在一些现代化程度较高、需要大量高新技术的建筑中，如大型医院、机场、厂房等，也会被广泛应用。

3. 提供隐蔽工程管理

在建筑设计、施工阶段会有一些隐蔽工程信息，随着建筑物使用年限的增加，人员更换频繁，隐蔽工程的安全隐患日益突显，有时会直接导致悲剧发生。如 2010 年南京市某废旧塑料厂在进行拆迁时，因对隐蔽管线信息了解不全，工人不小心挖断了地下埋藏的管道，引发了剧烈的爆炸。基于 BIM 技术的运维可以管理复杂的地下管网，如污水管、排水管、网线、电线以及相关管井，并且可以在图上直接获得相对位置关系。当改建或二次装修时可以避开现有管网位置，便于管网维修、更换设备和定位。内部相关人员可以共享这些信息，有变化可随时调整，保证信息的完整性和准确性。

4. 提供应急管理

基于 BIM 技术的管理较传统运维方式盲区更少。公共建筑、大型建筑和高层建筑等作为人流聚集区域，对突发事件的响应能力非常重要。传统的突发事件处理仅仅关注响应和救援，而通过 BIM 技术的运维管理对突发事件的管理包括：预防、警报和处理。以消防事件为例，管理系统可以通过喷淋感应器感应信息；如果发生着火事故，在商业广场的 BIM 信息模型界面中，就会自动触发火警警报；着火区域的三维位置和房间立即进行定位显示；控制中心可以及时查询相应的周围环境和设备情况，为及时疏散人群和处理灾情提供重要信息。类似的还有水管、气管爆裂等突发事件：通过BIM系统可以迅速定位，查到阀门的位置，避免了在众多图纸中寻找信息，提高了处理速度和准确性。

5. 提供节能减排管理

通过BIM结合物联网技术，使得日常能源管理监控变得更加方便。通过安装具有传感功能的电表、水表、煤气表后，可以实现建筑能耗数据的实时采集、传输、初步分析、定时定点上传等基本功能，并具有较强的扩展性。系统还可以实现室内温湿度的远程监测，分析房间内的实时温湿度变化，配合节能运行管理。在管理系统中可以及时收集所有能源信息，并且通过开发的能源管理功能模块，对能源消耗情况进行自动统计分析，例如各区域、各户主的每日用电量、每周用电量等，并对异常能源使用情况进行警告或者标识。

四、BIM在运维阶段的实现方式

方式一：分步走。第一步先建立BIM模型或数据库，第二步做BIM运维。可能第一步与第二步并不衔接，先得到一个具有相关数据接口和达到相关深度的BIM模型，积累基础数据，等到成熟的时候再实施第二步。

方式二：一步到位。这一类项目必须要有明确的运维目标和可实现途径。这一思路的局限性在于其适用范围，并不是所有项目都需要做BIM运维。

鉴于BIM技术的重要性，我国从“十五”科技攻关计划中已经开始了对BIM技术相关研究的支持。经过多年的发展，在设计和施工阶段已经被广泛应用，而在设施维护中的应用案例并不多，尚未被广泛应用。但相关专家一致认为，在运维阶段，BIM技术需求非常大，尤其是其对于商业地产的运维将创造巨大的价值。

随着物联网技术的高速发展，BIM技术在运维管理阶段的应用也迎来了一个新的发展阶段。物联网被称为继计算机、互联网之后世界信息产业的第三次浪潮。业内专家认为，物联网一方面可以提高经济效益，节约成本；另一方面可以为全球经济的复苏提供技术动力。目前，美国、欧盟、日本、韩国等都在投入巨资深入研究探索物联网。我国也高度关注、重视物联网的研究，工业和信息化部会同有关部门，在新一代信息技术方面开展研究，已形成支持新一代信息技术发展的政策措施及相关标准。将物联网技术和BIM技术相融合，并引入到建筑全生命周期的运维管理中，将带来巨大的经济效益。

第七章　绿色施工的综合技术与应用

第一节　地基与基础结构的绿色施工综合技术

一、深基坑双排桩加旋喷锚桩支护的绿色施工技术

（一）双排桩加旋喷锚桩技术适用条件

双排桩加旋喷锚桩基坑支护方案的选定须综合考虑工程的特点和周边的环境要求，在满足地下室结构施工以及确保周边建筑安全可靠的前提下尽可能地做到经济合理，方便施工以及提供工效，其适用于如下情况：①基坑开挖面积大、周长长、形状较规则、空间效应非常明显，尤其应慎防侧壁中段变形过大；②基坑开挖深度较深，周边条件各不相同，差异较大，有的侧壁比较空旷，有的侧壁条件较复杂；基坑设计应根据不同的周边环境及地质条件进行设计，以实现“安全、经济、科学”的设计目标；③基坑开挖范围内如基坑中下部及底部存在粉土、粉砂层，一旦发生流沙，基坑稳定将受到影响；④地下水主要为表层素填土中的上层滞水以及赋存的微承压水，应做好基坑止水降水措施。

（二）双排桩加旋喷锚桩支护技术

1. 钻孔灌注桩结合水平内支撑支护技术

水平内支撑的布置可采用东西对撑并结合角撑的形式布置，该技术方案对周边环境影响较小，但该方案有存在两个缺点：一是没有施工场地，考虑工程施工场地太过紧张因素，若按该技术方案实施的话则基坑无法分块施工，周边安排好办公区、临时

道路等基本临设后，已无任何施工场地。二是施工工期延长，内支撑的浇筑、养护、土方开挖及后期拆撑等施工工序均增加施工周期，建设单位无法接受。

2. 单排钻孔灌注桩结合多道旋喷锚桩支护技术

锚杆体系除常规锚杆以外还有一种比较新型的锚杆形式叫加筋水泥土桩锚。加筋水泥土是指插入加劲体的水泥土，加劲体可采用金属的或非金属的材料。它采用专门机具施作，直径 200 ～ 1000 mm，可为水平向、斜向或竖向的等截面、变截面或有扩大头的桩锚体。加筋水泥土桩锚支护是一种有效的土体支护与加固技术，其特点是钻孔、注浆、搅拌和加筋一次完成。适用于砂土、黏性土、粉土、杂填土、黄土、淤泥、淤泥质土等土层中的基坑支护和土体加固。加筋水泥土桩锚可有效解决粉土、粉砂中锚杆施工困难问题，且锚固体直径远大于常规锚杆锚固体直径，所以可提供锚固力大于常规锚杆。

该技术可根据建筑设计的后浇带的位置分块开挖施工，则场地有足够的施工作业面，并且相比内支撑可节约一定的工程造价，该技术不利的一点是若采用“单排钻孔灌注桩结合多道旋喷锚桩”支护形式，加筋水泥土桩锚下层土开挖时，上层的斜桩锚必须有 14 天以上的养护时间并已张拉锁定，多道旋喷锚桩的施工对土方开挖及整个地下工程施工会造成一定的工期影响。

3. 双排钻孔灌注桩结合一道旋喷锚桩支护技术

为满足建设单位的工期要求，需减少桩锚道数，但桩锚道数减少势必会减少支点，引起围护桩变形及内力过大，对基坑侧壁安全造成较大的影响。双排桩支护形式前后排桩拉开一定距离，各自分担部分土压力，两排桩桩顶通过刚度较大的压顶梁连接，由刚性冠梁与前后排桩组成一个空间超静定结构，整体刚度很大，加上前后排桩形成与侧压力反向作用的力偶的原因，使双排桩支护结构位移相比单排悬臂桩支护体系而言明显减少。但纯粹双排桩悬臂支护形式相比桩锚支护体系变形较大，且对于深 11 m 基坑很难有安全保证。综合考虑，为了既加快工期又保证基坑侧壁安全，采用“双排钻孔灌注桩结合一道旋喷锚桩”的组合支护形式。

（三）基坑支护设计技术

1. 深基坑支护设计计算

双排钻孔灌注桩结合一道旋喷锚桩的组合支护形式是一种新型的支护形式，该类支护形式目前的计算理论尚不成熟，根据理论计算结果，结合等效刚度法和分配土压力法进行复核计算，以确保基坑安全。

（1）等效刚度法设计计算。等效刚度法理论基于抗弯刚度等效原则，将双排桩支护体系等效为刚度较大的连续墙，这样，双排桩加锚桩支护体系就等效为连续墙加锚桩的支护形式，采用弹性支点法计算出锚桩所受拉力。例如，前排桩直径 0.8 m，桩间净距 0.7 m，后排桩直径 0.7 m，桩间净距 0.8 m，桩间土宽度 1.25 m，前后排桩弹性模量为 3×104 N/mm²。经计算，可等效为 2.12 m 宽连续墙，该计算方法的缺点在于没能将前后排桩分开考虑，因此无法计算前后排桩各自的内力。

（2）分配土压力法设计计算。根据土压力分配理论，前后排桩各自分担部分土压力，土压力分配比根据前后排桩桩间土体积占总的滑裂面土体体积的比例计算，假设前后排桩排距为 L，土体滑裂面与桩顶水平面交线至桩顶距离为 L_0，则前排桩土压力分配系数 $\alpha_r=\frac{2L}{L_0}-(L/L_0)^2$，将土压力分别分配到前后排桩上，则前排桩可等效为围护桩结合一道旋喷锚桩的支护形式，按桩锚支护体系单独计算。后排桩通过刚性压顶梁与前排桩连接，因此后排桩桩顶作用有一个支点，可按围护桩结合一道支撑计算，该方法可分别计算出前后排桩的内力，弥补等效刚度法计算的不足，基坑前后排桩排距 2 m，根据计算可知前（后）排桩分担土压力系数为 0.5，通过以上两种方法对理论计算结果进行校核，得到最终的计算结果，进行围护桩的配筋与旋喷锚桩的设计。

2. 基坑支护设计

基坑支护采用上部放坡 2.3 m+ 花管土钉墙，下部前排 φ800@1500 钻孔灌注桩、后排 φ700@1500 钻孔灌注桩 +1 道旋喷锚桩支护形式，前后排排距 2m，双排桩布置形式采用矩形布置，灌注桩及压顶冠梁与连梁混凝土设计强度等级均为 C30。地下水的处理采取 φ850@600 三轴搅拌桩全封闭止水结合坑内疏干井疏干的地下水处理技术方案。

3. 支护体系的内力变形分析

基坑开挖必然会引起支护结构变形和坑外土体位移，在支护结构设计中预估基坑开挖对环境的影响程度并选择相应措施，能够为施工安全和环境保护提供理论指导。

（四）基坑支护绿色施工技术

1. 钻孔灌注桩绿色施工技术

基坑钻孔灌注桩混凝土强度等级为水下 C30，压顶冠梁混凝土等级 C30，灌注桩保护层为 50 mm；冠梁及连梁结构保护层厚度 30 mm；灌注桩沉渣厚度不超过 100 mm，充盈系数 1.05 ～ 1.15，桩位偏差不大于 100 mm，桩径偏差不大于 50 mm，桩身垂直度偏差不大于 1/200。钢筋笼制作应仔细按照设计图纸避免放样错误，并同时满足国家相关规范要求。灌注桩钢筋采用焊接接头，单面焊 10d，双面焊 5d，同一截面接头不大于 50%，接头间相互错开 35d，坑底上下各 2 m 范围内不得有钢筋接头，纵筋锚入压顶冠梁或连梁内直锚段不小于 0.6tab，90° 弯锚度不小于 12d。为保证粉土粉砂层成桩质量，施工时应根据地质情况采取优质泥浆护壁成孔、调整钻进速度和钻头转速等措施，或通过成孔试验确保围护桩跳打成功。

灌注桩施工时应严格控制钢筋笼制作质量和钢筋笼的标高，钢筋笼全部安装入孔后，应检查安装位置，特别是钢筋笼在坑内侧和外侧配筋的差别，确认符合要求后，将钢筋笼吊筋进行固定，固定必须牢固、有效。混凝土灌注过程中应防止钢筋笼上浮和低于设计标高。因为本工程桩顶标高负于地面较多，桩顶标高不容易控制，应防止桩顶标高过低造成烂桩头，灌注过程将近结束时安排专人测量导管内混凝土面标高，防止桩顶标高过低造成烂桩头或灌注过高造成不必要的浪费。

2. 旋喷锚桩绿色施工技术

基坑支护设计加筋水泥土桩锚采用旋喷桩，考虑到对被保护周边环境等的重要性，施工的机具为专用机具——慢速搅拌中低压旋喷机具，该钻机的最大搅拌旋喷直径达 1.5 m，最大施工（长）深度达 35 m，需搅拌旋喷直径为 500 mm，施工深度为 24 m。旋喷锚桩施工应与土方开挖紧密配合，正式施工前应先开挖按锚桩设计标高为准低于标高面向下 300 mm 左右、宽度为不小于 6 m 的锚桩沟槽工作面。

旋喷锚桩施工应采用钻进、注浆、搅拌、插筋的方法。水泥浆采用 42.5 级普通硅酸盐水泥，水泥掺入量 20%，水灰比 0.7（可视现场土层情况适当调整），水泥浆应拌和均匀，随拌随用，一次拌合的水泥浆应在初凝前用完。旋喷搅拌的压力为 29 MPa，旋喷喷杆提升速度为 20 ～ 25 cm/min，直至浆液溢出孔外，旋喷注浆应保证扩大头的尺寸和锚桩的设计长度。锚筋采用 3 ～ 4 根 415.2 预应力钢绞线制作，每根钢绞线抗拉强度标准值为1860 MPa，每根钢绞线由 7 根钢丝铰合而成，桩外留 0.7 m 以便张拉。钢绞线穿过压顶冠梁时自由段钢绞线与土层内斜拉锚杆要成一条直线，自由段部位钢绞线需加 φ60 塑料套管，并做防锈、防腐处理。

在压顶冠梁及旋喷桩强度达到设计强度 75% 后用锚具锁定钢绞线，锚具采用 OVM 系列，锚具和夹具应符合《预应力筋用锚具、夹具和连接器应用技术规程》（JGJ85—2010），张拉采用高压油泵和 100 吨穿心千斤顶。

正式张拉前先用 20% 锁定荷载预张拉两次，再以 50%、100% 的锁定荷载分级张拉，然后超张拉至 110% 设计荷载，在超张拉荷载下保持 5 分钟，观测锚头无位移现象后再按锁定荷载锁定，锁定拉力为内力设计值的 60%。锚桩的张拉，其目的就是要通过张拉设备使锚桩自由段产生弹性变形，从而对锚固结构施加所需的预应力值，在张拉过程中应注重张拉设备选择、标定、安装、张拉荷载分级、锁定荷载以及量测精度等方面的质量控制。

（五）地下水处理的绿色施工技术

1. 三轴搅拌桩全封闭止水技术

基坑侧壁采用三轴深层搅拌桩全封闭止水，32.5 复合水泥，水灰比 1.3，桩径

850 mm，搭接长度 250 mm，水泥掺量 20%，28d 抗压强度不小于 1.0 MPa，坑底加固水泥掺量 12%。三轴搅拌施工按顺序进行，其中阴影部分为重复套钻，保证墙体的连续性和接头的施工质量，保证桩与桩之间充分搭接，以达到止水作用。施工前做好桩机定位工作，桩机立柱导向架垂直度偏差不大于 1/250。相邻搅拌桩搭接时间不大于 15 小时，因故搁置超过 2 小时以上的拌制浆液不得再用。

三轴搅拌桩在下沉和提升过程中均应注入水泥浆液，同时严格控制下沉和提升速度。根据设计要求和有关技术资料规定，搅拌下沉速度宜控制在 0.5 ～ 1.0 m/min，提升速度宜控制在 1.0 ～ 1.5 m/min，但在粉土、粉砂层提升速度应控制在 0.5 m/min 以内，并视不同土层实际情况控制提升速度。若基坑工程相对较大，三轴水泥土搅拌桩不能保证连续施工，在施工中会遇到搅拌桩的搭接问题，为了保证基坑的止水效果，在搅拌桩搭接的部位采用双管高压旋喷桩进行冷缝处理。

2. 坑内管井降水技术

基坑内地下水采用管井降水，内径 400 mm，间距约 20 m。管井降水设施在基坑挖土前布置完毕，并进行预抽水，以保证有充足的时间、最大限度降低土层内的地下潜水及降低微承压水头，保证基坑边坡的稳定性。

管井施工工艺流程：井管定位 → 钻孔、清孔 → 吊放井管 → 回填滤料、洗井 → 安装深井降水装置 → 调试 → 预降水 → 随挖土进程分节拆除井管，管井顶标高应高于挖土面标高 2 m 左右 → 降水至坑底以下 1 m→ 坑内布置盲沟，坑内管井由盲沟串联成一体，坑内管井管线由垫层下盲沟接出排至坑外 → 基础筏板混凝土达到设计强度后根据地下水位情况暂停部分坑中管井的降排水 → 地下室坑外回填完成停止坑边管井的降水 → 退场。

管井的定位采用极坐标法精确定位，避开桩位，并避开挖土主要运输通道位置，严格做好管井的布置质量以保证管井抽水效果，管井抽水潜水泵采用根据水位自动控制。

（六）基坑监测技术

根据相关规范及设计要求，为保证围护结构及周边环境的安全，确保基坑的安全施工，结合深基坑工程特点、现场情况及周边环境，主要对以下项目进行监测：围护结构（冠梁）顶水平、垂直位移；围护桩桩体水平位移；土体深层水平位移；坡顶水平、垂直位移；基坑内外地下水位；周边道路沉降；周边地下管线的沉降；锚索拉力等。

基坑监测测点间距不大于 20 m，所有监测项目的测点在安装、埋设完毕后，在基坑开始挖土前需进行初始数据的采集，且次数不少于三次，监测工作从支护结构施工开始前进行，直至完成地下结构工程的施工。较为完整的基坑监测系统需要对支护结构本身的变形、应力进行监测，同时，对周边邻近建构筑物、道路及地下管线沉降等也进行监测以及时掌握周边的动态。在施工监测过程中，监测单位及时提供各项监测成果，出现问题及时提出有关建议和警报，设计人员及施工单位及时采取措施，从而确保了支护结构的安全，最终实现绿色施工。

二、超深基坑开挖期间基坑监测的绿色施工技术

（一）超深基坑监测绿色施工技术概述

随着城市建设的发展，向空中求发展、向地下深层要土地便成了建筑商追求经济效益的常用手段，产生了深基坑施工问题，在深基坑施工过程中，由于地下土体性质、荷载条件、施工环境的复杂性和不确定性，仅根据理论计算以及地质勘查资料和室内土工试验参数来确定设计和施工方案，往往含有许多不确定因素，尤其是对于复杂的大中型工程或环境要求严格的项目，对在施工过程中引发的土体性状、周边环境、邻近建筑物、地下设施变化的监测已成了工程建设必不可少的重要环节。

根据广义胡克定律所反映的应力应变关系，界面结构的内力、抗力状态必将反映到变形上来。因此，可以建立以变形为基础来分析水土作用与结构内力的方法，预先根据工程的实际情况设置各类具有代表性的监测点，施工过程中运用先进的仪器设备，及时从各监测点获取准确可靠的数据资料，经计算分析后，向有关各方汇报工程环境状况和趋势分析图表，从而围绕工程施工建立起高度有效的工程环境监测系统，要求系统内部各部分之间与外部各方之间保持高度协调和统一，从而起到的作用有：为工程质量管理提供第一手监测资料和依据，可及时了解施工环境中地下土层、地下管线、地下设施、地面建筑在施工过程中所受的影响及影响程度；可及时发现和预报险情的发生及险情的发展程度；根据一定的测量限值做预警预报，及时采取有效的工程技术措施和对策，确保工程安全，防止工程破坏事故和环境事故发生；靠现场监测提供动态信息反馈来指导施工全过程，优化诸相关参数，进行信息化施工；可通过监测数据来了解基坑的设计强度，为今后降低工程成本指标提供设计依据。

（二）超深基坑监测绿色施工技术特点

深基坑施工通过人工形成一个坑用挡土、隔水界面，由于水土物理性能随空间、时间变化很大，对这个界面结构形成了复杂的作用状态。水土作用、界面结构内力的测量技术复杂，费用大，该技术用变形测量数据，利用建立的力学计算模型，分析得出当前的水土作用和内力，用以进行基坑安全判别。

深基坑施工监测具有时效性：基坑监测通常是配合降水和开挖过程，有鲜明的时间性。测量结果是动态变化的，一天以前的测量结果都会失去直接的意义，因此深基坑施工中监测需随时进行，通常是每天一次，在测量对象变化快的关键时期，可能每天需进行数次。基坑监测的时效性要求对应的方法和设备具有采集数据快、全天候工作的能力，甚至适应夜晚或大雾天气等严酷的环境条件，采用基坑动态变化的观测间隔。

深基坑施工监测具有高精度性：由于正常情况下基坑施工中的环境变形速率可能在 0.1 mm/d 以下，要测到这样的变形精度，就要求基坑施工中的测量采用一些特殊的高精度仪器。

深基坑施工监测具有等精度性：基坑施工中的监测通常只要求测得相对变化值，而不要求测量绝对值。基坑监测要求尽可能做到等精度，要求使用相同的仪器，在相同的位置上，由同一观测者按同一方案施测。

（三）超深基坑监测绿色施工技术的工艺流程

超深基坑监测绿色施工技术适用于开挖深度超过 5 m 的深基坑开挖过程中围护结构变形及沉降监测，周边环境包括建筑物、管线、地下水位、土体等变形监测，基坑内部支撑轴力及立柱等的变形监测。

对深基坑施工的监测内容通常包括水平支护结构的位移；支撑立柱的水平位移、沉降或隆起；坑周土体位移及沉降变化；坑底土体隆起；地下水位变化以及相邻建构筑物、地下管线、地下工程等保护对象的沉降、水平位移与异常现象等。

（四）超深基坑监测绿色施工技术的技术要点

1. 监测点的布置

监测点布设合理方能经济有效，监测项目的选择必须根据工程的需要和基地的实际情况而定。在确定监测点的布设前，必须知道基地周边的环境条件、地质情况和基坑的围护设计方案，再根据以往的经验和理论的预测来考虑监测点的布设范围和密度。能埋的监测点应在工程开工前埋设完成，并应保证有一定的稳定期，在工程正式开工前，各项静态初始值应测取完毕。沉降、位移的监测点应直接安装在被监测的物体上，只有道路地下管线若无条件开挖样洞设点，则可在人行道上埋设水泥桩作为模拟监测点，此时的模拟桩的深度应稍大于管线深度，且地表应设井盖保护，不至于影响行人安全；如果马路上有如管线井、阀门管线设备等，则可在设备上直接设点观测。

2. 周边环境监测点的埋设

周边环境监测点埋设按现行国家有关规范的要求，常规为基坑开挖深度的 3 倍范围内的地下管线及建筑物进行监测点的埋设。监测点埋设一般原则为：管线取最老管线、硬管线、大管线，尽可能取露出地面的如阀门、消防栓、窨井作监测点，以便节约费用。管线监测点埋设采用长约 80 mm 的钢钉打入地面，管线监测点同时代表路面沉降；房屋监测点尽可能利用原有沉降点，不能利用的地方用钢钉埋设。

3. 基坑围护结构监测点的埋设

基坑围护墙顶沉降及水平位移监测点埋设：在基坑围护墙顶间隔 10 ～ 15 m 埋设长 10 cm、顶部刻有“+”字丝的钢筋作为垂直及水平位移监测点。围护桩身测斜孔埋设：根据基坑围护实际情况，考虑基坑在开挖过程中坑底的变形情况，测斜管应根据地质情况，埋设在那些比较容易引起塌方的部位，一般按平行于基坑围护结构以 20 ～ 30 m 的间距布设，测斜管采用内径 60 mmPVC 管。测斜管与围护灌注桩或地下连续墙的钢筋笼绑扎在一道，埋深约与钢筋笼同深，接头用自攻螺丝拧紧，并用胶布密封，管口加保护钢管，以防损坏。管内有两组互为 90° 的导向槽，导向槽控制了测试方位，下钢筋笼时使其一组垂直于基坑围护；另一组平行于基坑围护并保持测斜管竖直，测斜管埋设时必须要有施工单位配合。

坑外水位测量孔埋设：基坑在开挖前必须降低地下水位，但在降低地下水位后有可能引起坑外地下水位向坑内渗漏，地下水的流动是引起塌方的主要因素，所以地下水位的监测是保证基坑安全的重要内容；水位监测管的埋设应根据地下水文资料，在含水量大和渗水性强的地方，在紧靠基坑的外边，以 20 ～ 30 m 的间距平行于基坑边埋设。水位孔埋设方法如下：用 30 型钻机在设计孔位置钻至设计深度，钻孔清孔后放入 PVC 管，水位管底部使用透水管，在其外侧用滤网扎牢并用黄沙回填孔。

支撑轴力监测点埋设：支撑轴力监测利用应力计，它的安装须在围护结构施工时请施工单位配合安装，一般选方便的部位，选几个断面，每个断面装两只应力计，以取平均值；应力计必须用电缆线引出，并编好号。编号可购置现成的号码圈，套在线头上，也可用色环来表示，色环编号的传统习惯是用黑、棕、红、橙、黄、绿、蓝、紫、灰、白分别代表数字 0、1、2、3、4、5、6、7、8、9。

土压力和孔隙水压力监测点埋设：土压力计和孔隙水压力计是监测地下土体应力和水压力变化的手段。土压力计要随基坑围护结构施工时一起安装，注意它的压力面须向外；每孔埋设土压力盒数量根据挖深而定，每孔第一个土压力盒从地面下 5 m 开始埋设，以后沿深度方向间隔 5 m 埋设一只，采用钻孔法埋设。首先，将压力盒的机械装置焊接在钢筋上，钻孔清孔后放入，根据压力盒读数的变化可判定压力盒安装状况，安装完毕后采用泥球细心回填密实，根据力学原理，压力计应安装在基坑的隐患处的围护桩的侧向受力点。孔隙水压力计的安装，须用到钻机钻孔，在孔中可根据需要按不同深度放入多个压力计，再用干燥黏土球填实，待黏土球吸足水后，便将钻孔封堵好了。这两种压力计的安装，都须注意引出线的编号和保护。

基坑回弹孔埋设：在基坑内部埋设，每孔沿孔深间距 1 m 放一个沉降磁环或钢环。土体分层沉降仪由分层沉降管、钢环和电感探测三部分组成。分层沉降管由波纹状柔性塑料管制成，管外每隔一定距离安放一个钢环，地层沉降时带动钢环同步下沉，将分层沉降管通过钻孔埋入土层中，采用细沙细心回填密实。埋设时须注意波纹管外的钢环不要被破坏。

基坑内部立柱沉降监测点埋设：在支撑立柱顶面埋设立柱沉降监测点，在支撑浇筑时预埋长约 100 mm 的钢钉。

测点布设好以后必须绘制在地形示意图上，各测点须有编号，为使点名一目了然，各种类型的测点要冠以点名，点名可取测点的汉语拼音的第一个字母再拖数字组成，如应力计可定名为 YL-1，测斜管可定名为 CX-1，如此等。

4. 监测技术要求及监测方法

（1）测量精度。按现行国家有关规范的要求，水平位移测量精度不低于 ±1.0 mm，垂直位移测量精度不低于 ±1.0 mm。

垂直位移测量：基坑施工对环境的影响范围为坑深的 3 ～ 4 倍，因此，沉降观测所选的后视点应选在施工的影响范围之外；后视点不应少于两点。沉降观测的仪器应选用精密水准仪，按二等精密水准观测方法测二测回，测回校差应小于 ±1 mm。地下管线、地下设施、地面建筑都应在基坑开工前测取初始值，在开工期间，应根据需要不断测取数据，从几天观测一次到一天观测几次都可以；每次的观测值与初始值比较即为累计量，与前次的观测数据相比较即为日变量。测量过程中“固定观测者、固定测站、固定转点”，严格按国家二级水准测量的技术要求施测。

水平位移测量：水平位移测量要求水平位移监测点的观测采用 Wild T2 精密经纬仪进行，一般最常用的方法是偏角法。同样，测站点应选在基坑的施工影响范围之外。外方向的选用应不少于三点，每次观测都必须定向，为防止测站点被破坏，应在安全地段再设一点作为保护点，以便在必要时作恢复测站点之用。初次观测时，须同时测取测站至各测点的距离，有了距离就可算出各测点的秒差，以后各次的观测只要测出每个测点的角度变化就可推算出各测点的位移量，观测次数和报警值与沉降监测相同。

围护墙体侧向位移斜向测量：随着基坑开挖施工，土体内部的应力平衡状态被打破，从而导致围护墙体及深部土体的水平位移。测斜管的管口必须每次用经纬仪测取位移量，再用测斜仪测取地下土体的侧向位移量，测斜管内位移用测斜仪滑轮沿测斜管内壁导槽渐渐放至管底，自下而上每 1 m 或 0.5 m 测定一次读数，然后测头旋转 180° 再测一次，即为一测回，由此推算测斜管内各点位移值，再与管口位移量比较即可得出地下土体的绝对位移量。位移方向一般应取直接的或经换算过的垂直基坑边方向上的分量。

地下水位观测要求首次必须测取水位管管口的标高，从而可测得地下水位的初始标高，由此计算水位标高。在以后的工程进展中，可按需要的周期和频率，测得地下水位标高的每次变化量和累计变化量。测量时，水位孔管口高程以三级水准联测求得，管顶至管内水位的高差由钢尺水位计测出。

支撑轴力量测要求埋设于支撑上的钢筋计或表面计须与频率接受仪配合使用，组成整套量测系统，由现场测得的数据，按给定的公式计算出其应力值，各观测点累计变化量等于实时测量值与初始值的差值；本次测量值与上一次测量值的差值为本次变化量。

（2）土压力测试。用土压力计测得土压力传感器读数，由给定公式计算出土压力值。

（3）土体分层沉降测量。测量时采用搁置在地表的电感探测装置可以根据电磁频率的变化来捕捉钢环确切位置，由钢尺读数可测出钢环所在的深度，根据钢环位置深度的变化，即可知道地层不同标高处的沉降变化情况。首次必须测取分层沉降管管口的标高，从而可测得地下各土层的初始标高。在以后的工程进展中，可按需要的周期和频率，测得地下各土层标高的每次变化量和累计变化量。

（4）监测数据处理。监测数据必须填写在为该项目专门设计的表格上。所有监测的内容都须写明：初始值、本次变化量、累计变化量。工程结束后，应对监测数据，尤其是对报警值的出现，进行分析，绘制曲线图，并编写工作报告。在基坑施工期间的监测必须由有资质的第三方进行，监测数据必须由监测单位直接寄送各有关单位。根据预先确定的监测报警值，对监测数据超过报警值的，报告上必须加盖红色报警章。

（五）超深基坑监测绿色施工技术的质量控制

基坑测量按一级测量等级进行，沉降观测误差为 ±0.1 mm；位移观测误差为 ±1.0 mm。监测是施工管理的“眼睛”，监测工作是为信息化施工提供正确的形变数据。为确保真实、及时地做好数据的采集和预报工作，监测人员必须要对工作环境、工作内容、工作目的等做到心中有数，因此应从以下几个方面做好质量控制工作：精心组织、定人定岗、责任到人、严格按照各种测量规范以及操作规程进行监测。所有资料进行自查、互检和审核；做好监测点保护工作，包括各种监测点及测试元件应做好醒目标志，督促施工人员加强保护意识，若有破坏立即补设以便保持监测数据的连续性。根据工况变化、监测项目的重要情况及监测数据的动态的变化，随时调整监测频率，及时将形变信息反馈给甲方、总包、监理等有关单位，以便及时调整施工工艺、施工节奏，有效控制周边环境或基坑围护结构的形变。

测量仪器须经专业单位鉴定后才能使用，使用过程中定期对测量仪器进行自检，发现误差超限立即送检。密切配合有关单位建立有关应急措施预案，保持 24 小时联系畅通，随时按有关单位要求实施加密监测，除监测条件无法满足时之外，加强现场内的测量桩点的保护，所有桩点均明确标志以防止用错和破坏，每一项测量工作都要进行自检、互检和交叉检。

（六）超深基坑监测绿色施工技术的环境保护

测量作业完毕后，对临时占用、移动的施工设施应及时恢复原状，并保证现场清洁，仪器应存放有序，电器、电源必须符合规定和要求，严禁私自乱接电线；做好设备保洁工作，清洁进场，作业完毕到指定地点进行仪器清理整理；所有作业人员应保持现场卫生，生产及生活垃圾均装入清洁袋集中处理，不得向坑内丢弃物品以免砸伤槽底施工人员。

第二节　主体结构的绿色施工综合技术

一、大吨位 H 型钢插拔的绿色施工技术

（一）大吨位 H 型钢下插前期准备

围护设计在部分重力宽度不够处可采用在双轴搅拌桩内插入 H700×300×13×24 型钢，局部重力坝内插 14#a 槽钢，特殊区域采用 H700×300×13×24 型钢。双轴搅拌桩与三轴搅拌桩同样为通过钻杆强制搅拌土体，同时注入水泥浆，以形成水泥土复合结构，而双轴搅拌桩施工工艺不同于三轴搅拌桩，双轴桩并不具备土体置换作用，所以 H 型钢不能依靠自重下插到位，故 H 型钢下插必须借助外力辅助下插，可选用 PC450 机械手辅助下插，SMW 三轴搅拌桩内插 H 型钢采用吊车定位后依靠 H 型钢自重下插的方式，H 型钢下插应在搅拌桩施工后三小时内进行，为方便 H 型钢今后回收，H 型钢下插前表面须涂刷减摩剂。

（二）型钢加工制作绿色施工技术

根据设计所要求的 H 型钢长度，部分型钢长度均在定尺范围内宜采用整材下插，游泳池区域型钢长度较长，故采用对接的形式已达到设计长度要求，对接型钢采用双面坡口的焊接方式，焊接质量均按《钢结构质量验收规范》（GB 50205—2011）执行，所投入焊接材料为 E43 型焊条以上，以确保质量要求。

根据设计要求，支护结构的H型钢在结构强度达到设计要求后必须全部拔出回收。H型钢在使用前必须涂刷减摩剂，以利拔出，要求型钢表面均匀涂刷减摩剂，清除H型钢表面的污垢及铁锈。减摩剂必须用电热棒加热至完全融化，用搅棒搅时感觉厚薄均匀，才能涂敷于H型钢上，否则涂层不均匀、易剥落。若遇雨天，型钢表面潮湿，应先用抹布擦干表面才能涂刷减摩剂，不可以在潮湿表面上直接涂刷，否则将剥落。若H型钢在表面铁锈清除后不立即涂减摩剂，必须在以后涂刷施工前抹去表面灰尘，H型钢表面涂上涂层后，一旦发现涂层开裂、剥落，必须将其铲除并重新涂刷减摩剂。

（三）H型钢下插技术要点

考虑到搅拌桩施工用水泥为42.5级水泥，凝固时间较短，型钢下插应在双轴搅拌桩施工完毕后30分钟内进行，机械手应在搅拌桩施工出一定工作面后就位，准备下插H型钢。采用土工法H型钢下插，即双轴搅拌桩内插H型钢采用PC450机械手把型钢夹起后吊到围护桩中心灰线上空，两辅助工用夹具辅助机械手对好方向，再沿H型钢中心灰线插入土体，下插过程中采用机械手的特性进行震动下插。

SMW工法H型钢下插，要求型钢下插应在三轴搅拌桩施工完毕后30分钟内进行，吊机应在搅拌提升过程中已经就位，准备吊放H型钢。H型钢使用前，在距型钢顶端处开一个中心圆孔，孔径约8 cm，并在此处型钢两面加焊厚≥12 mm的加强板，中心开孔与型钢上孔对齐。根据甲方提供的高程控制点，用水准仪引放到定位型钢上，根据定位型钢与H型钢顶标高的高度差确定吊筋长度，在型钢两腹板外侧焊好吊筋≥φ12线材，误差控制在±3 cm以内。型钢插入水泥土部分均匀涂刷减摩剂。

装好吊具和固定钩，然后用50吨吊机起吊H型钢，准备下插，用线锤校核垂直度，必须确保垂直。在沟槽定位型钢上设H型钢定位卡，型钢定位卡必须牢固、水平，必要时用点焊与定位型钢连接固定；型钢定位卡位置必须准确，将H型钢底部中心对正桩位中心并沿定位卡靠型钢自重插入水泥土搅拌桩体内。若H型钢插放达不到设计标高时，则采用起拔H型钢，重复下插使其插到设计标高，下插过程中应控制H型钢垂直度，如遇较难插入的H型钢也可借助外力下插。

H型钢的成型要求待水泥搅拌桩达到一定硬化后，将吊筋以及沟槽定位卡拆除，以便反复利用，节约资源。垂直度偏差下插过程中，H型钢垂直度采用吊线锤结合人为观测垂直控制下插。若出现偏差，土工法通过机械手调整大臂方位随时修正，直至下插完毕，SMW工法区域采用起拔H型钢重新定位后再次下插。型钢标高根据甲方提供的高程控制点，用水准仪控制H型钢标高。

（四）H型钢拔除的绿色技术

H型钢的拔除在地下结构完成达到设计强度并回填后进行，起拔采用专用夹具及千斤顶以圈梁为反梁，反复顶升起拔回收 H 型钢；起拔过程中始终用吊车提住顶出的 H 型钢，千斤顶顶至一定高度后，用 25 吨吊车将型钢吊起堆放在指定场地，分批集中运出工地。

浇捣压顶圈梁时，H 型钢挖出并清理干净露出的 H 型钢表面的水泥土后，在扎圈梁钢筋前，埋设在圈梁中的 H 型钢部分必须先用厚 10 mm 的泡沫塑料片在 H 型钢腹板两侧和翼板两侧各贴一块（共八块），泡沫片高度从圈梁底至少超过圈梁顶 10 cm，用 U 形粗铁丝 >8# 卡固定，保证泡沫塑料片不松开以确保今后 H 型钢顺利回收。

控制 H 型钢的起拔速度，根据监测数据指导型钢起拔，一般控制在 10 根左右，起拔时为减小 H 型钢起拔对周围环境的影响应采用跳跃式进行。H 型钢起拔前采用间隔 3 根拔 1 根的流程。每根 H 型钢起拔完毕，立即对其进行灌浆填充措施，以减小 H 型钢拔除后对周边环境的影响，灌浆料为纯水泥浆液，水灰比为 1.2 左右，采用自流式回灌。对产生影响的管线采取必要的保护措施，如将管线暴露或将管线悬吊等措施。根据监测结果，如情况确实比较严重时，将采取布设临时管线。在起拔过程中应当加强对该区域内的监测，一旦报警立即停止起拔。

二、大体积混凝土结构的绿色施工技术

（一）大体积混凝土结构

以放疗室、防辐射室为代表的一类大体积混凝土结构对采用绿色施工技术来提高质量非常必要，包括顶、墙和地三界面全封一体化大壁厚、大体积混凝土整体施工，其关键在于基于实际尺寸构造的柱、梁、墙与板交叉节点的支模技术，设置分层、分向浇筑的无缝作业工艺技术，且考虑不同部位的分层厚度及其新老混凝土截面的处理问题，同时考虑为保证浇筑连续性而灵活随机设置预留缝的技术，混凝土浇筑过程中实时温控及全过程养护实施技术，以上绿色施工综合技术的全面、连续、综合应用可保证工程质量，是满足其特殊使用功能要求的必然选择。

（二）大体积混凝土绿色施工综合技术的特点

大体积混凝土绿色施工综合技术的特点主要体现在以下几个方面。

（1）采用面向顶、墙、地三个界面不同构造尺寸特征的整体分层、分向连续交叉浇筑的施工方法和全过程的精细化温控与养护技术，解决了大壁厚混凝土易开裂的问题，较传统的施工方法可大幅度提升工程质量及抗辐射能力。

（2）采取一个方向、全面分层、逐层到顶的连续交叉浇筑顺序，浇筑层的设置

厚度以 450 mm 为临界，重点控制底板厚度变异处质量，设置成 A 类质量控制点。

（3）采取柱、梁、墙板节点的参数化支模技术，精细化处理节点构造质量，可保证大壁厚顶、墙和地全封闭一体化防辐射室结构的质量。

（4）采取设置紧急状态下随机设置施工缝的措施，且同步铺不大于 30 mm 的同配比无石子砂浆，可保证混凝土接触处强度和抗渗指标。

（三）大体积混凝土结构绿色施工工艺流程

大壁厚的顶、墙和地全封闭一体化防辐射室的施工以控制模板支护及节点的特殊处理、大体量防辐射混凝土的浇筑及控制为关键。

（四）大体积混凝土结构绿色施工技术要点

1. 大体积厚底板的施工要点

施工时先做一条 100 mm×100 mm 的橡胶止水带，可避免混凝土浇筑时模板与垫层面的漏浆、泛浆。考虑厚底板钢筋过于密集，快易收口网需要一层层分步安装、绑扎，为保证此部位模板的整体性，单片快易收口网高度为 3 倍钢筋直径，下片在内，上片在外，最底片塞缝带内侧。为增大快易收口网的整体性与其刚度，安装后，在结构钢筋部位的快易收口网外侧（后浇带一侧）附一根直径为 12 mm 的钢筋与其绑扎固定。厚底板采用分层连续交叉浇筑施工，特别是在厚度变异处，每层浇筑厚度控制在 400 mm 左右，模板缝隙和孔洞应保证严实。

2. 钢筋绑扎技术要点

厚墙体的钢筋绑扎时应保证水平筋位置准确，绑扎时先将下层伸出钢筋调直顺，然后再绑扎解决下层钢筋伸出位移较大的问题。门洞口的加强筋位置，应在绑扎前根据洞口边线采用吊线找正方式，将加强筋的位置进行调整，以保证安装精度。大截面柱、大截面梁以及厚顶板的绑扎可依据常规规范进行，无特殊要求。

3. 降温水管埋设技术要点

按墙、柱、顶的具体尺寸，采用“2”钢管预制成回形管片，管间距设定为 500 mm 左右，管口处用略大于管径的钢板点焊作临时封堵。在钢筋绑扎时，按墙、柱、顶厚度大小，分两层预埋回形管片，用短钢筋将管片与钢筋焊接固定。

4. 柱、梁、板和墙交叉节点处模板支撑技术要点

满足交叉节点的支模要求梁的负弯矩钢筋和板的负弯矩钢筋，宜高出板面设计标高，增加 50 ～ 70 mm 防辐射混凝土浇捣后局部超高。按最大梁高降低主梁底面标高，在主梁底净高允许条件下将主梁底标高下降 30 ～ 50 mm，可满足交叉节点支模的尺

寸精度，实现参数化的模板支撑。降低次梁底面标高，将不同截面净高允许的其他交叉次梁的梁底标高下降 30 ～ 40mm，次梁的配筋高度不变，主梁完全按设计标高施工，可满足交叉节点参数化精确支模的要求。墙模板的转角处接缝、顶板模板与梁墙模板的接缝处和墙模板接缝处等逐缝平整粘贴止水胶带，可解决无缝施工的技术问题。

5. 大壁厚墙体的分层交叉连续浇筑技术要点

大壁厚墙体防辐射混凝土采用分层、交叉浇筑施工，每层浇筑厚度控制在 500 mm 左右，按照由里向外的顺序展开。大壁厚墙体防辐射大体积混凝土浇筑前，先拌制一盘与混凝土同配合比石子砂浆，润湿输送泵管，并均匀地铺在浇筑面上，其厚度约 20 mm 且不得超过 30 mm。浇筑混凝土时实时监测模板、支架、钢筋、预埋件和预留孔洞的情况，当发生变形位移时立即停止浇筑，并在已浇筑的防辐射混凝土初凝前修整完好。

6. 大壁厚顶板的分层交叉连续浇筑技术要点

厚顶板混凝土浇筑按照“一个方向、全面分层、逐层到顶”的施工法，即将结构分成若干个 450 mm 厚度相等的浇筑层，浇筑混凝土时从短边开始，沿长边方向进行浇筑，在逐层浇筑过程中第二层混凝土要在第一层混凝土初凝前浇筑完毕。混凝土上、下层浇筑时应消除两层之间接缝，在振捣上层混凝土时要在下层混凝土初凝之前进行，每层作业面分前、后两排振捣，第一道布置在混凝土卸料点，第二道设置在中间和坡角及底层钢筋处，应使混凝土流入下层底部以确保下层混凝土振捣密实。浇筑过程中采用水管降温，采用地下水做自然冷却循环水，并定期测量循环水温度。振捣时振捣棒要插入下一层混凝土不少于 50 mm，保证分层浇筑的上下层混凝土结合为整体，混凝土浇筑过程中，钢筋工经常检查钢筋位置，若有移位须立即调整到位。

浇筑振捣过程中振捣延续时间以混凝土表面呈现浮浆和不再沉落、气泡不再上浮来控制，振捣时间避免过短和过长，一般为 15 ～ 30 s，并且在 20 ～ 30 分钟后对其进行二次复振。振捣过程中严防漏振、过振造成混凝土不密实、离析的现象，振捣器插点要均匀排列，插点方式选用行列式或交错式，插入的间距一般为 500 mm 左右，振捣棒与模板的距离不大于 150 mm，并避免碰撞顶板钢筋、模板、预埋件等。

混凝土振捣和表面刮平抹压 1 ～ 2 小时后，在混凝土初凝前，在混凝土表面进行二次抹压，消除混凝土干缩、沉缩和塑性收缩产生的表面裂缝，以增强混凝土内部密实度，在混凝土终凝前对出现龟裂或有可能出现裂缝的地方再次进行抹压来消除潜在裂纹，浇筑过程中拉线，随时检查混凝土标高。

7. 紧急状态下施工缝的随机预留技术要点

若在施工中出现异常情况又无法及时进行处理，防辐射商品混凝土不能及时供应浇筑时需要随机留设施工缝。在施工缝外插入模板将其后混凝土振捣密实，下次浇筑前将接触处的混凝土凿掉，表面做凿毛处理，铺设遇水膨胀止水条，并铺不大于30 mm同配比无石子砂浆，以保证防辐射混凝土接触处强度和抗渗指标。

三、多层大截面十字钢柱的绿色施工技术

（一）多层大截面十字钢柱概述

随着高层、超高层建筑的蓬勃发展，劲性混凝土结构在高、大、新、齐乃至特种结构建筑中得到广泛应用，劲性混凝土柱承载力构件中钢柱的制作、吊装以及固定是关键技术，而对于多层大截面十字钢骨柱的分段安装、精确调整更是施工过程中的技术难度，其直接影响到工程的质量及进度。

根据《钢结构工程施工质量验收规范》《钢结构焊接规范》等指导整个多层钢柱的施工质量，同时，采用的施工工艺是在依据规范、设计图纸要求的基础上形成的切实可行的工艺。超长十字钢柱通过基于施工现场分段吊装、逐层拼装而达到设计的高度，在组装过程中设置临时操作台以满足临时施工作业的需要，设置刚性与柔性相结合的支撑系统以保证其安全性与稳定性，在组装的过程中按照分段吊装、逐一调整固定的施工工序进行，通过精细化焊接控制不同钢柱段连接节点的质量，安装过程中实施先进的测量监控以确保安装精度，并处理好与今后工序的衔接。

（二）多层大截面十字钢柱绿色施工技术特点

采用现场分段吊装、焊接组装及设置临时操作平台的组合技术，能解决超长十字钢骨柱运输、就位的技术难题，通过合理划分施工段及施工组织，较整体安装做法大幅度提高安全系数及质量合格率。通过二次调整的手段精确控制超长十字钢柱的垂直度，第一次采用水平尺对其垂直度进行调整，第二次在经纬仪的同步监测下依靠缆风绳进行微调，保证其安装精度。针对多层大截面十字钢柱的特点，在首层钢柱安装过程中通过浇筑混凝土强化钢柱与承台之间的一体化连接，保证足够的承载力。采用抗剪键与缆风绳共同作用的临时支撑系统，首层设置抗剪键使支撑系统简化，多层十字钢柱的顶部和中部设置缆风绳柔性约束，刚性和柔性组合约束系统共同保证钢柱结构的稳定性安全性。采用十字钢柱连接节点的精细化处理技术，第一层的焊道封住坡口内木材与垫板的连接处，逐道逐层累焊至填满坡口，进行清除焊渣和飞溅物并修补任何焊接缺陷，焊后进行100%检测以保证安装质量并处理好与今后工序的接口。

（三）多层大截面十字钢柱绿色施工工艺流程

多层大截面十字钢柱的安装通过钢筋工、电焊工、瓦工等工种施工技术人员密切

合作完成，施工过程中涉及的关键工序包括：钢柱的吊装、预埋、调整和焊接等，按照不同层数逐级累加。

（四）多层大截面十字钢柱绿色施工技术要点

1. 钢柱进场的要点

钢柱按现场吊装的需要分批进场，每批进场的构件的编号及数量提前三天通知制作厂，现场钢柱临时堆放按平面布置的位置摆放在对应楼地面堆场，构件的堆放场地进行平整并保证道路通畅。

对于构件存在的问题在制造厂修正，进行修正后方可运至现场施工。对于运输等原因出现的问题，要求制造厂在现场设立紧急维修小组，在最短的时间里将问题解决，以确保施工工期。

2. 钢柱吊装的技术要点

多层大截面十字钢柱的吊装按照所在的层数及高度不同，分段吊装，在完成首层吊装后，进行后处理进行二层钢柱吊装，直至完成多层钢柱的吊装到达指定的标高。

3. 钢柱吊装的准备要点

吊装前检查各个吊索用具，确认是否安全可靠，在钢柱临时连接耳板上挂好缆风绳并固定好。在钢柱两翼缘板上焊接 φ16 圆钢并以圆钢为支撑点，挂好爬梯并固定。检查首节钢柱柱脚基础的就位轴线，并在钢柱的柱脚板上划出钢柱就位的定位线，同时在柱头位置用红色油漆标出钢柱垂直度控制标记，标记应标在钢柱的一个翼缘侧和一个腹板侧，在柱头位置划出钢柱翼缘中心标记，以便上层钢柱安装的就位使用。

4. 首层钢柱吊装的技术要点

落实各项准备工作，钢柱吊装机械利用现场的塔吊，吊装采用单机起吊，起吊前在钢柱柱脚位置垫好木板，以免钢柱在起吊过程中将柱损坏。钢柱起吊时吊车应边起钩、边转臂，使钢柱垂直离地。

5. 首层以上钢柱吊装技术要点

首层以上钢柱在吊装前应在柱头位置划出钢柱柱顶安装中心标记线，以便上层钢柱安装的就位使用，同时在钢柱上设置拼接耳板，进行上下柱临时连接，首层以上钢柱起吊方法同首层钢柱，首层以上钢柱就位采用临时连接板，当钢柱就位后对齐安装定位线，将连接板用安装螺栓固定。

6. 钢柱垂直度控制的技术要点

做好各个首吊节间钢柱的垂直度控制，钢柱校正要求进行焊接后最终结果的测量，焊接前可先用长水平尺初步控制垂直度，待形成框架后进行精确校正，焊接后应进行复测并以此作为下一步施工的依据。

7. 钢柱标高的控制的技术要点

高程基准点的测定及传递，要求高程的竖向传递采用钢尺，通过预留孔洞向上量测。每层传递的高程都要进行联测，相对误差应 <2 mm。柱顶标高的测定要求确定各层柱底标高 500 mm 线及梁标高的 100 mm 线，从柱顶返量确定，通过控制柱底标高来控制柱顶及梁标高。

（五）多层大截面十字钢柱绿色施工技术的质量控制

多层大截面十字钢柱安装的依据包括：钢结构设计图纸和施工说明书、《钢结构工程施工质量验收规范》《建筑钢结构焊接技术规程》等。多层大截面十字钢柱安装的质量控制点设置为：构件加工的质量控制；构件安装前对构件的质量检查；现场安装质量控制；测量的质量控制；焊接的质量控制。

施工准备阶段的质量控制要求进入现场的施工人员必须经过专业培训，技术工人必须持证上岗。构件加工运至现场后要对构件进行外观和尺寸检查，重点检查构件的型号、编号、长度、螺栓孔数和孔径等。

现场吊装质量控制要求严格按照安装施工方案和技术交底实施；严格按图纸核对构件编号、方向，确保准确无误；安装过程中严格工序管理，做到检查上工序，保证本工序，服务下工序。钢结构安装质量控制重点：构件的垂直度偏差、标高偏差、位置偏差。要用测量仪器跟踪安装施工全过程。吊装前进行试吊，吊装前严格检查吊装站位场地及进行技术交底工作，特别是重点控制吊装过程中设备、机械的稳定性，吊装过程中严格进行环境监测，避免在大风的环境中施吊。

现场测量监控质量控制措施要求现场使用的测量仪器、钢尺必须定期检定，现场使用的钢尺必须与基础施工及构件加工时使用的钢尺进行校核，柱安装前在地面做出明显的标志以方便垂直度及标高测量。

现场焊接固定质量控制措施要求焊前检查接头坡口角度、钝边、间隙及错口量均应符合要求，坡口内和两侧之锈斑、油漆、油污、氧化皮等均应清除干净。焊前对坡口及其两侧各 100 mm 范围内的母材进行加热去污处理，装焊垫板或引弧板，其表面应清洁，要求与坡口相同，垫板与母材应贴紧，引弧板与母材焊接应牢固，焊接时不得在坡口外的母材上打火引弧。第一层的焊道应封住坡口内母材与垫板之连接处，然后逐道逐层累焊至填满坡口，每道焊缝焊完后都必须清除焊渣及飞溅物，出现焊接缺陷应及时磨去并修补，一个接口必须连续焊完，如不得已而中途停焊，再焊之前应重新按规定加热。遇雨天时应停焊，板厚厚于 36 mm 时应按规定预热和后热，当风力大于 3m/s 时，构件焊口周围及上方应加遮挡，风速大于 6 m/s 时则应停焊，焊后冷却到环境温度时进行外观检查，超声波检测在焊后 24 小时进行。

焊接施工前先做工艺试验，针对 H 形接头形式及相应的材质、板厚进行焊接工艺试验，焊接材料和焊接设备的技术条件应符合国家标准和设计要求。正式焊接过程中如发现定位焊有裂纹则应将之铲除以免造成隐患，制作使用的焊条应符合经设计批准的焊接工艺规定使用的焊条。低氢药皮焊条都应装在密闭容器里或在使用前以 230 ～ 260 ℃的温度至少干燥 2 小时，特殊要求的低氢药皮焊条应装在密封容器里或在使用前以 370 ～ 430 ℃的温度至少 1 小时。

（六）多层大截面十字钢柱绿色施工技术的环境保护措施

建立和完善环境保护和文明施工管理体系，制定环境保护标准和措施，明确各类人员的环保职责，并对所有进场人员进行环保技术交底和培训，建立施工现场环境保护和文明施工档案。项目部成立的文明施工管理小组，在砌块的砌筑过程中，对其进行全过程的卫生管理。严格遵守国家和地方政府下发的有关环境保护的法律、法规，认真贯彻“三同时”制度。定期进行生产垃圾的清运，确保整个施工现场的整洁，生产垃圾、弃渣委托环卫部门处理。优先选用先进的环保机械，其噪声小且具备消声器或隔音罩。

施工现场遵照《建筑施工场界环境噪声排放标准》，制定降噪的相应制度和措施，严格控制强噪声作业的时间，提前计划施工工期，避免昼夜连续作业。严禁在施工区内高声喧哗，猛烈敲击铁器，增强全体施工人员防噪扰民的自觉意识，噪声超标造成环境污染的机械施工，其作业时间限制在 7:00 ～ 12:00 和 14:00 ～ 22:00，同时，严格控制各类型的光污染。

四、预应力钢结构的绿色施工技术

（一）预应力钢结构特点

建筑钢结构强度高、抗震性能好、施工周期短、技术含量高，具备节能减排的条件，能够为社会提供安全、可靠的工程，是高层以及超高层建筑的首选，而大截面大吨位预应力钢结构较传统的钢结构体系具有更加优越的承载力性能，可满足空间跨度及结构侧向位移的更高技术指标要求。

在预应力钢构件制作过程中实施参数化下料、精确定位、拼接及封装，实现预应力承重构件的精细化制作；在大悬臂区域钢桁架的绿色施工中采用逆作法施工工艺，即结合实际工况先施工屋面大桁架，再施工桁架下悬挂部分梁柱；先浇筑非悬臂区楼板及屋面，待预应力桁架张拉结束，再浇筑悬臂区楼板，实现整体顺作法与局部逆作法施工组织的最优组合；基于张拉节点深化设计及施工仿真监控的整体张拉结构位移的精确控制，借助辅助施工平台实施分阶段有序张拉，实现预应力拉索安装的质量目标。

（二）预应力钢结构绿色施工要求

预应力钢结构施工工序复杂，实施以单拼桁架整体吊装为关键工作的模块化不间断施工工序，十字型钢柱及预应力钢桁架梁的精细化制作模块、大悬臂区域及其他区域的整体吊装及连接固定模块、预应力索的张拉力精确施加模块的实施是其为连续、高质量施工的保证。大悬臂区域的施工采用局部逆作法的施工工艺，即先施工屋面大桁架，再悬挂部分梁柱，楼板先浇筑非悬臂区楼板和屋面，待预应力张拉完屋面桁架再浇筑悬臂区楼板，实现工程整体顺作法与局部逆作法的交叉结合，可有效利用间歇时间、加快施工进度。十字型钢骨架及预应力箱梁钢桁架按照参数化精确下料、采用组立机进行整体的机械化生产，实现局部大截面预应力构件在箱梁钢桁架内部的永久性支撑及封装，预应力结构翼缘、腹板的尺寸偏差均在 2 mm 范围之内，并对桁架预应力转换节点进行优化，形成张拉快捷方便可有效降低预应力损失的节点转换器。

采用单台履带式起重机吊装跨度为 22.2 m，最大重量达 103 吨的单榀大截面预应力钢架至标高 33.3 m 处，通过控制钢骨柱的位置精度，并在柱头下 600 mm 位置处用 300# 工字钢临时联系梁连接成刚性体以保证钢桁架的侧向稳定性，第一榀钢桁架就位后在钢桁架侧向用 2 道 60 mm 松紧螺栓来控制侧向失稳和定位；第二榀钢桁架就位后将这两榀之间的联系梁焊接形成稳定的刚性体，通过吊架位置、吊点以及吊装空间角度的控制实现吊装稳定性。在拉索张拉控制施工过程中采用控制钢绞线内力及结构变形的双控工艺，并重点控制张拉点的钢绞线索力，桁架内侧上弦端钢绞线可在桁架上张拉，桁架内侧下弦端的张拉采用搭设 2×2×3.5 方形脚手架平台辅助完成，张拉根据施加预应力要求分为两个循环进行，第一次循环完成索力目标的 50%；第二次循环预应力张拉至目标索力。

（三）预应力钢结构绿色施工工艺流程

采用模块化施工工艺安排的预应力钢结构施工任务由不同班组相协调配合完成，以四组预应力钢架为一组流水作业，通过一系列质量控制点的设置及控制措施的采取，解决了预应力承载构件制作精度低、现场交叉工序协调性差、预应力索的张拉力难以控制等技术难题。

（四）预应力钢结构绿色施工技术要点

1. 预应力构件精细化制作技术要点

（1）十字型钢骨柱精细化制作技术要点。根据设计图纸和现场吊装平面布置图情况合理分析型钢柱的长度，并考虑各预应力梁通过十字型钢柱的位置。材料入库前核对质量证明书或检验报告并检查钢材表面质量、厚度及局部平面度，经现场有见证抽样送检合格后投入使用。十字型钢构件组立采用型钢组立机来完成，组立前应对照图纸确认所组立构件的腹板、翼缘板的长度、宽度、厚度无误后才能上机进行组装作业。精细化制作的尺寸精度要求：①腹板与翼缘板垂直度误差≤ 2 mm；②腹板对翼缘板中心偏移≤ 2 mm；③腹板与翼缘板点焊距离为 400 mm±30 mm；④腹板与翼缘板点焊焊缝高度≤ 5 mm，长度 40 ～ 50 mm；⑤ H 型钢截面高度偏差为 ±3 mm。采用数控钻床加工完成连接板上的孔，所用孔径都用统一孔模来定位套钻；钢梁上钻孔时先固定孔模，再核准相邻两孔之间间距及一组孔的最大对角线，核准无误后才能进行钻孔作业。

切割加工工艺要求：①切割前母材清理干净；②切割前在下料口进行画线；③切割后去除切割熔渣并将各构件按图编号。组装过程中定位用的焊接材料应注意与母材的匹配并应严格按照焊接工艺要求进行选用，构件组装完毕后应进行自检和互检，测量，填妥测量表，准确无误后再提交专检人员验收，各部件装焊结束后应明确标出中心线、水平线、分段对合线等。

（2）预应力钢骨架及索具的精细化制作技术要点。大跨度、大吨位预应力箱型钢骨架构件采用单元模块化拼装的整体制作技术，并通过结构内部封装施加局部预应力构件。预应力钢骨架的关键制作工序包括精确下料与预拼、腹板及隔板坡口的精致制作、胎架的制作、高质量的焊接及检验、表面处理和预处理技术以及全过程的监督、检查和不合格品控制。在下料的过程中采用数控精密切割，对接坡口采用半自动精密切割且下料后进行二次矫平处理。腹板两长边采用刨边加工隔板及工艺隔板组装的加工，在组装前对四周进行铣边加工，以作为大跨箱形构件的内胎定位基准，并在箱形构件组装机上按 T 形盖部件上的结构定位组装横隔板，组装两侧 T 形腹板部件要求与横隔板、工艺隔板顶紧定位组装。制作无黏结预应力筋的钢绞线，其性能符合国家标准《预应力混凝土用钢绞线》规定，无黏结预应力筋用的钢绞线不应有死弯，若存在死弯必须切断；无黏结预应力筋中的每根钢丝应通长且严禁有接头，不得存在死弯，若存在死弯必须切断，并采用专用防腐油脂涂料或外包层对无黏结预应力筋外表面进行处理。预应力筋所选用的锚具、夹具及连接器的性能均要符合现行国家标准《预应力筋用锚具、夹具和连接器》的规定，在预应力筋强度等级已确定的条件下，预应力筋一锚具组装件的静载锚固性能试验结果应同时满足锚具效率系数≥ 0.95 和预应力筋总应变 ≥ 2.0% 两项指标要求。

2. 主要预应力构件安装操作要点。

（1）十字钢骨架吊装及安装要点。施工时需保证吊在空中时柱脚高于主筋一定距离，以利于钢骨柱能够顺利吊入柱钢筋内设计位置，吊装过程需要分段进行，并控制履带吊车吊装过程中的稳定性。

若钢骨柱吊入柱主筋范围内时操作空间较小，为使施工人员能顺利进行安装操作，考虑将柱子两侧的部分主筋向外梳理，当上节钢骨柱与下节钢骨柱通过四个方向连接耳板螺栓固定后，塔吊即可松钩，然后在柱身焊接定位板，用千斤顶调整柱身垂直度，垂直度调节通过两台垂直方向的经纬仪控制。

十字钢骨柱的安装测量及校正安装钢骨柱要求：先在埋件上放出钢骨柱定位轴线，依地面定位轴线将钢骨柱安装到位，经纬仪分别架设在纵横轴线上，校正柱子两个方向的垂直度，水平仪调整到理论标高，从钢柱顶部向下方画出同一测量基准线，用水平仪测量将微调螺母调至水平，再用两台经纬仪在互相垂直的方向同时测量垂直度。测量和对角紧固同步进行，达到规范要求后把上垫片与底板按要求进行焊接牢固，测量钢柱高度偏差并做好记录，当十字型钢柱高度正负偏差值不符合规范要求时立即进行调整。

十字钢骨架的焊接要求：在平面上从中心框架向四周扩展焊接，先焊收缩量大的焊缝，再焊收缩量小的焊缝，对称施焊。

对于同一根梁的两端不能同时焊接，应先焊一端，待其冷却后再焊另一端。钢柱之间的坡口焊连接为刚接，上、下翼缘用坡口电焊连接，而腹板用高强螺栓连接，柱与柱接头焊接在本层梁与柱连接完成之后进行，施焊时应由两名焊工在相对称位置以相等速度同时施工。H 型钢柱节点的焊接为先焊翼缘焊缝，再焊腹板焊缝；翼缘板焊接时两名焊工对称、反向焊接，焊接结束后将柱子连接耳板割除并打磨平整。

安装临时螺栓：十字型钢柱安装就位后先采用临时螺栓固定，其螺栓个数为接头螺栓总数的 1/3 以上，且每个接头不少于 2 个，冲钉穿入数量不多于临时螺栓的 30%。组装时先用冲钉对准孔位，在适当位置插入临时螺栓并用扳手拧紧。安装时高强螺栓应自由穿入孔内，螺栓穿入方向一致，穿入高强螺栓用扳手紧固后再卸下临时螺栓，高强螺栓的紧固必须分两次进行，第一次为初拧，第二次为终拧，终拧时扭剪型高强螺栓应将梅花卡头拧掉。

（2）预应力钢桁架梁吊装及安装技术要点。钢梁进场后由质检技术人员检验钢梁的尺寸，且对变形部位予以修复，钢梁吊装采用加挂铁扁担两绳四点法进行吊装，吊装过程中于两端系挂控制长绳，钢梁吊起后缓慢起钩，吊到离地面 200 mm 时吊起暂停，检查吊索及塔机工作状态，检查合格后继续起吊。吊到钢梁基本位后由钢梁两侧靠近安装，钢桁架梁就位后在穿入高强螺栓前，钢桁架梁和钢柱连接部位必须先打入定位销，两端至少各两根，再进行高强螺栓的施工，高强螺栓不得慢行穿入且穿入方向一致，并从中央向上下、两侧进行初拧，撤出定位销，穿入全部高强螺栓进行初拧、终拧；钢桁架梁在高强螺栓终拧后进行翼缘板的焊接，并在钢梁与钢柱间焊接处采用 6 mm 钢板做衬垫、用气体保护焊或电弧焊进行焊接。大悬臂区域的对应的施工顺序是先施工屋面大桁架，在施工悬挂部分梁柱，楼板先浇筑非悬臂区楼板和屋面，待预应力张拉完屋面桁架。再浇筑悬臂区楼板，对于五层跨度及重量均较大的钢梁分段制作，钢梁的整榀重量在 7 ～ 11.6 吨不等，采用 2 台 3 吨的卷扬机，采取滑轮组装整体吊装。

（3）预应力桁架张拉技术要点。无黏结预应力钢绞线应采用适当包装，以防止正常搬运中的损坏，无黏结预应力钢绞线宜成盘运输，在运输、装卸过程中吊索应外包橡胶、尼龙带等材料，并应轻装轻卸，且严禁摔掷或在地上拖拉。吊装采用避免破损的吊装方式装卸整盘的无黏结预应力钢绞线；下料的长度根据设计图纸，并综合考虑各方面因素，包括孔道长度、锚具厚度、张拉伸长值、张拉端工作长度等准确计算无黏结钢绞线的下料长度，且无黏结预应力钢绞线下料宜采用砂轮切割机切断。拉索张拉前主体钢结构应全部安装完成并合拢为一整体，以检查支座约束情况，直接与拉索相连的中间节点的转向器以及张拉端部的垫板，其空间坐标精度需严格控制，张拉端的垫板应垂直索轴线，以免影响拉索施工和结构受力。

拉索安装、调整和预紧要求：①拉索制作长度应保证有足够的工作长度；②对于一端张拉的钢绞线束，穿索应从固定端向张拉端进行穿束；对于两端张拉的钢绞线束，穿索应从桁架下弦张拉端向 5 层悬挂柱张拉端进行穿束，同束钢绞线依次传入；③穿索后应立即将钢绞线预紧并临时锚固。拉索张拉前为方便工人张拉操作，事先搭设好安全可靠的操作平台、挂篮等，拉索张拉时应确保足够人，且人员正式上岗前进行技术培训与交底。设备正式使用前需进行检验、校核并调试，以确保使用过程中万无一失。拉索张拉设备须配套标定，其要求千斤顶和油压表须每半年配套标定一次，且配套使用，标定须在有资质的试验单位进行，根据标定记录和施工张拉力计算出相应的油压表值，现场按照油压表读数精确控制张拉力。索张拉前应严格检查临时通道以及安全维护设施是否到位，以保证张拉操作人员的安全；索张拉前应清理场地并禁止无关人员进入，以保证索张拉过程中人员安全。在一切准备工作做完之后，且经过系统的、全面的检查无误，现场安装总指挥检查并发令后，才能正式进行预应力索张拉作业。

第三节　装饰工程的绿色施工综合技术

一、室内顶墙一体化呼吸式铝塑板饰面的绿色施工技术

（一）呼吸式铝塑板饰面构造

室内顶墙一体化呼吸式铝塑板饰面融国外先进设计理念与质量规范，解决了普通铝塑板饰面效果单调、易于产生累计变形、特殊构造技术处理难度大的施工质量问题，并创造性地赋予其通风换气的功能，通过在墙面及吊顶安装大截面经过特殊工艺处理的带有凹槽的龙骨，将德国进口带有小口径通气孔的大板块参数化设计的铝塑板，通过特殊的边缘坡口构造与龙骨相连接，借助于特殊 U 形装置进行调节，同时通过起拱等特殊工艺实现对风口、消防管道、灯槽等特殊构造处的精细化处理，在中央空调的作用下实现室内空气的交换通风。

（二）呼吸式铝塑板饰面绿色施工技术特点

吸收并借鉴国外先进制作安装工艺，针对带有通气孔的大板块铝塑板采用嵌入式密拼技术，通过板块坡口构造与型钢龙骨的无间隙连接，实现室内空气的交换以及板块之间的密拼，密拼缝隙控制在 1 ～ 2 mm 范围内，较传统“S”做法精度提高 50% 以上。通过分块拼装、逐一固定调节以及安装具备调节裕量的特殊 U 形装置消除累计变形，以保证荷载的传递及稳定性。根据大、中、小三种型号龙骨的空间排列构造，采用非平行间隔拼装顺序，基于铝塑装饰板的规格拉缝间隙进行分块弹线，从中间顺中龙骨方向开始先装一排罩面板作为基准，然后两侧分行同步安装，同时控制自攻螺钉间距 200 ～ 300 mm。考虑墙柱为砖砌体，在顶棚的标高位置沿墙和柱的四周，沿墙距 900 ～ 1200 mm 设置预埋防腐木砖，且至少埋设两块以上。采用局部构造精细化特殊处理技术，对灯槽、通风口、消防管道等特殊构造进行不同起拱度的控制与调整，同时，分块及固定方法在试装及鉴定后实施。采用双“回”字形板块对接压嵌橡胶密封条工艺，保证密封条的压实与固定，同时根据龙骨内部构造形成完整的密封水流通道去除室内水蒸气的液化水，较传统的注入中性硅酮密封胶具有更加明显的质量保证。

（三）呼吸式铝塑板饰面绿色施工的工艺流程

室内顶墙一体化呼吸式铝塑板饰面绿色施工工艺流程主要包括大、中、小龙骨的安装以及针对铝塑装饰板的安装与调整、特殊构造的处理等关键的施工工序环节。

（四）呼吸式铝塑板饰面绿色施工的技术要点

1. 施工前准备

参考德国标准按照设计要求提出所需材料的规格及各种配件的数量进行参数设计及制作，复测室内主体结构尺寸并检查墙面垂直度、平整度偏差，详细核查施工图纸和现场实测尺寸，特别是考虑灯槽、消防管道、通风管道等设备的安装部位，以确保设计、加工的完善，避免工程变更。同时，与结构图纸及其他专业图纸进行核对，及时发现问题采取有效措施修正。

2. 作业条件分析的技术要点

现场单独设置库房以防止进场材料受到损伤，检查内部墙体、屋顶及设备安装质量是否符合铝塑板装饰施工要求和高空作业安全规程的要求，并将铝塑板及安装配件用运输设备运至各施工面层上，合理划分作业区域。根据楼层标高线，用标尺竖向量至顶棚设计标高，沿墙、柱四周弹顶棚标高，并沿顶棚的标高水平线，在墙上划好分挡位置线，完成施工前的各项放线准备工作。结构施工时应在现浇混凝土楼板或预制混凝土楼板缝，按设计要求间距预埋 φ6 ～ 10 钢筋吊杆，设计无要求时按大龙骨的排列位置预埋钢筋吊杆，其间距宜为 900 ～ 1200 mm。吊顶房间的墙柱为砖砌体时，在顶棚的标高位置沿墙和柱的四周预埋防腐木砖，沿墙间距 900 ～ 1200 mm，柱每边应埋设木砖两块以上。安装完顶棚内的各种管线及通风道，确定好灯位、通风口及各种露明孔口位置。

3. 大、中、小型钢龙骨及特殊 U 形构件安装的技术要点

龙骨安装前应使用经纬仪对横梁竖框进行贯通检查，并调整误差，一般情况下龙骨的安装顺序为先安装竖框，然后再安装横梁，安装工作由下往上逐层进行。

（1）安装大龙骨吊杆要求。在弹好顶棚标水平线及龙骨位置线后，确定吊杆下端头的标高，按大龙骨位置及吊挂间距，将吊杆无螺栓丝扣的一端与楼板预埋钢筋连接固定。安装大龙骨要求配装好吊杆螺母，在大龙骨上预先安装好吊挂件，将组装吊挂件的大龙骨按分档线位置使吊挂件穿入相应的吊杆螺母，并拧好螺母，大龙骨相接过程中装好连接件，拉线调整标高起拱和平直，对于安装洞口附加大龙骨需按照图集相应节点构造设置连接卡，边龙骨的固定要求采用射钉固定，射钉间距宜为 1000 mm。

（2）中龙骨的安装。应以弹好的中龙骨分挡线，卡放中龙骨吊挂件，吊挂中

龙骨按设计规定的中龙骨间距将中龙骨通过吊挂件，吊挂在大龙骨上，间距宜为500～600 mm，当中龙骨长度需多根延续接长时用中龙骨连接件，在吊挂中龙骨的同时相连需调直固定。

（3）小龙骨的安装。以弹好的小龙骨分挡线卡装小龙骨吊挂件，吊挂小龙骨应按设计规定的小龙骨间距将小龙骨通过吊挂件，吊挂在中龙骨上，间距宜为400～600 mm。当小龙骨长度需多根延续接长时用小龙骨连接件，在吊挂小龙骨的同时，将相对端头相连接并先调直后固定。若采用T形龙骨组成轻钢骨架时，小龙骨应在安装铝塑板时，每装一块罩面板先后各装一根卡挡小龙骨。

竖向龙骨在安装过程中应随时检查竖框的中心线，竖框安装的标高偏差不大于1.0 mm；轴线前后偏差不大于2.0 mm，左右偏差不大于2.0 mm；相邻两根竖框安装的标高偏差不大于2.0 mm；同层竖框的最大标高偏差不大于3.0 mm；相邻两根竖框的距离偏差不大于2.0 mm。竖框与结构连接件之间采用不锈钢螺栓进行连接，连接件上的螺栓孔应为长圆孔以保证竖框的前后调节。连接件与竖框接触部位加设绝缘垫片，以防止电解腐蚀。横梁与竖框间采用角码进行连接，角码一般采用角铝或镀锌铁件制成，横梁安装应自下而上进行，应进行检查、调整、校正。相邻两根横梁的标高水平偏差不大于1.0 mm；当一副铝塑板宽度大于35 m时，标高偏差不大于4.0 mm。

4. 铝塑装饰板安装操作要点

带有通气小孔的进口铝塑板的标准板块在工厂内参数化加工成型，覆盖塑料薄膜后运输到现场进行安装。在已经装好并经验收的轻钢骨架下面按铝塑板的规格、拉缝间隙进行分块弹线，从顶棚中间顺中龙骨方向开始先装一行铝塑板作为基准，然后向两侧分行安装，固定铝塑板的自攻螺钉间距为200～300 mm，配套下的铝合金副框料先与铝塑板进行拼装以形成铝塑板半成品板块。铝塑板材折弯后用钢副框固定成形，副框与板侧折边可用抽芯铆钉紧固，铆钉间距应在200 mm左右，板的正面与副框接触面黏结。固定角铝按照板块分格尺寸进行排布，通过拉铆钉与铝板折边固定，其间距保持在300 mm以内。板块可根据设计要求设置中加强肋，肋与板的连接可采用螺栓进行连接，若采用电弧焊固定螺栓时应确保铝板表面不变形、不褪色、连接牢固，用螺钉和铝合金压块将半成品标准板块固定与龙骨骨架连接。

5. 特殊构造处处理的操作要点

铝塑板在结构边角收口部位、转角部位需重点考虑室内潮气积水问题，而在顶和墙的转角处设置一条直角铝板，与外墙板直接用螺栓连接或与角位立梃固定。交接部位的处理：不同材料的交接通常处于横梁、竖框的部位，应先固定其骨架，再将定型收口板用螺栓与其连接，且在收口板与上下板材交接处密封。室内内墙墙面边缘部位收口用金属板或形板将幕墙端部及龙骨部位封盖，而墙面下端收口处理用一条特制挡水板将下端封住，同时将板与墙缝隙盖住。铝塑板密拼节点的处理直接关系到装饰面的整体稳定性、密拼宽度以及累加变形的控制。

对于安装在屋顶上部的消防管道、中央空调管道以及灯槽等构造，吊杆对称设置在构件的周围并进行局部加强，为保证铝塑板饰面与上述构造之间的空间，在设计过程中进行局部高程的调整并做好连接与过渡，可保证室内装饰的整体效果。

6. 橡胶填充条的嵌压与调整

传统的板块密封借助于密封胶进行拼接分析的处理，而室内顶墙一体化呼吸铝塑装饰板之间拼缝的处理借助于橡胶条进行填充密封。对拼标准板块四周“回”字形构造，填充橡胶密封填料并压实，处理好填料的接头构造，保证内“回”字形通道的畅通。清理标准铝塑板块的外表面保护措施，并做好表面的清理与保护工作。

7. 成品保护的操作要点

轻钢骨架及铝塑面板安装应注意保护顶棚内各种管线，轻钢骨架的吊杆、龙骨不准固定在通风管道及其他设备件上。轻钢骨架、铝塑板及其他吊顶材料在入场存放、使用过程中应严格管理，保证不变形、不受潮和不生锈。施工顶棚部位已安装的门窗，已施工完毕的地面、墙面、窗台等应注意保护以防止污损，已装轻钢骨架不得上人踩踏，其他工种吊挂件不得吊于轻钢骨架上，为保护成品要求铝塑装饰板安装必须在棚内管道，试水、保温等一切工序全部验收后进行。

（五）呼吸式铝塑板饰面绿色施工的质量控制

1. 保证铝塑板基本功能的控制措施

吊顶不平的原因在于大龙骨安装时吊杆调平不认真，造成各吊杆点的标高不一致，施工时应检查各吊点的紧挂程度，并接通线检查标高与平整度是否符合设计和施工规范要求。轻钢骨架局部节点构造不合理的控制在于留洞、灯具口、通风口等处，应按图相应节点构造设置龙骨及连接件，使构造符合图册及设计要求。轻钢骨架吊固不牢的原因在于顶棚的轻钢骨架应吊在主体结构上，并应拧紧吊杆螺母以控制固定设计标高，严禁顶棚内的管线、设备件吊固在轻钢骨架上。面板分块间隙缝不直的控制在于施工时注意板块规格，拉线找正，安装固定时保证平正对直。压缝条、压边条不严密、平直质量控制的关键在于施工时应拉线，对正后固定、压粘。

2. 铝塑板密拼技术质量控制的实施

施工前应检查选用的单层铝塑板及型材是否符合要求，规格是否齐全，表面有无划痕，有无弯曲现象，需保证规格型号统一、色彩一致。单层铝塑板的支承骨架应进行防锈处理，当单层铝塑板或型材与未养护的混凝土接触时，最好涂一层沥青玛蹄脂隔声、防潮，浸有减缓火焰蔓延药和经防腐处理的木隔筋与铝塑板连接。连接件与骨架的位置应与单层铝板规格尺寸一致，以减少施工现场材料切割。单层铝塑板材的线膨胀系数较大，在施工中一定要留足排缝，墙脚处铝塑型材应与板块、地面或水泥类抹面相交。施工后的墙体表面应做到表面平整，连接可靠，无翘起、卷边等现象。

3. 铝塑板表观质量的控制措施

板面不平整、接触不平不齐质量问题及控制。质量问题表现为板面变形出现不平整部位，相邻板面不平在接缝处形成高差，接缝宽度不一，其质量问题产生的原因在于铝塑板在制作、运输、堆放过程中造成的变形以及连接码件安装不平直、固定不牢，使铝板偏移。可采取的质量控制措施包括：安装前严格检查铝板质量，发现变形板块及时上报和放置连接码件时要放通线定位，操作中确保接码件牢固。

4. 呼吸式铝塑板饰面绿色施工的环境保护措施

在作业区所有材料、成品、板块、零件分类按照有关物品储运的规定堆放整齐，标志清楚，施工现场的堆放材料按施工平面图码放好各种材料，运输进出场时码放整齐，捆绑结实，散碎材料防止散落，门口处设专人清扫。建筑垃圾堆放到指定位置并做到当日完工清场；清运施工垃圾采用封闭式灰斗。夜间照明灯尽量把光线调整到现场以内，严禁反强光源辐射到其他区域。尽量选择噪声低、振动小、公害小的施工机械和施工方法，以减小对现场周围的干扰。

在施工区要求所有设备排列整齐、明亮干净、运行正常、标志清楚。专人负责材料保管、清理卫生，保持场地整洁。建立材料管理制度，严格按照公司有关制度办事，按照 ISO 9001 认证的文件程序，做到账目清楚、账实相符、管理严密。项目部管理人员对指定分管区域的垃圾、洞口和临边的安全设施等进行日常监督管理，落实文明施工责任制。对施工队的管理进行“比安全、比质量、比进度、比标化、比环保”的“五比”劳动竞赛活动，定期评比表彰，做到常赛常新。施工区设保卫专管人员，建立严格的门卫制度，努力创建安全文明施工单位。

二、门垛构造改进调整及直接涂层墙面的绿色施工技术

（一）直接涂层墙面的特点

由于建筑结构设计缺乏深化设计和不能满足室内装修的特殊要求，改造门垛的尺寸及结构构造非常常见，但传统的门垛改造做法费时、费力，易于造成环境污染，且常产生墙面开裂的质量通病，严重影响着墙体的表观质量和耐久性。适用于门垛构造改进调整及直接做墙面涂层的施工工艺，其关键技术是门垛改造局部组砌及墙面绿色

和机械化处理施工，这个技术解决了传统门垛改造的墙面砂浆粉刷施工费时、费工、费材，且工程质量难以保证的问题。

加气块砌体墙面免粉刷施工工艺要求砌筑时提高墙面的质量标准，填充墙砌筑完成并间隔两个月后，用专用泥子分两遍直接批刮在墙体上，保养数天后仅需再批一遍普通泥子即可涂刷乳胶漆饰面，该绿色施工技术所涉及的免粉刷技术可代替水泥混合砂浆粉刷层，但该免粉刷工艺对墙体材料配置、保管和使用具有独特的要求，该墙面涂层具有良好的观感效果和环境适应性。

（二）直接涂层墙面的绿色施工技术特点

通过基于门垛口精确尺寸放线的拆除技术，针对拆除后特定的不规则缺口构造，预埋拉结钢筋，进行局部可调整的加气砖砌体组砌施工，缝隙及连接处进行填充密实，完成门垛构造墙体的施工；采用专用泥子基混合料做底层和面层，配合双层泥子基混合料粉刷墙面，可代替传统的砂浆粉刷。在面层墙面施工的过程中借助于自主研发的自动加料简易刷墙机实现一次性机械化施工，实现高效、绿色、环保的目标。

门垛拆除后马牙槎构造的局部调整组砌及拉结筋的预埋工艺，可保证新老界面的整体性。门垛构造处包括砌体基层、局部碱性纤维网格布、底层泥子基混合料、整体碱性纤维网格布、面层泥子基混合料和饰面涂料刷的新型墙面构造，代替传统的砂浆粉刷方法，通过批两道泥子基混合胶凝材料为关键主线，并兼顾基层处理、压耐碱玻纤网格布、采用以批两道泥子基混合胶凝材料为关键主线，并兼顾基层处理、压耐碱玻纤网格布的依次顺序施工方法。

采用专用泥子基混合料和简便、快捷的施工工艺，可实现绿色施工过程中对降尘、节地、节水、节能、节材多项指标要求，并使该工艺范围内的施工成本大幅度降低。采用包括底座、料箱、开设滑道的支撑杆、粉刷装置、粉刷手柄、电泵、圆球触块、凹槽以及万向轮等基本构造组成的自动加料简易刷墙机，可实现涂刷期间的自动加料，省时省力，而通过粉刷手柄手动带动滚轴在滑道内紧贴墙面上下往返粉刷，可实现灵活粉刷、墙面均匀受力和墙面的平整与光滑。

（三）直接涂层墙面的绿色施工技术要点

1. 门垛构造砖砌体的组砌技术要点

砖砌体的排列上、下皮应错缝搭砌，搭砌长度一般为砌块的 1/2，不得小于砌块长的 1/3，转角处相互咬砌搭接；不够整块时可用锯切割成所需尺寸，但不得小于砖砌块长度的 1/3。灰缝横平竖直，水平灰缝厚度宜为 15 mm，竖缝宽度宜为 20 mm；砌块端头与墙柱接缝处各涂刮厚度为 5 mm 的砂浆黏结，挤紧塞实。灰缝砂浆应饱满，水平缝、垂直缝饱满度均不得低于 80%。砌块排列尽量不镶砖或少镶砖，必须镶砖时，应用整砖平砌，铺浆最大长度不得超过 1500 m。砌体转角处和交接处应同时砌筑，对不能同时砌筑而必须留置的临时间断处，应砌成斜槎，斜槎不得超过一步架。墙体的拉结筋为 2956，两根钢筋间距 100 mm，拉结筋伸入墙内的长度不小于墙长的 1/5 且不小于 700 mm。墙砌至接近梁或板底时应留空隙 30 ～ 50 mm，至少间隔 7 天后，用防腐木楔楔紧，间距 600 mm，木楔方向应顺墙长方向楔紧，用 025 细石混凝土或 1 ∶ 3 水泥砂浆灌注密实，门窗等洞口上无梁处设预制过梁，过梁宽同相应墙宽。拉通线砌筑时，应吊砌一皮、校正一皮，皮皮拉线控制砌体标高和墙面平整度；每砌一皮砌块，就位校正后，用砂浆灌垂直缝，随后原浆勾缝，满足深度 3 ～ 5 mm。

2. 砖砌体的处理技术要点

砖砌体按清水墙面要求施工：垂直度 4°、平整度 5°，灰缝随砌随勾缝，与框架柱交接处留 20 mm 竖缝，勾缝深 20 mm；沿构造柱槎口及腰梁处贴胶带纸封模浇筑混凝土。清理砌体表面浮灰、浆，剔除柱梁面凸出物，提前一天浇水湿润，墙体水平及竖向灰缝用专用泥子填平，交界处竖缝填平，并批 300 mm 宽泥子，贴加强网格布一层压实。

3. 批专用泥子基层及碱性网格布技术要点

局部刮泥子完成后，600 mm 加长铁板赶平压实，确保平整。待基层干燥后对重点部位进行找补，主要采用柔性耐水泥子来实施作业，待泥子实干以后方可进行下一道工序施工。用橡皮刮板横向满刮，一板紧接一板刮，接头不得留槎，每刮一板最后收头时要注意收得干净利落。在相关接触部位采用砂纸打磨，以保证其平整度，其批底层 4 ～ 6 mm 厚专用泥子基混合料，并压入碱性玻纤网格布。

4. 涂面层乳胶漆涂料技术要点

机械化的刷涂顺序按照先上后下的顺序进行，由一头开始，逐渐涂刷向另外一头，要注意与上下顺刷相互衔接，避免出现干燥后再处理接头的问题。自动加料简易刷墙机的涂刷操作过程，通过操作粉刷装置可以在滑道上上下移动实现机械化涂刷，在完成涂刷时将粉刷手柄与地面垂直放置，可节省空间。机械化涂装过程要求开始时缓慢滚动，以免开始速度太快导致涂料飞溅，滚动时使滚筒从下向上，再从上向下“M”形滚动，对于阴角及上下口需用排笔、鬃刷涂刷施工。

（1）涂底层涂料作业可以适当采用一道或两道工序，在涂刷前要将涂料充分搅拌均匀，在涂刷过程中要求涂层厚薄一致，且避免漏涂。

（2）涂中间层涂料一般需要两遍且间隔不低于 2 小时，复层涂料需要用滚涂方式，在进行涂刷的过程中要注意避免涂层不均匀，如弹点的大小与疏密不同，且要根据设计要求进行压平处理。

（3）面层涂料宜采用向上用力、向下轻轻回荡的方式以达到较好的效果，涂刷同时要注意设定好分界线，涂料不宜涂刷过厚，尽量一次完成以避免接痕等质量问题的产生。

（4）门垛口及墙面成品的保护要求涂刷面层涂料完毕后要保持空气的流通以防止涂料膜干燥后表面无光或光泽不足，机械化粉刷的涂料未干前应保持周围环境的干净，不得打扫地面等以防止灰尘黏附墙面涂料。

（四）直接涂层墙面的绿色施工技术的质量保证措施

砖砌体的组砌过程通过实时监测，严格控制其垂直度等，配制的专用泥子基混合胶凝材料要加强控制和管理，严禁配比不当或使用不当情况，按照施工工艺流程做好每道工序施工前的准备工作，避免由于准备不当造成材料的污染或者返工，进而导致质量下降和工期延长。粉煤灰加气墙体宜认真清理和提前浇水、一般浇水两遍，使水深度入墙达到 8 ～ 10 mm 即符合要求。施工前应用托线板、靠尺对墙面进行尺寸预测摸底，并保证墙面垂直、平整、阴阳角方正。压入耐碱玻纤网格布必须与批泥子基混合胶凝材料同步实施，且需调整其接触。机械化涂刷时应按照施工工艺流程，做好每道工序施工前的准备工作，以避免由于准备不当造成的涂料的污染或者返工，进而导致质量下降和工期延长。机械化涂刷过程宜控制滚刷的力度与速度。在不同季节进行施工时，应注意不同涂料成膜助剂的使用量，夏季和冬季应该选择合适的实验标准，避免因为助剂使用不够而导致的开裂等问题。机械化涂刷过程应做到保量、保质，不出现漏涂、膜厚度不够等问题。

（五）直接涂层墙面绿色施工技术的环境保护措施

1. 节能环保的组织与管理制度的建立

建立施工环保管理机构，在施工过程中严格遵循国家和地方政府下发的有关环境保护的法律、法规和规章制度。加强对施工粉尘、生产生活垃圾的控制和治理，遵守文明施工、防火等规章制度，随时接受各级相关单位的监督检查。

2. 节能环保的具体措施

施工周边应根据噪声敏感区的不同，选择低噪声的设备及其他措施，同时应按有关规定控制施工作业时间。施工作业时操作人员应佩戴相应的保护设施及器材，如口罩、手套等以避免危害工人的健康。材料使用后应及时封闭存放，废料应及时清除。施工时室内应保证良好的通风，以免对作业人员的健康造成损害。面层乳胶漆施工涂刷过程中不得污染地面、踢脚线等，已完成的分部分项工程，严禁在室内使用有机溶剂清洗工具。施工完成后要保证室内空气的流通，防止表面无光与光泽不足，不宜过早的打扫室内地面，严防粉尘造成的污染。

三、轻骨料混凝土内空隔墙的绿色施工技术

（一）轻质混凝土内空隔墙的构造

伴随高层及超高层建筑物的不断涌现，其所对应的建筑高度记录被不断刷新，然而建筑高度的不断增加对建筑结构设计提出严峻的技术挑战，降低结构本身的自重及控制高层结构水平位移量是工程的设计与施工的重点和难点，传统技术的应用无法取得预期的目标，且存在耗时、耗料、质量难以保证等缺点，新型轻骨料混凝土内空隔墙创新的绿色施工技术解决了轻骨料混凝土内空隔墙整体性及耐久性差、保温隔热降噪效果不佳、施工操作较为复杂、施工现场环保控制效果不理想的质量控制难题。

轻骨料混凝土内隔墙的组成主要有四部分：即龙骨结构、小孔径波浪形对拼金属网、轻质陶粒混凝土骨料和面层水泥砂浆。通过现场安装制作、灵活布置内墙的分布，可大幅度降低自重、节省室内有限空间，在施工过程中完成水、电管线路在金属网片之间的固定与封装，其中压型钢板网现场切割制作，厚度为 0.8 mm，网孔规格 6 ～ 12 mm，滚压成波形状，龙骨材料采用热轧薄钢板，厚度为 0.6 mm，滚压成“L”形与“C”形，填槽或打底采用的轻骨料混凝土强度为 C40，轻骨料为 400 kg/m 陶粒，面层为 20 mm 厚 1 ∶ 3 水泥砂浆，该轻骨料混凝土内空隔墙的各项技术指标均满足要求，其复合结构最大限度地发挥了新材料、新体系以及新工艺的最佳组合，符合当前建筑行业节能降噪与绿色施工的总要求。

（二）绿色施工技术特点

基于龙骨安装、金属单片网的固定、水电管线的墙内铺设及轻质混凝土材料浇筑为关键工序的无间歇顺序法施工工艺，具备快捷、方便、高效的特性，适应轻骨料混凝土内空隔墙自重轻、分割效果灵活多变的安装要求，使其具有良好的保温、隔热及降噪功能。采用现场参数化切割制作满足超薄厚度要求的异形 A 和 B 型号对拼单片网。同时，用于支撑和固定的“L”形和“C”形龙骨现场滚压成型，可加快施工安装的速度，满足并行、连续施工的要求。

“L”形龙骨的精确定位与精致安装：与楼地面、楼顶面接触的“L”形边龙骨固定间距控制在 500 mm 以内，墙或柱边用分段的“L”形边龙骨进行连接，高度方向间距不大于 600 mm，连接件长度 200 mm，每个固定件有两个固定点，该绿色施工方法可实现超薄轻骨料混凝土内空隔墙的稳定性与耐久性。

金属网片及竖向龙骨同步安装：网片拼装时两网片之间用 22# 扎丝连接固定，间距 400 mm 左右，并在中间设置一根“C”形竖向龙骨与网片进行连接，间距 450 mm 左右，网板与上下“L”形边龙骨连接处用 22# 铁丝绑扎固定，对不足一块的网板应

放在墙体中部，并加设一根龙骨，该施工工艺做法可进一步增强墙体的稳定性。

水电管在内空隔墙金属网内精确固定与永久封装：采用钢板网进行局部补强并填充一定高度的C20细石混凝土，以保证墙体与管线的整体性，开关及插座、接线盒等管线可预埋在中空内膜网片中，用22#镀锌铁丝与中空内膜网片绑扎牢固，并用水泥砂浆固化且不得松动。

采用特殊的硅藻土涂料喷浆基底处理的绿色施工技术，实现灰浆层与网片结构的永久性黏结，按照顺序施工工艺完成10 mm厚1 ∶ 3水泥砂浆层、陶粒填凿层以及10 mm厚1 ∶ 3水泥砂浆抹面层的施工，其精细化的面层处理措施克服了开裂、平整度差的质量通病，可大幅度提高墙面质量，也为建筑内墙体高品质装修完成前期的准备工作。

（三）内空隔墙绿色施工的施工工艺流程

轻骨料混凝土内空隔墙的施工主要由瓦工、钢筋工等工种作业人员协调完成，用于固定结构的龙骨编织安装和水电配管的密封安装协调是施工过程的关键工序，通过合理的施工工艺流程及质量控制点的设置解决了轻骨料混凝土内空隔墙整体性及耐久性差、水电配管安装难度大、抹灰及外层表面质量差的质量难题，大幅度提升了墙体的施工速度。

（四）绿色施工的技术要点

1. 施工前的准备

根据已确定的图纸进行现场测量并计算龙骨、网片及配件的数量，同时及时反馈工厂进行加工制作，根据工程现场条件确定现场供水、供电及运输方式，编制劳动力需要计划，安排临时设施和生活设施，确保材料及设备进场后的堆放及保管，同时编制电气施工图专项方案并完成技术交底工作。

2. 金属网板及龙骨的加工制作

金属网板采用专用加工机械现场参数化制作，其中可兼用内外墙用的A型单片网宽度尺寸为450 mm，厚度为60 mm，成墙后的厚度为160 mm；专用于户内内空隔墙的B型单片网宽度为540 mm，单片网板厚度为27.5 mm，成墙厚度为90 ～ 100 mm。

所用龙骨的制作采用冷轧或热轧薄钢板，其厚度为0.6 mm，滚压成型为“L”和“C”形，“L”形龙骨用于户内空墙540 mm间距布置，“C”形龙骨分户内空墙按照450 mm间距布置，网板加工完成后应按长度不同分类进行堆放，网板堆放高度不应大于10块以防挤压变形并保持通风及干燥。

3. 现场施工放线

轻骨料混凝土内空隔墙的放线施工与金属网板及龙骨的下料制作平行施工，可大幅度节约工期，放线前清理地面并转移妨碍放线的设施及物品；根据基准线量出需要施工墙体的轴线，并用墨线弹出，根据弹出的墙体轴线向两边用墨线弹出墙体安装的控制线，且将底线引致顶棚并在墙或柱上弹出，由于墙体厚度较薄对测量放线的精度要求高，其尺寸误差控制在 10 mm 范围内；放线时应对特殊构造进行处理，应对门窗洞口的位置等在放线时标出，并注明尺寸及高度，放线结束时应及时报请监理单位进行验收，工序交验完成后方可进行下道工序施工。

4. "L" 形边龙骨的安装

根据放样墨线用射钉固定"L"形边龙骨，与楼地面、楼顶面接触的"L"形边龙骨固定间距控制在 500 mm 左右。上下"L"形边龙骨安装时朝向一致，墙或柱边用分段的"L"形边龙骨进行连接，高度方向间距不大于 600 mm，连接件长度 200 mm，每个固定件要求有两个固定点。门洞口在安装固定"L"形边龙骨时只安装顶棚部分，地面部分不安装"L"形边龙骨，安装固定后经现场检验方可进入下道工序施工。

（五）轻质隔墙绿色施工中的环境保护措施

建立和完善环境保护和文明施工管理体系，制定环境保护标准和具体措施，明确各类施工制作人员的环保职责，并对所有进场人员进行环保技术交底和培训，建立施工现场环境保护和文明施工档案。按照"安全文明样板工地"的要求对施工现场的加工场地、室内施工现场统一规划，分段管理，做到标牌清楚、齐全、醒目，施工现场整洁文明。

做好现场加工废料的回收工作，及时清理施工现场少量的建筑漏浆，做好卫生清扫与保持工作。及时进行室内通风，保持室内空气清洁，防止粉尘污染，如有必要需采用通风除尘设备以保证室内作业环境空气指标；探照灯要选用既满足照明要求又不刺眼的新型节能灯具，做到节能、环保，并有效控制光污染；科学组织、选用先进的施工机械和技术措施，严格控制材料的浪费。

四、新型花岗岩饰面保温一体板外墙外保温的绿色施工技术

（一）新型花岗岩饰面一体板构造

新型超薄花岗岩饰面保温一体板新产品，作为一款在施工现场用底板和盖板、阻

燃型聚氨酯有机保温材料保温板、超薄花岗岩饰面板，采用水泥砂浆混合建筑胶水黏结而成的“四新”产品。通过粘锚结合的方式实现大板块一体板与墙体的结合，对板块拼缝的细部构造处理解决“冷桥”问题和墙面自排水问题，实施模块化的连续交叉施工组织，保证外墙施工可满足保温、防水、抗老化等性能要求，且无任何质量通病。

（二）外保温绿色施工的技术特点

新型花岗岩饰面保温一体板的构造，包括厚度均为 20 mm 的防水材料底板和盖板、厚度为 30 mm 的阻燃型聚氨酯有机保温材料保温板、厚度为 10 mm 的超薄花岗岩饰面板，而所采用的黏结材料是水泥与建筑胶水按特定比例配置的混合胶凝材料，具有装饰效果性能好、不开裂、不变形、保温性能持久稳定的突出特点。新型花岗岩饰面保温一体板的安装采用粘—锚结合的固定方式，通过水泥胶凝材料实现与外墙体的黏结，再次通过特殊的“四爪式”实现四块一体板板角的同步固定，借助特殊的 T 型锚固件实现两块一体板板边的固定，进而实现永久的固定。实现对板缝构造的精确控制，通过板块密拼及设置保温密封条和密封胶封装联合应用解决“冷桥”问题。在板缝处设置有组织的自排水通道构造，实现墙面积水的有序流动和收集，可有效保证外墙的使用功能。新型花岗岩饰面保温一体板的综合施工技术可实现作业面区域灵活划分、模块化交叉作业，同步连续施工，而新型花岗岩饰面保温一体板现场制作与安装的绿色环保、无污染与锚固件所用材料的循环利用是特殊的亮点。

（三）外墙外保温绿色施工技术要点

1. 新型花岗岩饰面保温一体板的现场制作

制作时先将底板抹水泥建筑胶水混合砂浆，并保证砂浆的均匀性，然后将有机保温材料套装在底板上以保证良好的结合特性。保温层安装在基板上后，外保温层外圈的通孔内或者保温层有选择的通孔内充填水泥黏合材料。将盖板固定在阻燃型聚氨酯有机材料保温板上，保温层上设置能够插在保温层通孔里的盖板凸块，盖板固定在保温层上，并且在已经填充上水泥的通孔内，盖板凸块与基板凸块以及保温层相互黏合，最终使基板保温层和盖板黏结成一体，对其进行整体切割裁剪，最后黏结超薄花岗岩饰面板。

2. 外墙墙面基体处理

新型花岗岩饰面保温一体板的安装应在外墙基层墙体找平层合格后进行，而且要求在门窗框附框及出墙面建筑构件的预埋件等按照设计安装完毕后进行。基层应满足平整和结实的要求，同时要求墙面上的污物、疏松空鼓的抹灰层及油渍等均应彻底铲除干净，而对破损的抹灰层必须修补平整。用滚刷将界面砂浆均匀涂刷，不得漏刷，拉毛厚度控制在 0.5 ～ 3.5 mm 为宜，并且要求具有较高的黏结强度。用 2 m 靠尺检查其平整度与垂直度，平整度最大偏差不超过0.5 mm，垂直度偏差最大不超过0.8 mm。超出部分应剔凿，凹进部分应用砂浆补平且要求穿墙孔管周边应填塞严密。

3. 墙面控制线的弹放

在顶板、侧墙处根据保温一体板厚度吊垂直、套方、弹厚度控制线，并在墙面上弹内保温一体板安装控制线。安装控制线横向基准控制线放在阴阳角轮廓线上，而控制线的纵向基础线放在建筑墙面上。

4. 新型花岗岩饰面保温一体板粘贴安装

按照黏结砂浆：水为5 ∶ 1的质量比例加入水，使用电动搅拌器充分搅拌均匀，并静置5～10分钟，二次搅拌完成后即可使用。搅拌好的砂浆要求在2小时内完成，同时严禁将已经凝固的砂浆二次搅拌后的使用。使用点框方式粘贴保温板要求首先把调配均匀的黏结剂均匀点涂在保温复合板的背面，边框涂满，边框砂浆涂抹的厚度不小于85 mm。涂点的直径不小于100 mm，且要求不少于6个，以确保保温一体板与墙体的黏结面积不小于50%。将板推压到墙上，黏结砂浆涂点定型后厚度控制在8～10 mm，调整保温板位置使分割缝对齐，若局部边角处不符合保温板尺寸，可以现场进行切割处理再进行粘贴。

5. “四爪式”铝合金锚固件的安装

将“四爪式”和“T形式”连接件套管按照设计和施工放线位置打孔，锚入基层墙体。新型花岗岩饰面保温一体板黏结就位后，随即安装带有尼龙抗震隔热垫的“四爪式”和“T形式”锚固件，要求每个“四爪式”铝合金锚固件固定四块一体板，要求“T形式”铝合金锚固件固定两块保温一体板，要保证铝合金锚固件的整齐排列和垂直度，通过精细化的调整保证铝合金锚固件与一体板的均匀接触。挂件要求与装饰板连接牢靠，安装时不得松动或移动已经黏结好的保温板以免影响黏结砂浆强度。

6. 特殊节点构造处理的技术要点

为保证阴阳角、窗户上下口处等部位的强度，护角采用尼龙螺栓锚固加强，并用石材强力胶黏结，其缝隙采用发泡聚氨酯填实，最后将缝隙采用中性硅酮密封胶密封。

7. 一体板板缝的处理技术要点

新型花岗岩饰面保温一体的板缝实现密拼，板缝的宽度与铝合金锚固件的直径相同，满足连接误差。在贯通板缝设置封装的自排水密实管道，保证墙面积水的收集和流通，在此基础上用发泡聚氨酯保温材料填充解决“冷桥”问题。因为整个保温系统为封闭系统，若发生异常事件或室内水进入保温装饰板，要求必须有排水结构将水排出，因此在该保温系统的勒脚处设置一排10 mm的不锈钢管，设置的间距约为8 m。其他板缝嵌缝填充后贴美纹纸再用中性硅酮密封胶勾缝，勾缝完成后拉掉美纹纸，密封胶最薄弱处不应小于 5 mm，而胶缝应满足饱满、密实、均匀且无气泡的凹形沟槽。

8. 面层清洁的技术要点

先将清洁装饰板边缘上的灰尘和污垢清洁干净，再用干净毛巾将黏结胶遗留物清洁干净；若遇到保温装饰板局部黏结有水泥、灰砂，需应用清水清洁干净。

（四）外墙外保温施工环境保护措施

加强环保教育与激励措施，把环保作为全体施工人员的上岗教育内容，提高环保意识，做好对废弃物品的处理，按照 ISO 14001 环境标准的要求执行，对施工过程中产生的废弃物集中堆放，并定期委托当地环保部门清运。采用新型花岗岩饰面保温一体板外墙可有效减少墙体的厚度，降低传统材料的用量，其自身独特的构造组成大大降低“冷桥”效应的不良影响，可充分节约保温材料的用量，实现材料生产的节能降耗。新型花岗岩饰面保温一体板外墙可大大提高墙体的气密性能，从而达到进一步节约能源的目的。在新型花岗岩饰面保温一体板外墙开孔过程中采取必要的防尘、降噪措施，在作业时应尽量控制噪声的影响，对噪声大的设备不得使用，而对施工过程中必须用到的切割机、开孔机等强噪声设备设置封闭的操作棚，以减少噪声的扩散。合理收集和利用建筑钢材下料的余料，加工制作成锚固固件，做到对钢材材料的循环环保利用。

第四节　建筑安装工程的绿色施工综合技术

一、大截面镀锌钢板风管的制作与绿色安装技术

（一）大截面镀锌钢板风管的构造

镀锌钢板通风风管达到或超过一定的接缝截面尺寸界限会引起风管本身强度不足，进而伴随其服役时间的增加而出现翘曲、凹陷、平整度超差等质量问题，最终影响其表现质量，其结果导致建筑物的功能与品质严重受损。而基于“L”形插条下料、风管板材合缝以及机械成型“L”形插条准确定位安装的大截面镀锌钢板风管构造，主要通过用同型号镀锌钢板加工成“L”形插条在接缝处进行固定补强，采用镀锌钢板风管自动生产线及配套专用设备，需根据风管设计尺寸大小。在加工过程中可采用同规格镀锌钢板板材余料制作“L”形风管插条作为接缝处的补强构件，通过单平咬

口机对板材余料进行咬口加工制作，在现场通过手工连接、固定在风管内壁两侧合缝处形成一种全新的镀锌钢管风管。

（二）大截面镀锌钢板风管绿色安装技术特点

大截面镀锌钢板风管采用“L”形插条补强连接全新的加固方法，克服了接缝处易变形、翘曲、凹陷、平整度超差等质量问题，降低因质量问题导致返工的成本。形成充分利用镀锌钢板剩余边角料在自动生产线上一次成型的精细化加工制作工艺，保证无扭曲、角变形等大尺寸风管质量问题，同时可与加工制作后的现场安装工序实现无间歇和调整的连续对接。简单且易于实现的全过程顺序施工流程，采用“L”形加固插条无铆钉固定与风管合缝处的机械化固定处理相结合关键作业工序。通过对镀锌钢板余料的充分利用，插条合缝处涂抹密封胶的选用、检测与深度处理，深刻体现着绿色、节能、经济、环保的特色与亮点。

（三）大截面镀锌钢板风管的绿色施工的技术要点

风板、插条下料前需对施工所用的主要原材料按有关规范和设计要求，进行进场材料验收准备工作，对所使用的主要机具进行检验、检查和标定，合格后方可投入使用。现场机械机组准备就绪、材料准备到位，操作机器运行良好，调整到最佳工作状态，临时用电安全防护措施已落实。在保证机器完好并调整到最佳状态后，按照常规做法对板材进行咬口，咬口制作过程中宜控制其加工精度。

按规范选用钢板厚度，咬口形式的采用根据系统功能按规范进行加工，防止风管成品出现表面不同程度下沉，稍向外凸出有明显变形的情况。安排专人操作风管自动生产线，正确下料，板料、风管板材、插条咬口尺寸正确，保证咬口宽度一致。

镀锌包钢板的折边应平直，弯曲度不应大于 5/1000，弹性插条应与薄钢板法兰相匹配，角钢与风管薄钢板法兰四角接口应稳固、紧贴，端面应平整、相连接处不应该有大于 2 mm 的连续穿透缝。严格按风管尺寸公差要求，对口错位明显将使插条插偏；小口陷入大口内造成无法扣紧或接头歪斜、扭曲。插条不能明显偏斜，开口缝应在中间，不管插条还是管端咬口翻边应准确、压紧。

（四）大截面镀锌风管的绿色施工质量控制

1. 质量控制规范及标准

该绿色施工技术遵循的规范主要包括：《建筑工程施工质量验收统一标准》（GB 50300—2013）及《通风与空调工程施工质量验收规范》（GB 50243—2016）标准执行。采用“L”形插条连接的矩形风管，其边长不应大于 630 mm；插条与风管加工插口的宽度应匹配一致，其允许偏差为 2 mm；连接应平整、严密，插条两端压倒长度不应小于 20mm。同一规格风管的立咬口、包边立咬口的高度应一致，折角应倾角、直线度允许偏差为 5/1000；咬口连接铆钉的间距不应大于 150 mm，间隔应均匀；立咬口四角连接处的铆固，应紧密、无孔洞。检查数量要求按制作数量抽查 10%，不得少于 5 件；净化空调工程抽查 20%，均不得少于 5 件；检查方法要求查验测试记录，进行装配试验，尺量、观察检查。

2. 绿色施工的质量保证措施

建立健全质量管理机制，制定完善的质量管理规章及奖惩制度，并加强对技术人员的培训。实行自检、互检、专检制度，对整个施工工序的技术质量要点的关键问题向施工作业人员进行全面的技术交底。对关键工序、关键部位，要现场确定核实，对每个关键环节和重要工序要进行复核、监督，发现问题及时解决。原材料进场需由专人保管，应按指定地点存放，防止在运输、搬运过程中造成原材料变形、破损。

（五）绿色施工中的环境保护措施

1. 节能环保的组织与管理

建立施工环保管理机构，在施工过程中严格遵循国家和地方政府下发的有关环境保护的法律、法规和规章制度。加强对施工粉尘、设备噪声、生产生活垃圾的控制和治理，遵守文明施工、防火等规章制度，随时接受各级相关单位的监督检查。按照 ISO 14001 环境标准的要求执行，对施工过程中产生的废弃物集中堆放，并定期委托当地环保部门清运。

2. 材料的节能环保

充分利用镀锌钢板边角料作为“L”形插件的主材；强化对材料管理的措施和现场绿色施工的要求，从本质上实现直接和间接的节能降耗。

3. 实施过程中的节能环保

施工场地和作业限制在工程建设允许的范围内，合理布置、规范围挡，做到标牌清楚、齐全，各种标志醒目，施工场地整洁文明；保证施工现场道路平整，加工场内无积水。优先选用先进的环保机械，采取设立隔音墙、隔音罩等消音措施，降低施工噪声到允许值以下。

二、异形网格式组合电缆线槽的绿色安装技术

（一）异形网格式组合电缆线槽

建筑智能化与综合化对相应的设备，特别是电气设备的种类、性能及数量提出更

高的要求，建筑室内的布线系统呈现出复杂、多变的特点，给室内空间的装饰装修带来一定的影响，传统的线槽模式如钢质电缆线槽、铝合金质线槽、防火阻燃式等类型，一定程度上解决了布线的问题，但在轻巧洁净、节约空间、安装更换、灵活布局以及与室内设备、构造搭配组合等方面仍然无法满足需求，全新概念的异形网格式组合电缆线槽，在提高品质、保证质量、加快安装速度等领域技术优势明显。

异形网格式组合电缆线槽是将电缆进行集中布线的空间网格结构，可灵活设置网格的形状与密度，不同的单体可以组合成大截面电缆线槽，以满足不同用电荷载的需求，同时各种角度的转角、三通、四通、变径、标高变化等部现场制作是保证电缆桥架顺利连接、灵活布局的关键，其支吊架的设置以及线槽与相关设备的位置实现标准化，可大幅度提高安装的工程进度，在保证安全、环保卫生的前提下最大限度地节约室内有限空间。

（二）异形网格式组合电缆线槽绿色施工技术特点

采用面向安装位置需求的不同截面电缆线槽的现场组合拼装，通过现场特制不同角度的转角、变径、三通、四通等特殊构造，实现对电缆线槽布局、走向的精确控制，较传统的电缆线槽的布置更加灵活、多样化，局部区域节约室内空间 10% 左右。采用直径 4 ～ 7 mm 的低碳钢丝根据力学原理进行优化配置，混合制成异形网格式组合电缆线槽，网格的类型包括正方形、菱形、多边形等形状，根据配置需要灵活设置，每个焊点都是通过精确焊接的，其重量是普通桥架的40%左右，可散发热量并可保持清洁。

采用适用于不断更换、检修需要的单体拼装开放式结构，不同的线槽单体进行标志，总的线槽进行分区，同时在组合过程中预留接口形成半封闭系统，有利于继续增加线槽单体，满足用电容量增加的需要。对异形网格式组合电缆线槽的安装位置进行标准化控制，与一般工艺管道平行净距离控制在 0.4 m，交叉净距离为 0.3 m；强电异形网格式组合电缆线槽与强电网格式组合电缆线槽上下多层安装时，间距为 300 mm；强电网格式组合电缆线槽与弱电网格式组合电缆线槽上下多层安装时，间距宜控制在 500 mm。采用固定吊架、定向滑动吊架相结合的搭配方式，灵活布置，以保证其承载力，吊架间距宜为1.5～2.5 m，同一水平面内水平度偏差不超过5 mm/m。

（三）异形网格式组合电缆线槽绿色施工技术要点

1. 施工前的准备工作

根据电气施工图纸确定网格式电缆线槽的立体定位、规格大小、敷设方式、支吊架形式、支吊架间距、转弯角度、三通、四通、标高变换等。

2. 电缆线槽与设备间关系的准确定位的绿色施工技术要点

异形网格式组合电缆线槽与一般工艺管道平行净距离为 0.4 m，交叉净距离为

0.3 m；当异形网格式组合电缆线槽敷设在易燃易爆气体管道和热力管道的下方，在设计无要求时，与管道的最小净距应符合规定。异形网格式组合电缆线槽不宜安装在腐蚀气体管道上方以及腐蚀性液体管道的下方；当设计无要求时，异形网格式组合电缆桥架与具有腐蚀性液体或气体的管道平行净距离及交叉距离不小于 0.5 m，否则应采取防腐、隔热措施。

强电异形网格式组合电缆线槽与强电异形网格式组合电缆线槽上下多层安装时，间距宜为 300 mm；强电异形网格式组合电缆线槽与弱电异形网格式组合电缆线槽上下多层安装时，间距宜为 500 mm，否则需采取屏蔽措施，其间距宜为 300 mm；控制电缆异形网格式组合线槽与控制电缆异形网格式组合线槽上下多层安装时，间距宜为 200 mm；异形网格式组合电缆线槽沿顶棚吊装时，间距宜为 300 mm。

3. 吊架的制作与安装的绿色施工技术要点

根据异形网格式组合电缆线槽规格大小、承受线缆的重量、敷设方式，确定采用支吊架形式，可供选择的支吊架形式有托臂式、中间悬吊式、两侧悬吊式、落地式等形式。

吊架安装间距的确定：直线段水平安装吊架间距是根据网格式电缆桥架的材质、规格大小及承受线缆的重量来确定的，吊架间距宜为 1.5 ～ 2.5 m，同一水平面内水平度偏差不超过 5 mm/m，并考虑周围设备的影响。为了确保异形网格式组合电缆线槽水平度偏差达到规范要求，敷设线缆重量不得超过其最大承载重量。

异形网格式电缆桥架垂直安装时，间距不大于 2 m，直线度偏差不超过 5 mm/m，桥架穿越楼层时不作为固定点，支吊架、托架应与桥架加以固定，支吊架安装时应测量拉线定位，确定其方位、高度和水平度。

4. 异形网格式组合电缆线槽部件的制作

异形网格式组合电缆线槽的各种部件制作均采用直线段网格式电缆桥架现场制作，每个网格尺寸为 50 mm×100 mm。制作时需用断线钳或厂家专用电动剪线钳，将部分网格剪断，剪断后网丝尖锐边缘加以平整，以防电缆磨损。

5. 异形网格式组合电缆线槽安装技术要点

异形网格式组合电缆线槽吊架安装前应仔细研究图纸并考察现场，以避免与其他专业交叉而造成返工。异形网格式组合电缆桥架的弯头、三通、四通、引上段和偏心在现场安装前应确定标高、桥架安装位置，进而决定支吊架的形式，设置支吊点。所有异形网格式组合电线槽的吊杆要根据负荷选择，最小选择 M8 螺杆，水平横担选择 C41×25 型钢；垂直安装电缆线槽的支架选用 CB41×25 或 CB1×25 型钢；对线槽穿墙穿板在桥架安装完毕之后，应及时地盖好盖板对墙洞进行封堵和修补；当线槽碰到主风管、水管或者两路直角方向桥架标高有冲突时，应在冲突区域选择电缆线槽水平安装的支架间距为 1.2 ～ 1.5 m；垂直安装的支架间距不大于 1.5 m，在线槽转弯或分支时，吊杆支架间距要在 30 ～ 50 cm。

异形网格式组合电缆线槽支吊架安装时，首先确定首末端点，然后拉线保证吊点线性，顶部测量有困难时，可先在地面测量，标好位置后用线锤引至顶面，确保吊点位置。吊杆要留 30 mm 余量以保证异形网格式组合电缆线槽纵向调整裕量，除特殊说明外，异形网格电缆线槽横担长度：L=100 mm+ 电缆线槽宽度，吊杆与横担间距离大于 15 mm。异形网格式组合电缆线槽安装完毕后，应对支架和吊架进行调平固定，需要稳定的地方应加防晃支架。

6. 异形网格式组合电缆线接地安装技术要点

异形网格式组合电缆线槽系统应敷设接地干线，确保其具有可靠的电气连接并接地。异形网格式组合电缆线槽安装完毕后，要对整个系统每段桥架与接地干线接地连接进行检查，确保相互电气连接良好，在伸缩缝或软连接处需采用编织铜带连接。异形网格式电缆线槽及其支架或引入或引出的金属电缆导管，必须接地或接零可靠，其安装 95 mm² 裸铜绞线或 L25×4 扁铜排作为接地干线，异形网格式电缆线槽及其支架全长不少于两处与接地或接零干线相连接。敷设在竖井内和穿越不同防火区的电缆线槽，按设计要求位置设置防火隔堵措施，用防火泥封堵电缆孔洞时封堵应严密可靠，无明显的裂缝和可见的孔隙，孔洞较大时加耐火衬板后再进行封堵。

（四）异形网格式组合电缆线槽的绿色施工质量控制

1. 绿色施工的质量控制标准

异形网格组合式电缆线槽安装应符合《建筑电气工程施工质量验收规范》（GB 50303—2019）中的相关要求，施工过程中应及时做好安装记录和分段、分层的质量检验批质量验收资料，按要求进行工程交接报验。

2. 绿色施工的质量控制措施

严格控制材料的下料，依据相关的图纸进行参数化下料，并控制制作过程中的变形。下料制作前进行弹线放样，严格按照图样进行加工制作，并做好制作过程中的防变形措施。地面预拼装组合，严防电缆线槽吊装过程中的变形。所有异形网格式组合电线槽的吊杆要根据负荷选择，合理选择吊架及其吊架的位置布置间距，保证不发生任何变形。严格控制异形网格式组合电缆线槽与其他相关设备之间的距离，避免相互之间的干扰。异形网格式组合电缆线槽安装完毕后需加设防晃支架，以保证其稳定性和安全性。做好异形网格式组合电缆线槽的各项成品保护工作。

（五）绿色施工的环境保护措施

贯彻环境保护交底制度，在施工过程中深入落实“三同时”制度。建立材料管理制度，严格按照公司有关制度办事，按照 ISO 9001 认证的文件程序做到账目清楚，账实相符，管理严密。

所有设备排列整齐，明亮干净，运行正常，标志清楚。专人负责材料保管、清理卫生，保持场地整洁，项目部管理人员对指定分管区域的垃圾、洞口和临边的安全设施等进行日常监督管理，落实文明施工责任制。所有材料、成品、板块、零件分类按照有关物品储运的规定堆放整齐，标志清楚，施工现场的堆放材料按施工平面图码放好各种材料，运输进出场时码放整齐，捆绑结实，散碎材料防止散落，门口处设专人清扫。夜间照明灯尽量把光线调整到现场以内，严禁反强光源辐射到其他区域。建筑垃圾堆放到指定位置并做到当日完工场清；清运施工垃圾采用封闭式灰斗。尽量选择噪声低、振动小、公害小的施工机械和施工方法，以减小对现场周围的干扰。

三、超高层建筑电梯无脚手架的绿色施工技术

（一）超高层建筑电梯的概述

随着国民经济的飞跃发展，我国电梯安装量大规模增长，其中大量的是中高层的乘客电梯。因为安装量的大量增加，提高电梯安装效率非常必要。电梯安装与大楼建设是同步进行的，有脚手架安装有其合理便利的一面，但随着各方对安全管理、速度和效率要求的不断提高，传统的有脚手架安装工艺就显得落后和低效率了，必须寻求更快更好更具效率的安装工艺满足绿色施工需要。

同时，电梯是机电合一的产品，正常使用寿命在 20 ～ 30 年，所以到 2020 年之后，将有大量电梯进入更新换代的时代；而楼房的使用寿命在 70 ～ 100 年，所以正在使用的有电梯的大楼，在其寿命周期内至少更换一次电梯。如原先采用的有脚手架安装方法将对楼房的正常使用产生非常大的影响，例如大量长短不一的脚手钢管进出已装潢好的大楼内以及堆放场地、井道厅门口安全防护等问题，不可避免地对原先大楼内的住户造成影响，而无脚手架安装在这些方面就具有优越性。

（二）超高层建筑电梯无脚手架绿色安装特点

通过将电梯主机先期实现临时减速运转，并利用电梯轿厢架作为作业平台，进行井道内的支架安装、导轨定位、层站部件安装、井道内电气配线等作业，使得电梯安装更为安全，效率更高。无脚手架安装与有脚手架安装相比，摒弃了原有烦琐的脚手

架搭建和拆除工序，节约了脚手架的租赁和使用费用。由于使用电动卷扬机和电梯曳引主机作上下运输的主要动力源，减少了辅工数量和劳动强度。新工艺操作熟练后，将大大提高安装效率，由于在临时搭建的操作平台上进行施工，不在脚手架上进行安装，减少人员坠落和高空坠物的安全风险，由于在每层井道口均设置了简易防护门，减少了厅外抛物的可能性，增加了安全性。

（三）超高层建筑电梯无脚手架绿色施工技术要点

1. 安装前的准备

（1）施工现场环境的确认。包括应具备部件存储的临时库房；各层门开口位置、井道内障碍物应清理完毕；机房、井道的土建情况应符合营业设计图的尺寸要求等。电梯到货情况确认，包括对电梯设备、部件以及装潢部件的到货情况、堆放位置进行确认；对开箱后部件的运输路径进行确认。

（2）电源的确认。包括供临时减速运转的动力电源应到位，供电应可靠；照明电源应分别送到指定位置，并按照规定使用安全电压，在临时减速运转时需要有电动机额定功率约 70% 的电源容量独立供电，动力电源的容量应符合要求。起重吊具的选用和确认，主要是指起重运输工作一旦发生意外，很可能造成重大的安全事故。因此作业人员需要掌握必需的起重知识，经常进行起重设备的检查，确认无变形、损坏、裂纹、磨损、腐蚀等情况，遵守安全操作规程，检查工作包括日常检查、定期检查、开工前检查、完工检查。

2. 机房布置及设备安装技术要点

（1）曳引机及附件的安装要求。曳引机、导向轮、工字钢、加高台等设备安装定位与传统安装工艺的方法相同。

（2）限速器安装调整要求。限速器安装定位与传统安装工艺的方法相同。

（3）控制屏的安装定位要求。控制屏安装定位与传统安装工艺的方法相同，工作平台作临时减速运转时，需要在机房增加临时控制盘及临时操纵按钮，并进行有关的临时配接线工作。

3. 下部平台搭建和最底端导轨安装技术要点

传统工艺安装导轨是从最底层逐根向上进行安装，安装至顶部不足 5 m 时，截取合适长度进行安装。采用绿色工艺安装是在固定好最下端的导轨后，先起吊最上部导轨，然后从底层逐根向上起吊，最后最上部导轨将通过相关固定配件固定在楼板上。如果最上部导轨的长度过长，从下往上数第二段导轨长度将不是 5 m 的定尺寸，可避免返工。

4. 导轨竖立的绿色施工技术要点

将导轨吊装夹具与最上段导轨连接，由卷扬机提升。在由底坑起 5 m 高度依次连接其余导轨，使接头部分螺栓按规定扭矩的 60% 程度临时固定，同时用直尺修正导轨直线度。待导轨定心完成后，将接头部螺栓确实紧固至规定扭矩。当最后一根导轨与已经安装完成的底部导轨连接完成，顶部的导轨吊装夹具越过机房楼板平面，用固定挡板固定。进行最下部导轨接头的定心，然后紧固顶端导轨吊装夹具的螺旋提升装置，保持适度的张力，固定双螺母。

（四）电梯无脚手架绿色施工中的环境保护问题

1. 对废弃物的管理控制

开箱时产生的废弃物包括：废弃木材类包装物、废弃塑料类包装物、废弃铁皮类包装物。安装时产生的废弃物包括：金属切割边角料、巴氏合金余料、废弃润滑油及油回丝、固体垃圾等。

2. 特别的管理措施

在工地上配备收集各类废弃物所必需的装备、工具等，并指定固定区域临时放置或处理各类废弃物。对于木箱、铁皮、塑料泡沫、塑料等开箱包装物，应填写“作业废弃物移交单”并移交建设单位处理。对于在安装过程中暂时有利用价值的包装物，应妥善保存和利用，并在安装使用结束后移交用户。对于安装过程中产生的无利用价值的金属切割边角料、废弃润滑油、固体垃圾等，必须在作业现场使用指定的容器进行收集、分类，做临时保存，定期或安装结束后一并移交用户并填写“电梯安装作业废弃物移交单”。

在移交用户处理前，必须定期清洁施工现场，保持周围环境的整洁，严禁将各种废弃物遗留在作业现场和其他未经许可的地方，严禁乱堆乱放、随意处置。施工员必须对作业现场进行检查，发现违章，应做严肃处理。对于多余的巴氏合金或其他有利用价值的废弃物，由安装队妥善保存进行再利用；对用户无法自行处理的废弃物，要进行收集、分类，并临时存放于现场环保堆放点。对于有利用价值的废弃物，应清理分类后妥善保存，以备需要时再利用；对于上交公司处理之物品，在运输过程中，应防止丢失、扩散现象的发生。公司派专人负责保管“电梯安装作业废弃物回收登记表”，并指定固定地点以设置收集容器，集中存放各种废弃物，并指定专人进行管理。

第八章 现代智能建筑施工技术

人们日常生活生产当中会广泛地运用智能建筑。而在信息技术发展也和人们日常生活生产有着紧密地联系。有效使用智能建筑技术，有利于提升现代建筑工程智能化进度，还能够有利于 改进智能建筑工程的应用功能。完善与发展我国智能建筑技术，能够满足信息时代的发展要求，在信息技术的推动下，智能建筑技术也在快速发展。为了能够在最大限度上满足人们对于生活居住个性化要求和智能化要求，需要在现代建筑工程当中加强应用和信息技术有关的智能技术，从而保证建筑工程当中具有一定的智能化特点。

第一节 智能建筑创新能源使用和节能评估

建筑是人类生活的基本场所，随着社会的发展，人口不断增长，城市的建筑规模也在不断增大，大型的建筑群也雨后春笋般增长，建筑产业在社会总能耗量中的比重增加。因此，为了缓解大型建筑的建设对我国造成的经济压力，我国开始建设智能化体系的建筑，通常简称为“职能建筑”。智能建筑在节能环保方面有着功不可没的作用。文章将对智能建筑的节能进行系统的分析，对以后建筑建设中的节能提供有效的措施。

建筑是人类生存的基本场所，但是也消耗了大量的人力、物力和财力。目前，智能建筑的建设已经被人们所认可，得到了相关建筑部门的重视。我国高度重视能源的节约问题，中国近年来能源消耗严重，必须采取有效的措施减少能源的消耗。现在，我国的建筑中，只有极少数的建筑可以达到国家规定的节能标准，其中大多数的建筑都是高耗能的，能源的消耗和浪费给我国的经济造成了严重的负担。一系列事实表明，建筑的能耗问题制约着我国的经济发展。

一、我国智能建筑的先进观念

所谓智能建筑，指的是当地环境的需要、全球化环境的需要、社团的需要和使用者个人的需要的总和。智能建筑遵循的是可持续发展的思想，追求人与自然的和谐发展，减轻建筑在建设过程中的能耗高的问题，并降低建筑建设过程中污染物的产生。智能建筑体现出一种智能的配备，指在建筑的建设过程中采取一种对能源的高效利用，体现出以人为本的宗旨。中国在发展智能建筑时，广泛借鉴美国在节约资源能源和环境保护方面所采取的严厉措施，节能和环保已经成为我国建设智能建筑的一项重要宗旨。如果违背了节能环保的原则，智能建筑也就不能称之为智能建筑了。建设智能建筑是我国贯彻可持续发展方针的一项重大的举措，注重生态平衡，注重人与人、人与自然和谐相处。但是，我国现在的智能建筑还是有一定缺陷的，并没有从根本上做到低能耗、低污染，由此可见，只有通过对智能建筑的不断研究，充分实践，才能挖掘出智能建筑的真正内涵所在，真正实现能源的节约和可持续发展的理念。

二、智能建筑可持续发展理念的分析

智能建筑影响着人们的生活和发展，从目前中国的科技发展水平来看，“人工智能”还没有达到人类的智能水平，智能建筑具有个性化的节能系统而著名，这样的建筑物主要是满足我国能源节约的需要而研究的。但是要想真正意义上实现智能的职能，我国在建设智能建筑的时候不仅仅要落实科学发展观的基本理念，也要运用生态学的知识来分析建筑与人之间的关系，建筑与环境之间的关系。

可持续发展战略是我国重要的发展理念，它要求既能满足当代人的需要，义不对后代的人满足需要构成威胁。可持续发展观是人类经历的工业时代，人们片面追求经济利益而忽视了环境保护造成不良后果后而进行的反思。在建筑的建设过程中，大量的森林被砍伐用作建筑材料，有些建筑所用的材料还是不可再生的资源，这对人类的发展和后代的生存构成了很大的威胁。

因此，我国为了体现建筑在建设过程中的可持续发展战略，智能建筑应运而生。智能建筑是一种绿色的建筑，体现了人与自然的和谐相处。

三、制约智能建筑发展的因素

（1）社会环境与社会意识的影响，我国的建筑业在发展过程中没有实质性的纲领，尤其是在智能建筑上，盲目的追求节能，在节能的同时就消耗了大量的财力，实际上没有节省下能源。我国对智能建筑的认识还不够全面，而国外对于智能建筑的认识就相对全面些，因此，引进国外对于智能建筑的相关见解，能够促进我国智能建筑的建设，实现能源的节约与能源的充分利用。这对我国实现智能建筑的可持续性具有重要意义。

（2）我国在智能建筑的建设方面的总体布局与设计、深化布置与具体的实施方案不协调，甚至产生了严重脱节的现象。

这样，在智能建筑的建设过程中，就会出现很多意想不到的状况，使智能建筑的建设难以达到预期的目标。

（3）我国智能建筑在工程的规划、管理、施工、质量控制方面，没有相应的法律法规进行约束和规范。

我国智能建筑在建设的过程中没有清晰和明确的思路，施工人员没有受到法律法规的约束，对生态、节能、环保的重视程度不够。

（4）我国智能建筑没有在自主创新的思路上进行建设，缺乏自主知识产权。

我国总是在一味借鉴他人的经验，智能建筑建设过程中所采用的方法不得当。

（5）我国智能建筑的建设没有其他的配套措施。

我国的建筑在建设完毕后，没有相应的标准对建筑物进行评估。

四、创新节能思路和方法

（一）积极探索新节能改造服务道路

节能改造是维系整个建筑行业有效发展的重要途径，从我国建筑行业真实情况中发现，智能建筑创新能源发展要想真正地实现低碳化、就要不断地加强宣传活动，积极鼓励节能减排，并且要积极推广新能源的利用，例如风能、太阳能，有效地控制不可再生能源的消费和利用，目前不可再生能源的利用在建筑行业中仍旧占据主导地位，不可再生能源的利用要严重超过可再生能源的利用，为此，需要将宣传活动积极转化为实践活动，比如开放低碳试点，遏制高耗能产业的扩大，控制能源的消费和生产，大力发展能耗低、效益高、污染少的产业与产品，从工业节能、建筑节能等各个方面进行深入研究，建立完善的低碳排放创新制度，目前已经有多数地方实现了节能发展。

（二）结合市场规律优化节能改造

就智能建筑创新能源使用进行分析，实现建筑节能已经成为发展中的重要任务，比如从当前建筑生命周期来分析，最主要的能耗来源于建筑运行阶段。因此，就我国400多亿平方米的存量建筑而言，有效降低建筑运行能耗至关重要。为此，需要加强对市场规律的研究，对市场动态为导向，不断地优化区域能源规划。

（三）空调等设备的节能

在智能建筑中应降低室内温度，室内温度严格按照国家规定的标准进行调制，夏季温度应保持在24度到28度，冬季温度应保持在18度到22度。在国家规定的幅度内，可以采用下限标准进行节能，空调的设定要控制在最小风量，在夏季和冬季，风量越大，反而产生的热量就越多，所以把风量调到最小，可以实现能源的节约。空调在提前遇冷是要关闭新风，在新的建筑中，空调在开启时要关闭所有的风阀，这样可以减少风力带来的负荷对能源的消耗，空调温度的设计要根据不同的区域进行不同的设定，如在大酒店，博物馆等较大的空间内，可将温度调节到比在其他的室内稍微低的温度，在较小的区域内，如在教师等地方，一定要严格执行国家标准进行空调温度的调节。

智能建筑是我国进行建筑的建设所追求的永恒主题，智能建筑在中国的市场还是十分广阔的，通过正确的分析和处理，采用正确的方法和思想观念理解、开发正能建筑，对中国建筑业的发展具有重要的意义。中国只有在狭隘的发展模式中走出来，真正地理解了智能建筑发展的精髓所在，才能切实地实现智能建筑的可持续的良性发展。

第二节　智能建筑施工与机电设备安装

在城市发展进程中引入了很多最前卫的技术手段并获得了大面积的运用，同时人们对各类生活及工作设备的标准也在逐步提升，随着智能建筑概念的引入，各种城市建造的快速进步，让现今的建筑项目增加了不少的困难，相对应的智能手段与智能技术的运用也在不断地提升与增多。建筑安装技术的创新演化出大量的智能型建筑，让其设备变为智能建筑作业中的核心与关键点，更是强化质量的前提。

智能建筑是融合信息与建筑技术的产物。它以建筑平面为基础，集中引入了通信自动化、建筑设备自动化与办公自动化。在智能建筑中机电设备是必不可少的一部分，只有使机电设备的安装质量佳，才能保证智能建筑的总体质量。所以，只有监管好了机电设备的安装质量，才能使智能建筑的总体质量大幅提升。

一、在智能建筑作业中机电设备安装极易产生的问题

（一）机电安装中存在螺栓连接问题

在智能建筑施工中，螺栓连接是最基础也是非常重要的装配，螺栓连接施工质量

影响着电气工程电力传导，所以，在开展螺栓连接施工的时候，必须要加强对施工质量的控制。在对螺栓进行连接的时候，如果连接不紧固，那么将会导致接触电阻的产生，在打开电源后，机电设备会因为电阻的存在，而出现突然发热现象，不仅会给机电设备的正常运行带来极大的影响，严重的甚至会导致安全事故的发生，加大建筑使用的安全隐患。

（二）电气设备故障

在对机电设备进行安装的时候，电力设备产生问题关键体现于：一是在电气设备安装过程中，隔离开关部位接触面积不合理，与标准不相符，导致隔离开关容易氧化，进而加大电气事故发生概率；二是在电气设备安装过程中，没有对断路器的触头进行合理的安装，导致断路器的接触压力与相关标准不相符，进而预留下严重的安全隐患；三是在安装电力设备时，未通过科学的检查就进行安装，很多存在质量问题的电力设备都直接安装使用，这些电力设备在实际运行的时候，很难保持良好的运行状态，容易导致电力安全事故的发生；四是电气设备在实际安装与调试的时候，相关工作人员没有严格遵循安装规范与调试标准来进行操作，从而导致电气设备的故障率大大增加，进而引发电气安全事故。

（三）机电设备安装产生的噪声大

现如今，随着我国建设行业发展速度的不断加快及人们生活水平的逐渐提高，人们对建筑环保性也提出了更高的要求，所以，在开展智能建筑施工的时候，必须始终保持环保性原则，对各种污染问题进行控制。不过由于智能建筑在开展机电设备安装施工的时候，会使用到大量的施工设备，而这些设备在运行时，会向外界传出大量的噪声，这些噪声的存在，会给周边居民的正常生活带来极大的影响，使周边环境受到严重的噪声污染。

二、智能建筑施工中机电设备安装质量监控策略

（一）严把配电装置质量关

在整个智能建筑中，配电装置发挥着至关重要的作用。因此，必须要加强对配电装置的重视，并严把配电装置质量关，从而保证配电装置在使用过程中能够保持良好的运行状态，确保智能建筑的使用安全。在配电装置采购阶段，采购人员必须要加强对配电装置的质量检测，确保其质量能够符合相关标准要求后，才能予以采购，如果

配电装置的质量不达标，则坚决不予应用。在智能建筑中的楼道里安装变压器、高压开关柜以及低压开关柜等装置的时候，往往会遇到一些技术问题，这些技术问题很大程度地影响了装置功能的正常发挥。为了使这些技术问题得到有效解决，在开展配电装置安装作业的时候，相关技术人员必须要加强对整定电流的重视，确保电流大小与相关标准吻合，不能过大也不能过小。同时，在安装过程中，还应当加强对图纸的审核，及时发现并解决事故隐患。

（二）确保电缆铺设质量

电力工程在建设过程中，所需要的电缆线是非常多的，且种类也非常繁多。而电缆线是电能输送的重要载体，其质量如果不达标的话，那么将会给电力系统的正常运行带来很大影响，严重的还可能会导致火灾事故以及触电事故的发生。由于不同电缆有着不同的作用，且电力荷载也是不同的，所以，在开展电缆铺设施工的时候，必须合理选择电缆，如果施工人员没有较强的技术能力或者粗心大意，不以类型划分，也没有经过严苛的审核，很容易导致在运营进程中电缆出现超负荷运行，给电缆的正常使用带来极大的影响，削弱了电缆设施的使用性能以及防火等级，给工程施工埋下非常大的安全隐患。智能建筑在实际使用的时候，会应用到大量的电力能源，如果电缆的质量不达标，或者电缆铺设不规范的话，那么将很可能出现电缆烧毁现象，从而引发火灾事故，给周边人员的人身安全及电力系统的正常运行带来非常大的威胁，因此，必须要加强对电缆铺设质量的重视。

（三）加强配电箱和弱电设备的安装质量监控

配电箱主要控制着电能的接收与分配，为了使项目中动力、照明及弱电负荷都能正常运作，需要重视起配电箱的工作性能。现今的智能建筑项目中，使用的配电箱型号比较繁杂且数目较多，而且多数配电箱还受限于楼宇、消防等弱电设施，箱内原理繁杂、上筑下级设置合严格。此外，电力系统的专业标准与施工队伍的资质高低不一，在设计过程中，容易受到各种不利因素的影响，设计的合理性及可行性无法得到有效保障。在实际施工的时候，如果施工单位只依照设计图纸而没有重视修改部分，或者在安装时不严把技术关而直接对号入座，这样根本达不到有关专业标准。所以，业主、监理方要依据设计修改通知间来逐一审核现场的配电箱，将其中存有的错误改正过来，比如开关容量偏大或偏小、网路数不够等。要严格配合好电力设备的上下级容量，如果达不到技术标准，就会使系统运营与供电不稳，最终引发事故。

如今，智能建筑发展态势良好，要使其实现更好地应用发展，需要对其中机电设备安装质量加大保障力度，实行有效的质量监控、确保机电设备安装施工达到质量目标，充分发挥其自身的功能，实现各个控制系统的稳定和高效运行。

第三节 科技智能化与建筑施工的关联

工程建设中钢筋混凝土理论和现代建设技术在100多年的发展时间里，就让世界发生了翻天覆地的变化，一座座摩天大楼拔地而起，大桥、隧道、地铁随处可见，我们相信建筑时代高科技的发展一定会带来意想不到的改变。施工建设与科技智能化相结合是以后发展的必然趋势。我们期待更高的科技运用来带动更多的工程建设发展。

一、施工中所运用到的高科技手段

环保是当今全世界都在倡导以及普及的一个话题，施工建设与环境保护更是密不可分的，施工建设含义很广，像盖楼、修路都包含其中，最早的施工现场都是尘土飞扬，噪声不断，试问哪个工地能不破土破路，这样的施工必然造成扬尘及周边的噪声指标超高。为了高效控制扬尘，各个施工单位集思广益，运用高科技技术，将除尘降噪运用到各个施工现场。例如，2017年8月曾见到山东潍坊某某小商品城建项目施工现场，数辆不同类型的运输车辆和塔吊车辆依序在工地出口进行等待检测冲洗轮胎，防止带泥上路，设在出入口的电子监控设备自动筛查各车辆轮胎尘土情况，自动辨别冲洗时间及冲洗次数，大大节省人力物力，并有效地控制了轮胎泥土的碾压洒落等情况，提高环保的同时也高效地控制了施工成本，节约了人员成本，防止了怠工情况的发生，同时也更便捷、快速地处理了车辆等待问题，提高了工作效率。这就是高科技与低工作相结合带来的便捷、高效和低成本。

高科技与施工相结合解决不可解决的施工问题，并节约施工成本。工程建设中有一项叫修缮工程，顾名思义就是修复之前的建筑中部分破损或者有误的一些施工项目。但像国家级保护建筑，修复往往会十分困难，首先是修复后的施工部位必须与周围的建筑相融合不能看出明显的修复痕迹，再次就是人为制造岁月对施工材料洗礼后带来的沧桑，最后是修复的同时保护周围的原有建筑不能遭到二次破坏，这样的问题对施工人员及机械就提出了很高的要求。

此时3D打印技术就进入了工程师的脑海中，3D打印技术是一种以数字模型为基础，运用粉末状金属或非金属材料，通过逐层打印的方式来构造物体空间形态的快速成型技术。由于其在制造工艺方面的创新，被认为是“第三次工业革命的重要生产工具”。3D是“three dimensions”简称，3D打印的思想起源于19世纪末的美国，并在20世纪80年代得以发展和推广。3D打印技术一般应用于模具制造、工业设计等领域，目前已经应用到许多学科领域，各种创新应用正不断进入大众的各个生活领域中。

在建筑设计阶段，设计师们已经开始使用3D打印机将虚拟中的三维设计模型直接打印为建筑模型，这种方法快速、环保、成本低、模型制作精美并且最大限度地还原了原始的风貌。与此同时节省了大量的施工材料，并且使得修复的成功率提高很多。

缩短施工工期的同时节省减少施工成本，3D打印建造技术在工程施工中的应用在当前形势下有重要意义。我国逐渐步入老龄化社会，在劳动力越来越紧张的形势下，3D打印建造技术有利于缩短工期，降低劳动成本和劳动强度，改善工人的工作环境。另一方面，建筑的3D打印建造技术也有利于减少资源浪费和能源消耗，有利于推进我国的城市化进程和新型城镇建设。但3D打印建造技术也存在很多问题，目前采用的3D打印材料都是以抗性能为主，抗拉性能较差，一旦拉应力超过材料的抗拉强度，极易出现裂缝。正是因为存在着这个问题，所以目前3D打印房子的楼板只能采用钢筋混凝土现浇或预制楼板。但对于还原历史风貌建筑，功效还是十分显著的。

二、增加人员安全系数

建筑业依赖人工，如何解放劳动力，让工序简单，质量可控，当下国内建筑业在提倡“现代工业化生产”。简单来说：标准化设计、工厂化生产、装配化施工、一体化装修、信息化管理，绿色施工，节能减排，这些都是建筑产业转型升级的目标，关于这一点，国家相关部门当然十分重视的，也是必然趋势。

随着建筑业劳动成本逐年增加，承包商都叫苦不迭，怨声载道，再加上将来的年轻人不愿上工地做农民工，再这样走下去建筑施工业持续发展会十分困难，此时就要依靠先进的机械化生产了，机械力取代劳动力的时日就可指日可待了。

高科技现代化节约人力物力，可应用于各个行业，比如芯片镭射技术；作为质量检测的技术，十分方便，材料报验、工序报验等工作更是方便许多，与此同时也大大地提高r检测的准确率；BIM技术作为国外推行了十多年的好技术，指导各个专业施工很方便，而且可直接给出料单以及施工计划，当然省时省力。

其实，真正导致建筑业不先进的地方是管理与协作模式，这是建筑业效率低下的主要原因，也许解放双手，更新劳动力的科技化，是后期建筑业的发展趋势也是缩短工期节约成本提高质量的必然要求。

三、高科技对工程建设不但高效节能，还可以节约工程成本避免资源浪费

如今的中国，已位居建筑业的榜首国家，据统计，去年我国建筑业投资就过亿美元，但是这并不是我们值得自豪的骄人战绩，其负面效应正在日益显露出来，随着国家刺激经济的措施推动及地方政府财政的需求，土地、原材料成本的上升，造成了部分城市住宅的有价无市，房屋空置率持续上升；此外还造成能源和资源的浪费，使中国亦成为世界头号能耗大国，频繁的建造造成的环境污染更是日益严重，而且许多耗费巨资的建筑，却往往是些寿命短、质量差的“豆腐渣”工程，我们为造成这样的局面寻找出众多原因，但目前我国建筑工程中，仍然多地依赖传统工艺和材料，缺少在施工过程中运用高科技必然是其中最主要的原因之一。

首先，我国建筑能耗占社会总能耗的总量大、比例高。我们在施工过程中大多采用传统的建筑材料•保温隔热性能得不到保证，目前我国建筑达不到节能标准，建筑能耗已经占据全社会总能耗的首位。

其次，地价、楼价飙升，楼宇拆迁进度加快，导致部分设计单位、施工企业对建筑物耐久性考虑较少，而施工中采用的技术手段过于传统，工程之后得不到保证，建筑物使用寿命降低，据统计，我国建筑平均使用寿命约 28 年，而部分发达国家像英国、美国等建筑平均使用寿命可长达 70 ～ 132 年之久。

最后，若依然使用传统方法，对于高速运转的当今社会来讲，工程质量、安全便可能得不到更有力的保障，目前我国的建筑业只是粗放型的产业，技术含量不高，超过 80% 的从业人员均是农民工群体，缺乏应有的质量意识和安全意识，而质量事故、安全事故也屡有发生。

若在不久的将来，高科技替代人工建筑，将农民工培养成机械高手，利用机械的手段实施建设，即使有意外的发生，也可以大大减少伤亡率，保证工人的生命安全，降低工程质量的人为偏差，更加高效地保证建筑质量。

工程建设中钢筋混凝土理论和现代建设技术在 100 多年的发展时间里，就让世界发生了翻天覆地的变化，一座座摩天大楼拔地而起，大桥、隧道、地铁随处可见，我们相信，

高科技的发展对建筑时代的来临一定会给我们带来意想不到的改变，哥本哈根未来研究学院名誉主任约翰帕鲁坦的一句话值得我们深思：我们的社会通常会高估新技术的可能性，同时却又低估它们的长期发展潜力。施工建设与科技智能化相结合是以后发展的必然趋势，我们期待更高的科技运用来带动更多的工程建设发展。

第四节　综合体建筑智能化施工管理

建筑智能化是以建筑体为平台，实现对信息的综合利用，是信息形成一定架构，进入对应系统，得到具体利用。那么对应就要有对应的管理人员予以管理，实现信息优化组合。综合体建筑则是在节省投资基础上实现建筑最多的功能，功能之间能够有效对接，形成紧密的建筑系统，综合体建筑智能化施工，也就意味着现代建筑设计方案和现代智能管理技术融合，是骨架和神经的充分结合，赋予了建筑体一定的智能，本论文针对综合体建筑智能化施工管理展开讨论，希望能够找到具体工作中难点，并找到优化的途径，使得工程更加顺畅地进行，提高建筑的品质。

随着我国环保经济的发展，建筑体设计趋于集成化、智能化，即一个建筑容纳多种功能，实现商业、民居、休闲、购物、体育运动等等功能，节省土地资源降低施工成本提升投资效益。而智能化的体现主要在于综合布线系统为代表的十大系统的合理设计和施工，实现对建筑体功能的控制。这就决定了该工程管理是比较复杂的，做好施工管理将决定了总体工程的品质。

一、综合体建筑智能化施工概念及意义

顾名思义以强电、弱电、暖通、综合布线等施工手段对综合体建筑智能化设备予以连接，使得综合建筑体具有的商业、民居、休闲、购物、体育运动、地下停车等功能得以实现。这样的施工便是综合体建筑智能化施工。也就是综合体建筑是智能化施工的平台，智能化施工是通过系统布线，将建筑工程各功能串联起来，赋予r建筑以智能，让各系统即联合义相对独立，提升建筑体的资源调配能力。建筑行业在我国属于支柱产业，其对资源的消耗是非常明显的，实现建筑集成赋予建筑智能，是建筑行业一直在寻求的解决方案，只是之前因为科技以及经验所限，不能达成这个愿望。而今在“互联网+”经济模式下，综合体建筑智能化施工，是将建筑和互联网结合的产物，对我国建筑业未来的发展具有积极的引导和促进作用。

二、综合体建筑智能化施工管理技术要求

任何工程的施工管理第一个目标就是质量管理综合体建筑智能化施工，管理，因

为该工程具有多部门、多工种、多技术等特点，导致其管理技术要求更高，对管理人才也提出了更加严格的要求。在实际的管理当中，管理人才除了对工程主体的质量检查，还要控制智能化设备的质量。然后要对设计图纸进行会审，做好技术交底，并能尽量避免设计变更，确保工程顺利开展，其中监控系统是负责整个建筑的安全，对其进行严格检测具有积极意义。

（一）控制施工质量

综合体建筑存在设计复杂性，其给具体施工造成了难度，如果管理不善很容易导致施工质量下降，提升工程安全风险，甚至于减弱建筑的功能作用。为了规避这个不良结果，需要积极地推出施工质量管理制度，落实施工安全质量责任制，让安全和质量能够落实到具体每个人的头上。而作为管理者控制施工质量需要从两方面，第一要控制原材料，第二要控制施工技术。从主客观上对建筑品质进行把控。首先要严格要求采购部门，按照要求采购原材料以及设备和管线，所有原材料必须在施工工地实验室进行实验，满足标准才能进入施工阶段。而控制施工技术的前提是，需要管理者及早介入图入手纸设计阶段，能够明确各部分技术要求，然后进行正确彻底的技术交底。最重要的是，在这个过程中，项目经理、工程监理能够就工程实际情况提出更好的设计方案，让设计人员的设计图纸更接近客观现实，避免之后施工环节出现变更。为了保证技术标准得到执行，管理人员要在施工过程中对各分项工程进行质量监测，严格要求各个工种按照施工技术施工，否则坚决返工，并给予严厉处罚。鉴于工程复杂技术繁复，笔者建议管理者成立质量安全巡查小组，以表格形式对完成或者在建的工程进行检查。

（二）智能化设备检查

综合体建筑的智能性是智能化设备赋予的，这个道理作为管理人员必须明晰，如此才能对原材料以及智能化设备同等看待，采用严格的审核方式进行检查，杜绝不合格产品进入工程。智能化设备是实现综合建筑体的消防水泵、监控探头、停车数控、楼宇自控、音乐设备、广播设备、水电气三表远传设备、有线电视以及接收设备、音视频设备、无线对讲设备等等。另外，还有将各设备连接起来的综合布线所需的配线架、连接器、插座、插头以及适配器等等。当然控制这些设备的还有计算机 c 这些都列在智能化设备范畴之内。它们的质量直接关系到了综合体建筑集成以及智能水平。具体检查要依据设备出厂说明，参考其提供的参数进行调试，以智能化设备检查表一个个来进行功能和质量检查，确保所有智能化设备功能正常。

（三）建筑系统的设计检查

施工之前对设计图纸进行检查，是保证施工效果的关键，对于综合体建筑智能化施工管理来说，除了要具体把握设计图纸，寻找其和实际施工环境的矛盾点，同时也要检查综合体建筑各部分主体和智能化设备所需预留管线是否科学合理。总而言之，建筑系统的设计检查是非常复杂的，是确保综合体建筑商业、民居、体育活动、购物等功能发挥的基础。需要工程监理、项目经理、各系统施工管理、技术人员集体参加，对工程设计图纸进行会审，以便于对设计进行优化，或者发现设计问题及时调整。首先要分辨出各个建筑功能板块，然后针对监控、消防、三气、音乐广播、楼宇自控等一一区分并捋清管线，防止管线彼此影响，并一一标注，方便在施工中分辨管线，避免管线复杂带来的混杂。

（四）监控系统检测

综合体建筑涉及了民居、商业、停车场等建筑体，需要严密的监控系统来保证环境处在安保以及公安系统的监控之为了保证其符合工程要求，需要对其进行系统检测。在具体检测中要对系统的实用性进行检测，即检查监控系统的清晰度、存储量、存储周期等等。确保系统具有极高的可靠性，一旦发生失窃等案例，能够通过存储的视频来寻找线索，方便总台进行监控，为公安提供详细的破案信息。不仅如此，系统还要具有扩展性，就是系统升级方便，和其他设备能有效兼容。最终要求系统设备性价比高，即用最少的价格实现最多的功能和性能。同时售后方便，系统操作简单，方便安保人员操作和维护。

三、综合体建筑智能化施工管理难点

综合体建筑本身就比较复杂，对其进行智能化施工，使得管理难度直线上升。其中主要的管理难点是因为涉及空调、暖气、通风、消防、水电气、电梯、监控等等管道以及设备安装，施工技术变得极为复杂，而且有的安全是几个部门同时进行，容易发生管理上的混乱。

（一）施工技术较为复杂

比如空调、暖气和通风属于暖通工程，电话、消防、计算机等则是弱电工程，电梯则是强电工程，另外还有综合布线工程，等等，这些都涉及了不同的施工技术。正因为如此给施工管理造成了一定的影响。目前为了提升施工管理效果需要管理者具有弱电、强电、暖通等施工经验。这也注定了管理人才成为实现高水平管理的关键。

（二）难以协调各行施工

首先主体建筑工程和管线安装之间就存在矛盾。像综合体建筑必须要在建筑施工过程中就要预留管线管道，这个工作需要工程管理者来进行具体沟通。这个是保证智能化设备和建筑主体融合的关键。其次便是对各个工种进行协调，确保工种之间有效对接，降低彼此的影响，确保工程尽快完成。但在实际管理中，经常存在建筑主体和管线之间的矛盾，导致这个结果的是因为沟通没有到位，是因为项目经理、工程监理没有积极地参与到设计图纸环节，使得设计图纸和实际施工环境不符，造成施工变更，增加施工成本。另外，在综合布线环节就非常容易出现问题，管线混乱缺乏标注，管线连接错误，导致设备不灵。

四、 体建筑智能化施工管理优化

优化综合体建筑智能化施工管理，就要对影响施工管理效果的技术以及管理形式进行调整，实现各部门以施工图纸为基础有条不紊展开施工的局面，提升施工速度确保施工质量，实现综合体建筑预期功能作用。

（一）划分技术领域

综合性建筑智能化施工管理非常繁复，暖通工程、强电工程、弱电工程、管线工程等等，每个都涉及不同技术标准，而且有的安装工程涉及设备安装、电焊操作、设备调试，要进行不同技术的施工，给管理造成非常大影响。为r提高管理效果，就必须先将每个工程进行规划，计算出所需工种从而进行科学调配，如此也方便施工技术的融入和监测比如暖通工程中央空调安装需要安装人员、电焊人员、电工等，管理者就必须进行调配，保证形成对应的操作团队，同时进行技术交底，确保安装人员、焊工以及电工各自执行自己的技术标准，同时还能够彼此配合高效工作。

（二）建立完善的管理制度

制度是保证秩序的关键。在综合体建筑智能化施工管理当中，首先需要建立的制度就是《工程质量管理制度》，对各个工种各个部门进行严格要求，明确原材料和施工技术对工程质量的重要性，从而提升全员质量意识，对每一部分工程质量建立质量责任制，出现责任有人负责。其次是《安全管理制度》，对施工安全进行管制，制定具体的安全细则，确保工人安全操作，避免安全事故的发生。其中可以贯彻全员安全生产责任制，对每个岗位的安全落实到人头。再次，制定《各部门施工管理制度》对隐蔽工程进行明确规定，必须工程监理以及项目经理共同确认下才能产生交接，避免工程漏项。

（三）保证综合体内各方面的施工协调

综合体内各方面施工协调，主要使得是综合体涉及的十几个系统工程的协调，主要涉及的是人和物的调配，要对高空作业、低空作业、电焊、强电、弱电等进行特别关注，防止彼此间互相影响导致施工事故。特别是要和强电、弱电部门积极沟通，确保电梯、电话等安装顺利进行，避免沟通不畅导致的电伤之类的事故。

综合体建筑智能化施工管理因为建筑本身以及智能化特点注定其具有复杂性，实现其高水平管理，首先要认识到具体影响管理水平的因素，比如技术和信息沟通等因素，形成良好的技术交底和管理流程。为了确保工程能够在有效管理下展开，还需要制定一系列制度，发挥其约束作用，避免施工人员擅自改变技术或者不听从管理造成施工事故。

第五节　建筑智能化系统工程施工项目管理

建筑智能化系统工程是一种建筑工程项目中的新型专业，具有一般施工项目的共同性。但对施工人员的要求更高，施工工艺更加复杂，需要各个专业的紧密配合，是一种技术密集型、投资大、工期长、建设内容多的建筑工程。该工程的项目管理需要全方面规划、组织和协调控制，具有鲜明的管理目的性，具有全面性、科学性和系统性管理的要求。

一、建筑智能化系统和项目管理

（一）智能建筑和建筑智能化系统

智能化建筑指的是以建筑为平台，将各种工程、建筑设备和服务整合并优化组合，实现建筑设备自动化、办公自动化和通信自动化，不但可以提高建筑的利用率，而且智能化的建筑也提高建筑本身的安全性能、舒服性，在人性化设计上也有一定的作用。近年来，随着智能化建筑设计和施工的完善和发展，现阶段智能化建筑开始将计算机技术、数字技术、网络技术和通信技术等和现代施工技术结合起来，实现建筑的信息化、网络化和数字化，从而使建筑内的信息资源得到最大限度的整合利用，为建筑用户提供准确的信息收集和处理服务。此外，智能化建筑和艺术结合，不仅完善建筑的功能，而且使得建筑更加具有美观性和审美价值。

建筑智能化系统是在物联网技术的基础上发展起来的，通过信息技术将建筑内的各种电气设备、门窗、燃气和安全防控系统等连接，然后运用计算机智能系统对整个建筑进行智能化控制。建筑智能化具体表现在：实现建筑内部各种仪表设施的智能化，比如水表、电表和燃气表等；利用计算机智能系统对所有的智能设备进行系统化控制，对建筑安全防控系统，比如视频监控系统、防火防盗系统等进行智能化控制，能够利用计算机中央控制系统实现对这些系统的自动化控制，自动发现火情、自动报警、自动消火处理；对建筑内的各种系统问题还能通过安装在电气设备中的智能联网监测设备及时发现和处理，保证建筑内的安防监控系统顺利运行。

（二）项目管理概述

项目管理包括对整个工程项目的规划、组织、控制和协调。其特点包括如下：项目管理是全过程、全方位的管理，也就是从建设项目的设计阶段开始一直到竣工、运营维护都包含项目监督管理；项目管理只针对该建设工程的管理，具有明确的管理目标，从系统工程的角度进行整体性的，科学有序的管理。

二、建筑智能化系统工程的项目特点

虽然智能建筑中关于建筑智能化系统工程的投资比重均不相同，主要是和项目的总投资额度和使用功能以及建设的标准有关，但是基本上智能化系统的投资比重都在20%以上，说明智能化系统建设的投资较大。智能化系统工程的施工工期很长，大概占据整个智能建筑建设工期的一半时间。此外，智能化系统施工项目众多，包括各种设备的建设和布线工作，还包括各个子系统的竣工调试和中央控制系统的安装等。

三、建筑智能化系统工程项目管理中存在的问题

（一）建筑智能化系统方面的人才问题

一方面我国建筑智能化系统工程起步比较晚，另一方面该领域的工程施工却发展迅速，由于对智能化建筑需求的增多，使得建筑智能化系统工程项目的数量越来越多，规模越来越大。然而，针对建筑智能化系统方面的人才，无论是在数量上还是在质量上都相当欠缺，存在很大的人才缺口，使得现阶段的人才无法满足建筑智能化系统工程施工管理的要求。同时，部分建筑开发商对建筑智能化系统工程不熟悉，所以并不十分重视这方面人才的培养以及先进设备技术的引进，导致建筑智能化系统领域的专

业化人才非常不足。此外，在建筑智能化系统工程施工中有些单位重视建造而忽略管理，所以企业内部缺乏相应的建筑智能化系统领域的专业管理人才，从而无法开展有效的监督管理工作。设计人员设计出的智能化建筑施工图纸并不符合先进科学和人性化的要求，这样就极大地影响了工程的施工，也使得企业的竞争力丢失，不利于企业的可持续发展。

（二）缺乏翔实的设计计划

在对建筑智能化系统工程施工设计中，往往存在缺乏翔实的设计计划、设计规划不符合实际情况、设计无法有效执行等情况。这主要是因为在开工之前没有对现场开展有效的实地勘察工作，没有从系统建设的角度去制定计划，所以在设计施工图纸上会出现和施工现场不符，计划缺乏系统性和完整性的问题。另外，与设计监管的力度不够有关，如果在设计阶段没有对施工方案和设计图纸进行有效的监督管理，整个设计计划便可能存在不合理因素，从而导致建筑智能化系统设计也只能是停留在设计阶段，建筑智能化施工无法正常开展。

（三）施工中不重视智能化系统的施工

要想真正实现建筑的智能化，在建筑智能化系统施工中除了要加强建筑设备施工，保证建筑设备实行自动化以外，还要使得各项设备能够联系到一起，构建建筑内的系统信息平台，从而才能为用户提供便利的信息处理服务。但是在现阶段，对智能化系统的施工并没有真正重视起来，也就是在施工中重视硬件设备施工而轻视软件部分。如果软件部分出现问题，智能化系统就无法为建筑设备的联合运行提供服务，也就无法实现真正的建筑智能化。

（四）重建设轻管理

建筑智能化系统工程不论是硬件设备的施工还是系统软件的施工，除了要加强施工建设安全管理和质量控制外，还应该加强对智能化系统的运营维护然而目前在建筑智能化系统建设完成后，对其中系统的相关部件却缺少相应的监督管理，从而无法及时发现建筑设备或软件系统在运行中出现的问题，导致建筑智能化没有发挥其应有的作用，失去了建筑智能化的实际意义，此外，即使是在建筑智能化系统建设的管理上，由于缺乏完善的管理制度和管理措施，加上部分管理人员安全意识薄弱，在工作中责任意识不强，所以还未完全实现对建筑智能化系统的统一管理，建筑内部的消防系统、监控系统等安全防控系统没有形成一个统一的整体。

四、加强建筑智能化系统工程施工管理的措施

（一）加强设计阶段的审核管理

在建筑智能化系统工程的设计阶段，必须站在宏观的角度对设计施工计划做好严格的审核管理，避免由于计划缺乏完整性和实效性而影响后期的施工与管理。需要监管部门做好智能系统的仿真计算，保证系统可以正常运行，有利于建筑智能化系统的施工；在施工计划制定前要加强现场勘察，做好技术交底工作，对施工计划和施工设计图纸进行审核检查，及时发现其中存在着的和工程实际不相符合的地方；对设计的完整性进行检查，保证设计可以有效落实。

（二）加强建设施工和管理

在施工中要对现场施工的人员、建设物料等进行监督管理，严禁不合格的设备或材料进入施工现场，禁止无关人员进入现场，要求施工人员必须严格按照施工规章制度开展作业。此外，要同时重视后期的管理，一方面要不断完善安全管理制度，为人员施工提供安全保障体系；另一方而要对建筑智能化系统进行全面检查维护，对于出现问题的设备或者线路必须要进行更换或者修改，保证建筑智能化系统可以安全稳定地运行。

（三）提高对软件系统施工的重视程度

在施工中除了要对建筑设备进行建设和管理外，同时也要提高建筑智能化系统软件部分的施工建设和管理力度。通过软件系统的完善，使得建筑内部的各项设备连结起来，实现智能建筑内各个系统的有效整合和优化组合，这样便能通过计算机系统的中央控制系统对建筑智能系统进行集中统一的调控，

（四）吸收、培养建筑智能化领域的高素质专业人才

由于当前我国在建筑智能化领域的专业人才十分缺乏，所以建设单位应该要重视对该领域高素质专业人才的吸收和培养。如可以和学校、培训机构进行合作，开设建筑智能化领域的课程，可以培养一批建筑智能化系统方面的高素质专业人员，极大地缓解我国在这方面的专业人才缺口问题。此外，建设单位自身也应该加强对内部员工的培训管理，比如通过定期的专业培训全方面提升管理人员对于建筑智能化系统施工的管理能力，提高其管理意识和安全防范意识。在施工之前可以组织专业人员对施工图纸进行讨论和完善，从而设计出符合工程实际的图纸，从而提高企业自身的竞争优势，促进企业发展奠定基础，促进整个建筑智能化系统的发展。

随着智能建筑的快速发展，建立高效的建筑智能系统的需求越求越多。为了建立完善的建筑智能化系统，在该工程施工中就需要围绕设计阶段、施工阶段和管理维护阶段展开，对建筑智能化系统的功能进行优化，并和自动化控制技术一起构建舒适的、人性化的、便利的智能化建筑。只有建筑智能化系统施工质量和管理水平得到提升，智能化建筑的功能才会越来越完善，从而为提高人们生活水平，保障建筑安全，促进社会稳定做出贡献。

第六节　建筑装饰装修施工管理智能化

建筑装饰装修施工涉及多方一面问题，如管道线路走向、预埋等，涵盖了多个专业领域的内容。在实际施工阶段，需要有效应对各个环节的内容，让各个专业相互配合、协调发展，依据相关标准开展施工。智能化施工管理具有诸多优势，但也存在不足之处，作为施工管理的发展趋势，必须予以重视，对建筑装饰装修施工管理智能化进行分析和研究，

一、建筑装饰装修施工管理智能化的优势

（一）实现智能化信息管理

在当今社会经济发展形势下，建筑工程管理策略将更加智能化，逐步发展成为管理架构中的关键部分，有利于增进各部门的交流合作，实现协调配合。为了实现信息管理的相关要求，落实前期制定的信息管理目标，管理人员需利用智能化技术，科学划分和编排相关信息数据，明确信息管理中的不足，妥善储存相关文件资料，并利用对资料进行编码以及建立电子档案的方式，优化信息管理方式，推进信息管理智能化。

要想实现管理制度智能化，必须科学运用各种信息平台及智能化技术，以切实提升建筑工程管理质构建健全完善的智能化管理体系，让各项工作得以有序开展通过智能化管理平台及数据库，建筑工程管理层能够运用管理平台，有效监督管理各个部门的运行情况，确保各项工作严格依据施工方案开展，从而保障整体施工质量及进度。在开展集中管理时，管理层可以为整理和存储有关施工资料设置专门的部门，为开展后续工作提供参考依据。

（二）贯彻智能化施工现场管理

在现场施工管理环节，相关工作人员要基于前期规划制定施工管理制度，以施工

制度为基准划分各个职工的职责及权限。建筑工程涉及多个部门，各部门需分工明确，以施工程序为基准，增进各部门的合作。施工人员需注重提升自身专业素养及工作能力，依据施工现场管理的规定，学习各种智能化技术，积极参与到教育培训活动之中，能够在日常工作中熟练操作智能化技术。

二、建筑装饰装修施工管理的智能化应用

在建筑装饰装修施工管理环节，合理运用智能化技术，符合当前社会经济发展形势，能够优化建筑工程体系科学化管理，充分发挥新技术的优势及价值。

（一）装饰空间结构数字化调解

1. 关于施工资源管理

纵观智能化技术在建筑装饰装修施工管理的实际运用，能够提升施工管理效率及质量，具有诸多优势。在装饰空间结构方面，相关工作人员能够凭借大量数据资源，对装饰空间结构进行数字化调解。而传统建筑装饰装修方式，依据施工区域开展定位界定。依据智能化数据开展定位分析，能够立足于空间装饰，科学调整装饰结构，以区域性规划为基础，进行逆向装饰空间定位工作。施工人员能够根据建筑装饰装修的现实要求，开展装饰施工技术定位，依据施工区域，准确选择相应的施工流程及方式，能够有效降低施工材料损耗，削减空间施工成本，让智能化装饰空间实现综合调配。

2. 关于施工空间管理

建筑装饰装修施工涉及多方面要素，其中最为主要的便是水、电、暖的供应问题，因此，在建筑装饰装修施工环节，施工管理工作必须包含相关要素，让相关问题得到妥善解决，在建筑装饰装修施工管理环节，合理运用智能化技术，能够凭借虚拟智能程序的优势，对建筑装饰装修情况进行模拟演示，将施工设计立体化和形象化，让施工管理人员能够更为直接的分析和发现施工设计中的不合理区域，从而及时修改和调整，再指导现场施工，此种智能化施工管理模式运用到了智能化技术，能够依据实际情况，科学调整建筑工程施工环节，将智能化技术运用到建筑空间规划之中，显示了装饰空间结构数字化管理，

（二）装饰要素的科学性关联

在建筑装饰装修施工环节，科学运用智能化技术，能够展现空间装饰要素的科学性关联。

1. 关于动态化施工管理

在建筑装饰装修分析环节，智能化技术在其中的合理运用，能够构建现代化分析模型，基于动态化数据信息制定相关对策。施工管理人员能够依据建筑装饰装修的设计方案，对装饰要素进行分布性定位，将配套适宜的颜色、图样等要素运用到建筑装饰装修之中。例如，若建筑的室内装修风格定位现代简约风，施工管理人员在分析建筑结构时，能够凭借智能化技术手段，结合大量现代简约风的装修效果图，完成室内色系的运用搭配，并为提升空间拓展性提供可行性建议，为实际装修施工提供指导和建议。通过借助智能化数据库资源的优势，相关工作人员能够综合分析室内空间装修要素，优化施工管理方式，在建筑装饰装修环节，让室内空间得到充分利用和合理开发，切实提升建筑装饰装修质量及品质，切合业主的装修要求，对装饰装修结构实现体系性规划

2. 关于区域智能定位管理

智能化技术在建筑装饰装修施工管理的多个环节得到合理运用，如全面整合装修资源结构环节，能够构成体系规划，从而完善装修施工管理环节。在对建筑装饰装修格局开展空间定位工作时，通过采用智能化检测仪器，能够对装饰空间进行检验，并全面分析空间装饰环境的装修情况，从而进行区位性处理，让现代化资源实现科学调整。

（三）优化装饰环节的整合分析

就建筑装饰装修施工管理智能化而言，建筑装饰环节的资源整合便是其中代表。在建筑装饰装修工程中，施工管理人员可以借助智能化平台，运用远程监控、数字跟踪记录等手段，开展施工管理。施工监管人员能够利用远程监控平台，随时随地贯彻建筑装饰装修的实际施工状况，并开展跟踪处理，各组操作人员能够基于目前建筑装饰装修施工进度及实际情况，全方位规划建筑装饰装修施工。与此同时，施工管理人员可以将自动化程序合理运用到装修装饰阶段，探究动态化数字管理模式的实际运行情况，从而科学合理的规划数字化结构，实现各方资源合理配置，确保建筑装饰装修的各个环节得以科学有效地整合起来。除此之外，在建筑装饰装修施工管理中合理运用智能化技术，能够基于智能化素质分析技术，对工程施工质量开展动态监测，一旦发现建筑装饰装修施工环节存在质量问题，智能化监测平台能够将信息及时反馈给施工管理人员，让施工管理人员能够迅速制定可行性对策，有效调解施工结构中的缺陷。

（四）智能化跟踪监管方式的协调运用

在建筑装饰装修施工管理中，智能化跟踪监管方式的协调运用也是智能化的重要体现。施工人员能够运用智能动态跟踪管理方式和系统结构开展综合处理。施工管理

人员既能够核查和检验建筑装饰装修的实际施工成果，还能够通过分析动态跟踪视频记录，评价各个施工人员的施工能力及专业技术运用情况，并能够基于实际施工情况，利用现代化技术手段，对施工人员进行在线指导。

建筑装饰装修施工管理智能化，符合当今社会经济发展形势，是数字化技术在建筑领域的合理运用，能够彰显智能化技术的优势及作用，能够实现装饰空间结构数字化调整，明确装饰要素的科学性关联，全方位把握建筑装饰装修的各个环节，及合理运用智能化跟踪监测方式进行协调和调解。为此，分析建筑装饰装修施工管理智能化，符合现代建筑施工发展趋势、有利于促进施工技术提升和创新，推动我国建筑行业发展。

第七节　大数据时代智能建筑工程的施工

智能建筑的概念最早起源于20世纪80年代，它不仅给人们提供了更加便捷化的生活居住环境。同时还有效地降低了居住对于能源的消耗，因而成了建筑行业发展的标杆。但事实上，智能建筑作为一种新型的科技化的建筑模式，无疑在施工过程中会存在很多的问题，而本节就是针对此进行方案讨论的。

智能建筑是建筑施工在经济和科技的共同作用下的产物，它不仅给人们提供舒适的环境，同时也给使用者带来了较为便利的使用体验。尤其是以办公作为首要用途的智能化建筑工程，它内部涵盖了大量的快捷化的办公设备，能够帮助建筑使用者更加快捷便利的收发各种信息，从而有效地改善了传统的工作模式，进而提升了企业运营的经济效益，智能建筑施工建设相对简单，但是如何促进智能化建筑发挥其最大的优势和效用。这就需要引入第三方的检测人员给予智能化建筑对应的认证。并在认证前期对智能建筑设计的技术使用情况进行检测，从而确保其真正能够满足使用性能。但是目前所使用的评判标准和相关技术还存在着一定的缺陷，无法确保智能建筑的正常使用，因而制约了智能建筑的进一步发展。

智能建筑在建设阶段，其所有智能化的设计都需要依托数据信息化的发展水平。它能够有效地确保建筑中水电、供热、照明等设施的正常运转。也可以确保建筑内外信息的交流通畅，同时还能够满足信息共享的需求。通过智能化的应用，能够用助物业更好地服务于业主。同时也能够建立更好的设备运维服务计划，从而有效地减少了对人力资源的需求。换言之，智能化的建筑不仅确保了业主使用的舒适性和安全性，同时还有效地节省了各项资源。

一、智能化建筑在大数据信息时代的建设中的问题

（一）材料选择问题

数据信息化的建设，需要依托弱电网络的建设，而如果选用了不合格的产品，就会对整个智能化的建设带来巨大的影响，甚至导致整个智能化网络的运行瘫痪。因此，在材料选择和设备购买前需要依据其检测数据和相关说明材料进行甄别，对缺少合格证书或是相关说明资料的材料一律不允许进入到施工工地中。当然在材料选择过程中还应当注意设备的配套问题，如果设备之间不配套，也会导致无法进行组装的情况，这些问题均会给建筑施工带来较大的隐患。

（二）设计图纸的问题

设计图纸，是表现建筑物设计风格以及对内部设备进行合理安排的全面体现。而现阶段智能化建筑施工工程的最大问题就表现在图纸设计上。例如，工程建设与弱电工程设计不一致，导致弱电通道不完善，无法正常的开展弱电网络铺设。同时，还有一些建筑的弱电预留通道与实际的标准设计要求不一致等。举例说明，建筑施工工程在施工过程中如果忽视弱电或是其他设施的安装的考虑，则会导致在设备安装过程中存在偏差，从而无法达到设备所具有的实际作用。此外，智能化的建筑施工图纸还会将火警自动报警、电话等系统进行区分，以便于能够更好地展开智能化的控制。

（三）组织方面的问题

智能化的建筑施工工程相对传统的施工工艺来说更为复杂，因而需要科学、合理的施工安排，对各个环节、项目的施工时间、施工内容进行合理的管控。如果无法满足这些要求，则会严重影响到工程开展的进度和工程质量。同时，如果在施工前期没有对施工中可能存在的问题进行把控，则可能会导致施工方案无法顺利开展或落实。当然，在具体施工过程中，如果项目内容之间分工过于细致，也会导致部门之间无法协调，进而影响到整个工程施工建设的进度，使得各个线路之间的配合出现问题，最终影响工程施工质量。

（四）承包单位资质

智能化施工建设工程除了要求施工单位具备一定的建筑施工资质外还应当具有相关弱电施工的资质内容。如果工程施工单位的资质与其承接项目的资质内容不相符，必然会影响到建筑工程的质量。此外，即便有些单位具备资质，但也缺少智能化的施

工建筑技术和工艺，对信息化建筑工程的管理不够全面和完善，导致在施工中出现管理混乱，流程不规范的问题。

二、智能化建筑在大数据时代背景下的施工策略

（一）强化对施工材料的监管和设备的维护

任何一种建筑模式，其最终还是以建筑施工工程作为根本。因而具备建筑施工所具有的一切的要素，包括建筑材料、设备的质量。除了对工程建设施工的材料和设备的检验外，还需要注意在信息化建设施工中所用到的弱电网络化建设的基本材料的型号要求和标准。

确保其所用到的材料都符合设计要求，同时还应当检查各个接口是否合格。检查完毕后还应当出具检测报告并进行保管封存。

（二）强化对设计图纸的审核

为了确保智能化建筑工程施工的顺利开展，保障施工建设的工程质量。在施工前期就需要对施工图纸做好对应的审查工作，除了基本建筑施工的一些要求外，还需要注意在弱电工程设计中的相关内容和实施方案。结合实际施工情况，就在施工过程中的管道的预留、安装、设备的固定等方面的内容进行针对性的探讨，以确保后期弱电施工过程中能够顺利地进行搭建和贯通。

（三）施工组织

智能化工程建设基本上是分为两个阶段的，第一个阶段就是传统的建筑施工内容，而第二个阶段则是以弱电工程为主要内容的施工。两者相互独立又紧密联系，在前一阶段施工中必须考虑到后期弱电施工的布局安排。而在后一阶段施工时还应当有效地利用建筑的特点结合弱电将建筑的功能更好地提升，因此这是一个相对较为复杂的工程项目，在开展施工的过程中，各个部门、单位之间应该做好有效地配合，确保工程施工在保障安全的情况下顺利地开展，以确保施工进度和施工质量。

大数据时代发展背景下，人们对于数据信息化的需求程度越来越高。而智能建筑的发展也正是为响应这一发展需求而存在的。为了更好地确保智能建筑工程的施工质量，完善各项设备设施的使用。在施工过程中应当加强对施工原料、施工图纸以及施工项目安排、管理之间的协调工作。只有如此，才能够有效地提升智能化施工的施工质量和施工进度。

参考文献

[1] 万连建主编．建筑工程项目管理 [M]. 天津出版传媒集团；天津：天津科学技术出版社，2022.08.

[2] 万连建主编．建筑工程项目管理实训指导 [M]. 天津出版传媒集团；天津：天津科学技术出版社，2022.08.

[3] 高云．建筑工程项目招标与合同管理 [M]. 石家庄：河北科学技术出版社，2021.01.

[4] 刘迪章编．建筑工程经济与项目管理研究 [M]. 延吉：延边大学出版社，2022.08.

[5] 王辉，魏国安，姚玉娟主编；梅杨主审．建筑工程施工组织与项目管理 [M]. 北京：中国建筑工业出版社，2021.02.

[6] 李金林，陈惠萍，牟秀军．建筑工程建设与项目造价管理 [M]. 昆明：云南科技出版社，2021.

[7] 刘玉．建筑工程施工技术与项目管理研究 [M]. 咸阳：西北农林科技大学出版社，2019.07.

[8] 刘臣光．建筑施工安全技术与管理研究 [M]. 北京：新华出版社，2021.03.

[9] 杜涛．绿色建筑技术与施工管理研究 [M]. 西安：西北工业大学出版社，2021.04.

[10] 王晓玲，高喜玲，张刚．安装工程施工组织与管理 [M]. 镇江：江苏大学出版社，2021.05.

[11] 姚亚锋，张蓓．建筑工程项目管理 [M]. 北京：北京理工大学出版社，2020.12.

[12] 钟汉华，董伟．建筑工程施工工艺 [M]. 重庆：重庆大学出版社，2020.07.

[13] 陈思杰，易书林．建筑施工技术与建筑设计研究 [M]. 青岛：中国海洋大学出版社，2020.05.

[14] 袁志广，袁国清．建筑工程项目管理 [M]. 成都：电子科学技术大学出版社，2020.08.

[15] 刘智敏．建筑信息模型（BIM）技术与应用 [M]. 北京：北京交通大学出版社，2020.04.

[16] 张英杰 . 建筑装饰施工技术 [M]. 北京：中国轻工业出版社，2018.06.
[17] 李志兴 . 建筑工程施工项目风险管理 [M]. 北京：北京工业大学出版社， 2018.06.
[18] 王建玉 . 建筑智能化工程 施工组织与管理 [M]. 北京：机械工业出版社，2018.06.
[19] 刘先春 . 建筑工程项目管理 [M]. 武汉：华中科技大学出版社，2018.02.
[20] 沈艳忱，梅宇靖 . 绿色建筑施工管理与应用 [M]. 长春：吉林科学技术出版社，2018.12.
[21] 姜杰 . 智能建筑节能技术研究 [M]. 北京：北京工业大学出版社，2020.09.
[22] 韩文 . 建筑陶瓷智能制造与绿色制造 [M]. 北京：中国建材工业出版社， 2020.01.
[23] 李志兴著 . 建筑工程施工项目风险管理 [M]. 北京：北京工业大学出版社，2018.06.
[24] 魏应乐，刘先春，包海玲 . 国家示范性高等职业院校建设规划教材 建筑工程项目管理 [M]. 郑州：黄河水利出版社，2018.03.
[25] 孔祥鹏著 . 建筑工程项目管理与成本控制 [M]. 西安：西北工业大学出版社，2018.06.
[26] 李君宏，马俊文 . 建筑工程项目管理与实务 [M]. 武汉：武汉大学出版社，2017.12.
[27] 胡英盛，缪同强 .《住房和城乡建设领域关键岗位技术人员培训教材》编写委员会编；住房和城乡建设部干部学院，北京土木建筑学会组编单位 . 建筑工程项目施工管理 [M]. 北京：中国林业出版社，2017.07.
[28] 李肖著 . 建筑工程项目管理研究 [M]. 北京：中国大地出版社， 2017.06.
[29] 丁洁，杨洁云主编；赵兴军，刘倩，陶彦参编 . 建筑工程项目管理 [M]. 北京：北京理工大学出版社，2016.09.